U0262437

国家自然科学基金项目(项目编号:51474045,51174038)
河南省高等学校重点科研项目(项目编号:16A560013)

煤矿采空区岩体结构及地面建筑地震安全防护

Seismic Safety Protection of Rock Mass Structure and Ground Buildings in Coal Mining Areas

魏晓刚　麻凤海　刘书贤　著

科　学　出　版　社

北　京

内 容 简 介

　　本书是一部系统论述煤矿采空区地震安全及地面建筑抗震性能劣化防护控制的理论和实用技术的专著。全书共 9 章，主要内容包括：煤矿采空区灾害的特征与形成原因、煤矿采空区的稳定性及多煤层重复开采影响下覆岩移动变形沉陷致灾力学机制、煤矿采空区煤柱与巷道结构及围岩的地震动力响应及稳定性、煤矿采动区建筑物抗震性能劣化机制、煤矿采动建筑抗开采沉陷隔震保护体系、煤矿采空区建筑物地震动力灾变及防控等一系列问题，并详细介绍了地震作用下煤矿巷道及采空区岩体结构的动力响应及地面建筑的抗震性能劣化机制与抗开采沉陷隔震保护装置。

　　本书可供从事采矿工程、岩土工程、结构工程、矿山开采沉陷控制、岩层移动与控制等领域的科技工作者和工程技术人员参考使用。

图书在版编目(CIP)数据

　　煤矿采空区岩体结构及地面建筑地震安全防护＝Seismic Safety Protection of Rock Mass Structure and Ground Buildings in Coal Mining Areas/魏晓刚,麻凤海,刘书贤著. —北京:科学出版社,2016.3
　　ISBN 978-7-03-047783-5

　　Ⅰ.①煤…　Ⅱ.①魏…②麻…③刘…　Ⅲ.①煤矿开采-采空区-抗震措施　Ⅳ.①TD82

　　中国版本图书馆 CIP 数据核字(2016)第 054366 号

责任编辑：耿建业　武晓芳 / 责任校对：桂伟利
责任印制：肖　兴 / 封面设计：无极书装

科 学 出 版 社 出版
北京东黄城根北街 16 号
邮政编码：100717
http://www.sciencep.com

北京利丰雅高长城印刷有限公司印刷
科学出版社发行　各地新华书店经销

*

2016 年 3 月第 一 版　　开本：787×1092 1/16
2016 年 3 月第一次印刷　　印张：17 1/4
字数：395 000
定价：168.00 元
(如有印装质量问题，我社负责调换)

前　　言

我国矿区由于煤炭资源持续高效的开采形成了大量形式各异、大小不一、纵横交错、立体分布的采空区,而随着土地资源的日益紧张及工程建设的迅猛发展,越来越多的建筑物、桥梁、输电塔以及隧道等各类基础设施不可避免地要建在煤矿采空区场地上,但是煤矿采空区场地的稳定性是否满足建造建筑物的条件值得商榷,并且煤矿采空区岩层的移动变形导致地表塌陷以及地面建筑损伤倒塌现象异常严重。煤层开采过程中不可避免地要面临各种扰动荷载的动力破坏效应,但矿山建设设计中较少考虑地震等各种动力灾害对矿区地下工程结构的影响及破坏。我国有许多矿区处于强地震区,但却没有专门细致化的矿山地下结构抗震计算方法及抗震设计规范标准,地震作用下煤矿采空区的稳定性、煤矿巷道结构与周围岩体介质、煤矿采空区与地面建筑动力响应的相互影响问题是研究煤矿采空区岩体结构与地面建筑的地震安全防控不可回避的重要问题。

本书围绕煤矿采空区与地下岩体结构的地震动力响应及地面建筑抗震性能劣化问题开展研究工作:基于开采沉陷理论和地震工程学探索煤矿采空区岩层移动变形破断、应力场演化及煤矿采空区的地震动力失稳;根据工程波动理论和结构动力学研究煤矿地下巷道与围岩体系的地震动力失稳孕灾模式,通过有限元数值模拟分析煤矿采动与地震双重作用的致灾力学机制,重点研究煤矿采动对建筑抗震性能的扰动规律,建立煤矿采动损伤建筑的抗开采沉陷隔震保护体系,探讨煤矿采动损伤建筑地震动力灾变的能量耗散过程,指出煤矿采空区岩层动力失稳防控措施以及地面建筑物的抵抗地震动和开采沉陷变形的保护措施。

本书系统论述煤矿采空区岩体结构与巷道的地震动力灾变及地面建筑抗震性能劣化的防控措施,主要内容包括煤矿采空区灾害的特征与形成原因、煤矿采空区的稳定性及多煤层重复开采影响下覆岩移动变形沉陷致灾力学机制、煤矿采空区煤柱与巷道结构及围岩的地震动力响应及稳定性、煤矿采动区建筑物抗震性能劣化机制、煤矿采动建筑抗开采沉陷隔震保护体系、煤矿采空区建筑物地震动力灾变及防控等一系列问题,并详细介绍地震作用下煤矿巷道及采空区岩体结构的动力响应及地面建筑的抗震性能劣化机制与抗开采沉陷隔震保护装置。

煤炭科学研究总院唐山分院的崔继宪研究员,中国地震局工程力学研究所戴君武研究员,辽宁工程技术大学的张向东教授、张彬教授、杨逾教授、苏仲杰教授、刘文生教授以及大连理工大学的李守巨教授在本书的撰写过程中给予了大量有益的指导和建议,在此表示衷心的感谢。

　　本书印刷出版过程中得到本人工作单位郑州航空工业管理学院土木建筑工程学院李广慧教授、薛茹教授、杨德钦教授、牛俊玲教授等的大力帮助与支持,郑州航空工业管理学院教务处、科技处的相关领导也给予了大力的支持,另外,本书的编写和出版还得到航空经济发展河南省协同创新中心、河南省航空经济研究中心的支持和赞助! 在此一并表示感谢!

　　本书在成稿出版的过程中,参考了国内外许多专家学者的学术成果,在此表示衷心感谢! 煤矿采空区岩体结构及地面建筑物地震安全相关的研究是迅速发展的领域,由于作者水平有限,书中难免有不足之处,衷心希望读者批评指正。

目　　录

第1章 绪 论

1.1 引 言

作为以煤炭资源为主要能源的国家,煤炭资源在我国经济和社会发展一直处于重要的战略地位[1-5]。我国在《能源中长期发展规划纲要(2004—2020 年)》明确提出[2]:我国将实施"坚持以煤炭为主体、电力为中心、油气和新能源全面发展的能源战略"。由我国工程院编制的《中国能源中长期(2030、2050)发展战略研究》也明确提出[3]:到 2050 年我国煤炭资源每年的产量需要控制在 30 亿 t,由此可见煤炭资源目前仍然是我国核心的主体能源,煤炭资源将依然是我国国民经济持续高速发展不可忽略的因素,根据《能源中长期发展规划纲要(2004—2020 年)》相关数据[2]所得到的我国能源生产结构图(图 1.1)和能源消费结构图(图 1.2)可以较为直观地看到煤炭资源在我国的重要性。

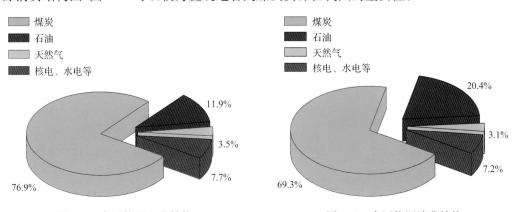

图 1.1 中国能源生产结构   图 1.2 中国能源消费结构

通过分析中国的能源生产结构图(图 1.1)和能源消费结构图(图 1.2)可以明显看出,我国煤炭资源在一次能源生产结构中所占的比例一直超过 70%(煤炭资源所占的比例为 76.9%),在一次性能源消费结构中所占的比例接近 70%(煤炭资源所占的比例为 69.3%),煤炭资源在我国国民经济中的重要性和关键性显而易见。随着我国能源结构的不断完善和调整,煤炭资源作为我国主要的可靠的能源地位依然不可改变[1-5]。所以如何科学合理高效地开采出地下煤炭资源是我国社会经济快速发展的迫切需要,但同时随着煤炭资源持续高效的开采,煤炭工业所带来的环境污染、生态破坏等灾害问题也越来越突出。

目前,地下煤炭开采对矿区造成了严重的环境污染和生态破坏,如果涉及"三下"(建筑物下、水体下、道路与铁路下)压煤问题,所造成的危害及破坏就更大。"三下"压煤问题导致地下煤矿资源的开采率远远达不到 40%[1-5],由于煤炭开采每年新增损坏耕地面积超过 7 万 hm² (图 1.3),地下水的肆意排放超过 80 亿 t,煤炭资源开采过程中所产生的煤矸石每年超过 9 亿 t,由煤矸石所形成的矸石山近 1600 余座,占地面积已经超过 15000hm²[1-5],煤矸石山的矸石堆积量超过 55 亿 t,并且煤矸石还存在着占用土地资源、破坏植被、污染水体和空气以及自燃爆炸等问题[6,7]。

(a) 山岭裂缝　　　　　　　　　　　　　　(b) 耕地裂缝

图 1.3　煤矿开采引起的土地裂缝

　　根据不完全统计[1],目前,我国矿区由于地下煤炭资源开采所直接引发的各类灾害灾难事件每年超过 1 万起,并且地下煤炭资源的开采还会诱发更严重的次生灾害(矿震、煤与瓦斯突出、突水、粉尘爆炸、地面建筑倒塌破坏等),造成巨大的经济损失和人员伤亡。仅以煤矿开采所引起的地表移动变形(开采沉陷变形)与地面建筑的损伤破坏为例,目前,我国由于矿区开采沉陷变形引起的地面建筑物倒塌破坏直接经济损失达到 50 亿元,间接损失更是达到 400 亿元[6,7];由于煤炭开采所造成的土地破坏与荒漠化的面积(图 1.4)已经超过 4 万 km²,目前仍在以 2000km²/a 的速度高速增加,而采煤所引起的荒漠化与破坏的土地的治理利用率仅能达到 15% 左右[1]。能源短缺的紧迫性与矿山开采安全的刚性制约,使得矿区煤炭开采过程的地下工程结构与地面建筑的安全性显得尤为重要[6,7]。

图 1.4　土地破坏与荒漠化

1.2　煤矿采空区安全问题研究的紧迫性

1.2.1　煤矿采空区灾害的实际案例分析

煤矿采空区的存在是矿区的一大安全隐患[6-10],煤炭开采后所形成的大量煤矿采空区以及废弃矿井巷道不仅严重降低了矿区的安全性,还会产生各种各种的衍生灾害[7],对矿山城市造成巨大的严重威胁。最近几年我国由于煤矿采空区所引发的灾害事故频发[8],造成了巨大的财产损失和人员伤亡。

我国由煤矿采空区导致的衍生灾难层出不穷[10-12]:郑州煤炭工业集团李粮店煤矿由于煤矿开采形成的采空区的部分岩层为流沙层,造成主矿井被掩埋、地表塌陷严重(图 1.4),并且高铁路线穿过该采空区,导致行至该区域的高铁被迫减速通过,由此造成李粮店煤矿近 20 亿元的工程基础设施报废;陕西省榆林市目前存在的煤炭采空区面积大约为 499.41km²,并且煤矿采空区每年都在持续扩大,目前每年大约扩大 70～80km²,其中煤矿采空区已经发生坍陷沉陷的面积大约为 118.14km²,并且每年也在以 30～40km² 的速度扩大。2007 年 8 月 29 日,神木县孙家岔镇的边不拉煤矿采空区由于坍塌导致里氏 3.3 级地震,2010 年 12 月 28 日 23 时 18 分,陕西省榆林市神木县就因为煤矿采空区的突然沉陷坍塌造成里氏 3.0 级地震,其危害之大不可估量。

2012 年 9 月 7 日 11 时 19 分,云南省昭通市彝良县与贵州省毕节地区威宁彝族回族苗族自治县交界的煤矿采空区发生了 5.7 级地震。新闻报道以《彝良地震之痛:夺命煤矿采空区》为题报道了该地区农民自建房屋 95% 以上都不具备抗震的条件,煤矿企业开采形成的煤矿采空区,更加剧了地震的破坏性,造成大量村民无家可归,所以煤矿采动损伤建筑的保护问题是矿区建设发展的瓶颈问题。

2013 年 2 月 7 日,河南省平顶山市由于煤矿采空区的突然垮落沉陷,导致煤矿采空区的崩塌方量达到 52 万 m³,滑坡方量达到 200 万 m³,造成 1395 间房屋开裂破坏、72 间房屋完全倒塌破坏、1400 余亩①耕地损毁,所造成的直接经济损失高达 9530 万元。目前,平顶山矿区已经形成了 97 个煤矿采空区,其中有 13 个属于影响范围大且严重的区域,形成了面积已经达到 155.19km² 的煤矿采煤沉陷区域。山东省济宁市由于煤矿采空区所引起的地表移动变形导致大量的企业被迫停产搬迁,并且在济宁高新技术产业园区的煤矿采空区上方建造了大量的新建建筑,但是煤矿采空区场地的稳定性能否满足建造建筑物的条件值得商榷,煤矿采空区的安全隐患不容忽视。2014 年 3 月 19 日,中央电视台科技频道《科技之光》栏目的《消失的黑洞》报道了徐州矿务集团有限公司煤矿采空区所造成的土地荒漠化、建筑损伤破坏等现象,指出煤矿采空区是各种灾难衍生的黑洞。根据山西省发展和改革委员会的调查,目前山西省累计形成的煤矿采空区达到 63 亿 m³,其面积已经达到 5115km²,煤矿采空区所引起的地表沉陷面积达 2978km²,由于煤矿采空区的地层沉陷所产生的地面裂缝、地层塌陷、山体滑坡、崩塌高达 2146 处,由此造成 42.6km² 的林

① 1 亩≈667 平方米

地以及 1082km² 的耕地被破坏,涉及 3309 个村庄、66 万人口,其危害之大、影响范围之广令人惊讶,加之山西省所处的地震带有活跃的趋势,一旦发生地震,山西省如此大面积煤矿采空区的危害后果不堪设想[11,12]。

由于煤矿巷道结构所处的工程地质环境比较复杂,矿井的高温环境、高地应力、高水压以及高浓度的瓦斯等均会引发各种不可控的突发性灾害事故,对煤炭资源的开发是严峻的挑战和考验[1];各种煤矿动力灾害(如冲击地压、煤与瓦斯突出、矿震、顶板大面积来压)发生的频度和强度呈现增加的趋势,而且其动力发生灾害范围较广[1],由此带来巨大的人员伤亡和经济损失(图 1.5)[11,12]。

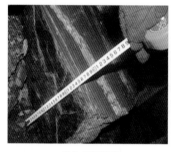

(a) 岩块弹射断裂　　　　　　(b) 采煤机冲击破坏　　　　　　(c) 煤矿巷道变形破坏

图 1.5　动力灾害对矿井巷道结构的破坏

1.2.2　煤矿采空区灾害的破坏特征及形成原因

煤矿采空区的存在是矿区安全及工程建设的重大安全隐患,煤矿采空区自身不仅直接威胁着矿区的安全,煤矿采动区在失稳的过程中还会衍生出各种各样的动力灾害。通过分析国内外相关文献[11-13]发现,煤矿采空区所导致的次生动力灾害主要存在着以下四大特征。

(1) 煤矿采空区灾害的影响范围广、尺度大。地下煤炭资源开采后所形成的煤矿采空区的范围巨大,其尺寸的数量级较大,在煤矿开采扰动荷载作用下煤矿采空区的岩层(体)发生损伤后,其稳定性较差,煤矿采空区上覆岩层会产生应力重分布现象,此时煤矿采空区及上覆岩层所组成的结构体系属于一个暂时稳定的平衡结构,在外力扰动或者自重荷载作用下,极易形成机构而发生动力失稳现象。由于煤矿采空区的尺度大、范围广[13],一旦发生大规模的动力失稳现象极易造成范围大、危害广的动力灾害(难)。

(2) 煤矿采空区灾害的变形速率大、动力学特征明显。由煤矿采空区所引起的次生(衍生)动力灾害,岩层可能在短时间内发生剧烈的移动变形破断,此时可能会引发煤矿采空区沉陷区域内的岩层出现大规模坍塌失稳,导致煤矿采空区长期发展的缓慢的沉陷变形短时间内发展演化成剧烈发展变化的动力灾害破坏[13]。

(3) 煤矿采空区灾害的危害范围大、突发性强。煤矿采空区的上覆岩层均发生了不同程度的移动变形破裂,不同岩层的抗压强度差别较大,由此导致煤矿采空区上覆岩层(围岩)发生的失稳破坏在时间及发生位置上具有差别较大、突发性强的特点,还极易造成围岩的破断失稳带有冲击性破坏的特点;由于矿区地下环境条件恶劣(属于固相、液相与气相等多相耦合复杂体系),如果煤矿采空区发生失稳破坏,岩层的破裂现象突出,极易造成各种突发性的动力灾害现象(煤与瓦斯突出、突水、冲击地压等)发生,由此波及的范围较大,会严重威胁矿区的工程建设、生产活动以及煤矿采空区上方的建筑物安全。

(4)煤矿采空区灾害的社会负面效应大、经济损失严重。煤矿采空区引发的次生灾害具有突发性强,危害影响范围广、尺度大的强烈破坏效应,由此容易造成矿区巨大的经济损失,同时也容易导致矿区工民关系紧张,影响社会的稳定性,所以对于煤矿采空区的治理必须予以足够的重视[13]。

煤矿采空区所引发的次生灾害的四大特征导致其成为威胁地区安全的重大安全隐患,而造成煤矿采空区及上覆岩层(围岩)结构体系发生失稳的原因既有自然因素,也有人为因素,主要涉及以下几个方面[14-22]:①不同矿区的工程地质水文地质条件差异较大[15],由此导致不同煤矿采空区失稳破坏坍陷的原因也较多,但煤矿采空区的坍塌失稳破坏主要是因为地下煤炭资源的开采活动,破坏了围岩的应力平衡状态,导致煤矿采空区附近的围岩发生应力重分布现象,由此导致岩层(体)发生不同程度的损伤破坏,因此地下煤炭被开采后遗留的煤矿采空区成为各种灾害灾难衍生的源头[16];②地下采煤工作面不可避免要形成断层(或者地下断层原先就存在),断层在外力扰动荷载作用下容易引发岩层的移动变形,从而造成断层附近容易发生坍塌失稳破坏现象;③多频次、高强度、大规模的开采活动会直接引发(附近已有的)煤矿采空区发生失稳破坏[17];④地下煤炭资源的开采方案不合理[18],特别是煤矿巷道的保安(护)煤柱留设的不合理以及煤柱支撑体系的物理力学性能的损伤劣化,极易造成煤柱失稳导致煤矿采空区的失稳破坏;⑤地下煤炭资源不规范的疯狂开采[19-22],由于煤矿开采管理体制的不完善,目前还存在小煤矿的私采偷采行为,由于小煤矿的生产技术设备落后、数量多且杂以及开采方案极其不合理,造成煤矿采空区分布杂乱无章,在外界扰动荷载的影响下,不同煤矿采空区的失稳破坏会相互影响造成更大的破坏;⑥外界自然环境的影响[14-22],矿的工业环境恶且复杂多变,其生态环境极其脆弱,如果出现灾害性的恶劣自然环境,就会为煤矿采空区的失稳破坏引发次生灾害提供孕育发展的环境。

1.2.3 煤矿采空区地震研究的紧迫性

我国处于喜马拉雅地震带和环太平洋地震带两大地震带之间[23],加之我国是世界上强震活动区之一,区域地震活动极其频繁。根据我国目前现行地震烈度区划图(图1.6)可知,我国地域面积的60%以上是在基本地震烈度6级以上[24]。通过对比图1.6和图1.7可知,我国有80%以上的矿区处于强地震区,所以地震作用下矿区工程结构的动力灾变控制及煤矿巷道结构的地震安全评价方法的研究十分重要。

国内外的专家学者关于地震作用下地上工程结构的动力响应分析的理论研究较为深入,并且已经有了较为明确详细的抗震设计规范[23-30];但是对于地下工程结构而言,相关的设计规范的条文说明却较为简单[29],难以满足强震区迅速发展的大规模的地下结构工程建设活动的需要,在一定程度上影响地下工程结构的工程设计与施工。

目前,土木工程界的专家学者普遍认为[23-30],地下工程结构在其周围岩(土)体介质的约束作用,其抵抗地震破坏的能力明显优于地面建筑结构,而且地震作用下的动力响应明显区别于地面工程结构,地震波中的面波在地层的传播过程中,随着深度的增加迅速衰减,故学术界一直认为地下工程结构具有优良的抗震能力,可以有效地免受震害。

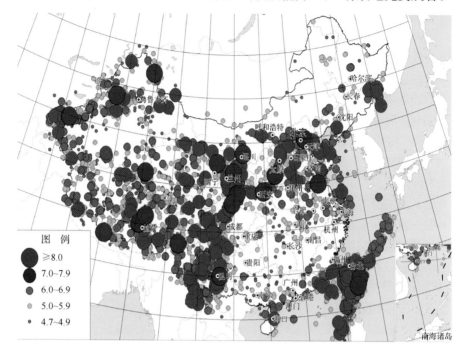

图 1.6 中国地震烈度区划

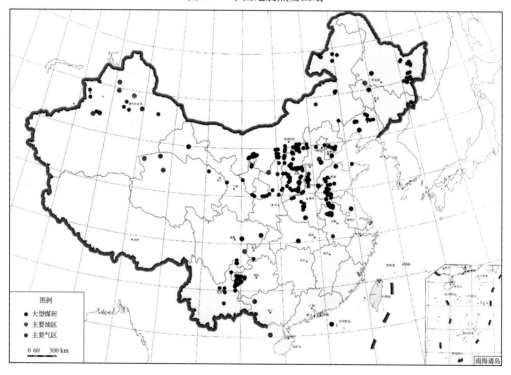

图 1.7 中国矿产资源分布图

然而,通过对近年来国内外的地震灾害调查发现[23],地下工程结构的抗震能力远远没有想象中的优越。1985年9月19日清晨,拉丁美洲的墨西哥西南岸外太平洋底发生了里氏8.1级强震,在这次地震中,地铁结构的侧墙部位与地表结构相连接的部位出现了分离破坏[28];1984年5月21日深夜,在中国南黄海发生了里氏6.2级的中强震,上海地区的地震烈度虽然不高,但是在打浦路段的过黄浦江的隧道与竖井间在地震作用下出现裂缝,导致大量砂土涌入而无法施工[28];1995年1月17日早晨,在日本阪神的里氏7.2级大地震中(日本气象厅于2001年修正为里氏7.3级),神户市的各种地下工程结构(地下隧道、地铁结构、地下商业街、地下停车场及车库等)出现了有史以来最为严重的地震破坏,这也迫使各国的专家重新审视地震对地下结构所造成的危害,开始重视地下结构的震害问题[28]。2015年2月24日13时20分,成都龙泉驿区在建隧道发生瓦斯爆炸,造成19人受伤、4人死亡,公路隧道破坏严重,说明地下结构的动力破坏方面的研究迫在眉睫。

通过以上国内外大量的实际震害调研[23-30]可以清楚地发现,地震作用下地下工程结构所发生的损伤破坏、倒塌甚至完全垮塌的现象依然无法避免,而且随着全国范围内大规模的发展各种地下工程结构(地铁与隧道结构、矿井巷道结构、海底隧道等),地下工程结构的抗震设计问题是一个不可回避且必须予以解决的问题。

目前,关于地下结构抗震的研究主要有以下方面需要完善的[31-33]。与地面建筑结构丰富充足的实际震害记录(已经形成了丰富的地震数据库)相比,地下工程结构在历次地震中的震害记录相对较少,而且地下结构的震害程度相对较轻,导致人们逐渐形成了一种认识:在地震荷载的破坏作用下,地下工程结构的损伤破坏程度要远远小于地面建(构)筑物。但与一般的地面建筑结构相比,地下工程结构(地铁结构、隧道、地下车库等)的使用周期更长,并且由于地下工程结构的隐蔽性比较高,所以一旦发生破坏,其高隐蔽性导致其修复工作比较困难,由此所带来的直接经济损失和间接经济损失也远远高于一般的地面建筑物。

目前,关于地下结构的工程抗震研究存在以下不足[34]:①地下结构具有较强的抗震性能且地震作用下不容易发生损伤破坏的认识是缺乏充分的地震害数据依据的;②地下结构抗震设计的理论、方法还不能较好地反映地下结构地震动力响应的实际力学行为;③地下结构的强震致灾机理及防控手段依然相对缺乏;④地下结构的抗震设计的相关理论及方法还不够成熟,尚无法满足蓬勃发展的地下结构工程防灾减灾的需要。

大量的地下结构地震破坏现象表明[34]:地下结构周围的土体在地震作用下变形较大,此时地下结构的薄弱处容易发生损伤破坏,最终影响整个地下工程的结构体系的稳定性;由于地下工程结构的场地土的复杂性和多变性(砂性土液化、不同土层的差异、岩层移动破断等),导致地震发生时地下结构承受地震作用力的大小和方式有所变化,而且场地土的特性也决定了地下结构的破坏形式。目前,各国的专家学者[34]展开了对地下工程结构的地震灾变问题的研究工作,相关的抗震设计规范也得到了修正和改进:美国和日本等国家修订了相关的抗震设计规范[34],中国也开始着手研究地铁结构的地震安全性相关问题的研究[35-40]。虽然目前对于地下结构的抗震问题的研究已经有较大的进步[35-40],但是对于矿区地下工程结构的抗震研究却相对匮乏,现有的抗震理论无法适应矿区地下结构的抗震防灾设计。我国是以煤炭资源为主要能源的国家,矿区发生地震后矿井巷道的围岩介质容易发生失稳破坏,其承载能力会严重下降,此时矿区巷道结构的基本使用功能已经完全丧失,如何合理地解决我国矿井巷道结构的抗震设计问题及煤矿沉陷区的地面建筑的抗震安全问题,也是迫在眉睫、亟须解决的工程科学问题[41-45]。

目前,关于煤矿采空区的研究更多的是静力荷载作用下的煤矿采空区稳定性及地表移动变形[45],较少考虑动荷载对煤矿采空区的影响和破坏[44,45]。在地下煤炭资源开采的过程中,存在大量的不可控的动荷载(岩爆、地震、矿震、开采扰动、爆破开采等),扰动荷载对煤矿采空区的稳定性构成较大的威胁和破坏。1976 年 7 月 28 日,里氏强度 7.8 级的唐山地震[1]造成了大量的地下工程结构(煤矿巷道、地下通道以及人防工程)的破坏。由于矿区工程地质条件复杂,往往存在着断层以及断裂带,一旦发生地震,后果不堪设想。目前,国内外专家学者[41-45]对于地下隧道结构、地铁结构以及地下厂房结构开展了一些研究工作,也取得了一定的研究成果,但是对于矿区地下巷道结构的地震动力稳定性的研究则相对较少。

矿区地下巷道结构的安全问题已经成为矿区工程建设安全问题重要的组成部分。由于学科专业领域的限制,土木工程领域的专家学者较少涉足煤矿巷道结构的地震灾变研究[23-40],采矿工程领域的研究人员由于土木工程领域抗震知识的缺乏[41-45],对于煤矿巷道结构的地震动力响应也较少关注,且矿区地下结构的震害案例缺乏,相关的试验研究也相对较少,因此对于地震作用下矿区地下工程结构(煤柱、煤矿巷道及围岩介质)体系的损伤劣化机理、损伤演化规律和抗震性能的研究还很不全面。对煤矿地下巷道结构的地震损伤力学机制与灾变控制进行深入的探讨研究,揭示煤矿采空区的地震动力响应、煤矿巷道结构的地震破坏模式及控制措施,具有重要的理论研究价值和工程应用前景。综上,缺乏合理的地下结构抗震设计方法与理论,尤其是矿区地下巷道结构方面缺乏相应的抗震设计规范是其发展的瓶颈。

1.3　煤矿采空区上覆岩层移动致灾的研究进展

在煤炭资源的开采过程中,采场的矿山压力、岩层内部的移动(破断)和地表沉陷都与采场上覆岩层的结构性质密切相关。矿山采场的各种动力灾害现象(矿震、煤与瓦斯突出、冲击地压、地表下沉)都与采动覆岩的移动变形(致灾)规律密切相关[46],因此针对采动覆岩的移动规律进行探讨,分析采动覆岩结构的变形规律,是解决煤矿采动覆岩移动产生次生灾害的关键因素[46]。

采矿工程学科的一个重要研究内容就是煤矿采动覆岩移动规律与控制研究,国内外的专家学者在岩层移动与控制方面已经进行了大量的研究工作[1-22]。目前在理论研究、试验分析与数值计算方面,采动覆岩移动规律与控制的研究工作已经取得了丰硕的研究成果[1-22]。

煤矿开采过程中,产生的矿山压力的主要是由煤矿采动区上覆岩层的移动变形所引起的,由于上覆岩层的岩体结构、厚度、地质构造等因素的存在,所以其移动变形规律差别较大。煤矿采空区顶板的结构特征决定了其移动破断形式,所以要想控制顶板的移动变形,就必须针对顶板的结构特征选择合理的控制方法。目前,对于岩层移动与控制的研究,国内外的专家学者曾先后提出了各种理论分析计算模型[46]。

1. 压力拱假说

德国的学者 Gillitzer 和 Hack 于 1928 年率先建立了压力拱假说[46,47]:假设煤炭开采工作面后形成的煤矿采空区与上覆岩层共同形成了拱形结构(即"压力拱"),压力拱的端部主要为采煤工作面前方的煤层、后方的煤矸石(或者是充填料)。压力拱假说主要解释了两种矿山压力现象存在的原因:①采空区上方的岩层需要承担上覆岩层的所有重量,所拱的端部所承受的压力较大;②巷道支架只能承受一部分自重荷载,所以其承压能力有限。由于压力拱假说无法解释矿山压力形成的原因,所以其应用范围较为狭窄。

2. 铰接岩块学说

苏联科学家库茨涅佐夫教授于 1954 年在试验研究的基础上提出了铰接岩块假说[46-48],该学说可以定量分析矿山压力现象,是煤矿采动覆岩移动变形研究的重大进展。铰接岩块假说主要基于采场上覆岩层的移动变形,将破坏后的上覆岩层分为移动带和垮落带。移动带的岩体以铰接的方式下落,具有明显的规律性;而垮落带的岩体则无规律性下落。铰接岩块学说指出了围岩结构与支护结构之间的相互关系:铰接移动带和垮落带是原有顶板的核心组成部分,其中垮落带岩层所产生的压力全部由下部的支架承受。该学说建立了直接顶厚度的计算公式,并给出了顶板下沉量、支架上部载荷与顶板移动变形之间的力学关系,为矿山压力控制理论的发展奠定了理论基础。但是该学说没有对铰接拱的力学平衡条件进行全面的探讨分析,局限性较大。

关于矿山开采所形成的岩层移动的理论主要有:"预生裂隙"假说(比利时学者拉巴斯)、"悬臂梁"假说(德国施托克)、"自然平衡拱"假说(俄国学者普罗)等[46]。这些假说理论基于煤矿采动覆岩移动可能形成的结构,从不同角度分析了巷道围岩的移动变化以及矿山压力,虽然具有一定的局限性,但是对于以后的专家学者研究采动覆岩的移动变形具有理论借鉴意义[49-54]。

3. "砌体梁"结构理论

20 世纪 60 年代,中国矿业学院钱鸣高院士依据"预生裂隙"假说和"铰接岩块"假说原理,在矿区大量的地表沉陷观察数据基础上,根据煤层开采后对上覆岩层的破坏和上覆岩层结构移动变形破断的特点,提出了"砌体梁"结构理论[55,56]。"砌体梁"理论假设采动区的上覆岩层主要是由层状的坚硬岩石组成,将坚硬岩层中的软弱岩层视为荷载,在采动应力的扰动作用下坚硬岩层发生破断,此时岩层形成铰接结构。"砌体梁"理论确定了采场上覆岩层破断后达到力学平衡的条件以及支架与围岩的相互作用关系,并给出了达到力学平衡时采场上部的具体条件。"砌体梁"结构理论的建立主要是依据坚硬岩层的物理力学条件[55,56],所以该理论主要适用于采场上方是坚硬顶板的条件下。

4. 薄板理论

由于"砌体梁"结构理论主要适用于采场上方是坚硬顶板的条件,钱鸣高院士等于

1986 年在"砌体梁"结构理论的基础上提出了弹性基础梁模型[57,58]，并对其进行了力学解释；而且还对其进行了进一步的发展，建立了不同约束的边界条件下 Kirchhoff 板力学模型[58]。贾喜荣等[59-61]在弹性基础梁模型的研究基础上，假设基本顶岩层可视为薄板（根据实际情况确定四周的边界约束条件），建立了采场薄板矿山压力理论，在理论分析的基础上将其研究结果应用于实际生产。之后刘广责等[62]、翟所业等[63]、王卫红等[64]、林海飞等[65]、华心祝[66]等专家学者对薄板理论的判据、不同约束条件下薄板的应力分布以及变形特征、不同开采方案下顶板的基本顶初次（周期）来压步距进行研究，并在矿区进行实际应用，促进了薄板理论在矿山开采沉陷领域的应用和发展。

5. 关键层理论

由于矿山开采沉陷造成的危害较大，而现有的岩层移动控制理论应用局限性较大，中国矿业大学钱鸣高院士在前期研究的基础上，于 20 世纪 90 年代提出了关键层理论[67-70]。该理论主要是基于采动覆岩结构的破断形态以及受力特征，对采场上覆岩层的硬岩层所承受的荷载及其移动变形规律进行分析。关键层理论将采动区中能够控制采动覆岩移动变形的岩层定义为"关键层"[67-70]，岩层的移动变形破断特征是判断关键层的主要依据：如果关键层发生移动破断，则关键层的上覆全部岩层（即主关键层）或者关键层的局部岩层（即亚关键层）的移动下沉变形是彼此间协调一致的。如果关键层发生移动破断，则其上覆岩层（全部或大部分岩层）会产生大规模的整体移动变形，所以采动覆岩中主关键层仅有一层，而亚（次）关键层则可能有多层[67-70]。

茅献彪、缪协兴等[71,72]基于采动覆岩中关键层的移动破断规律，推导出关键层断裂垮距的计算公式，并探讨了关键层上覆载荷的变化规律[72]；许家林和钱鸣高[73]则重点研究了上覆岩层关键层位置的理论判据；缪协兴等[74,75]对综采工作面上覆岩层的关键层移动破断规律进行了研究；钱鸣高等[76,77]研究了采动覆岩裂隙所产生的"O"形圈特征，建立了"O"形圈理论可用于卸压瓦斯抽放的研究。关键层理论的建立和发展，不仅解释了采动覆岩移动破断的成因，同时也对采场周期来压的成因机理进行了阐述，推动了矿压控制理论的发展。

除此之外，姜福兴教授等[78,79]采用现场实测、数值分析与试验研究相结合的方法，探讨了采动覆岩的移动变形与应力场演化的动态关系；康建荣和王金庄[80]则建立了采动覆岩断裂的力学模型及判据；王悦汉等[81]建立了采动覆岩移动变形的动态力学方程；任奋华等[82]现场对采空区上覆岩层的移动变形以及破坏高度进行了监测。

中国矿业大学的缪协兴教授及其所带领的团队在研究"三下"（建筑物下、水体下、道路与铁路下）采煤及开采充填控制岩层方面作出了突出贡献[83-94]：主要建立了充填开采控制煤矿采动区岩层移动变形的理论力学模型及其岩层控制理论，在解决建筑物下、松散含水层下的压煤问题上取得了重大突破；2012 年，缪协兴教授带领的科研团队研发的"综合机械化固体充填与采煤一体化技术"荣获国家技术发明奖二等奖，标志着其在充填开采控制岩层移动方面的巨大进步。对于矿山压力与岩层移动控制的理论研究，其他专家学者对推动和完善矿山开采沉陷学科的发展也贡献了自己的力量[95-105]。

1.4 矿区地下巷道结构动力灾变的研究进展

煤矿采动会导致采区岩体结构发生损伤,引起煤矿巷道结构的力学性能劣化、完整性被破坏,从而对煤矿巷道结构的安全稳定性造成了极大的威胁。目前,由于学科专业领域的限制,对于煤矿地下巷道结构尚没有相应完善的抗震设计理论和方法。煤炭巷道结构由于其岩(土)体的复杂性,地震荷载的随机性、不确定性和后验性,对于地震作用下煤矿巷道结构的损伤破坏演化尚不明晰,而且对于煤矿采动所引起的巷道结构的次生损伤在发生动力灾害荷载时如何演化发展不得而知,并且矿区的地下巷道结构形式复杂以及煤矿采空区纵横交错,一旦出现损伤破坏其修复难度大,且可能发生大规模的坍塌事故,所以,地震灾害荷载作用下矿区地下结构的安全防灾问题是一个迫在眉睫的问题。

中国科学院武汉岩土力学研究所的马行东等[106-108]通过研究西部强震区地震波的不同参数下地下洞室的动力响应发现,地震波的入射方向、空间不均匀性对地下洞室的动力响应的影响主要与地下洞室的埋置深度、地应力等因素有关,所取得的研究成果对于分析水利工程领域的地下洞室的抗震问题具有较好的借鉴意义;中国地震局工程力学研究所的孙有为[109,110]在研究地下洞室岩石松动圈的影响因素及与地下洞室几何形状对岩石松动圈的影响的基础上,重点分析了地震作用下地下洞室岩石松动圈、衬砌结构的动力响应,提出了地下洞室松动圈动力荷载作用下的初步判定准则与方法,所取得的研究成果可以为地下工程结构的抗震研究提供一定的参考;辽宁工程技术大学的刘向峰[111]主要研究了地震作用下煤矿采动损伤地层的动力响应,基于有限元分析软件 ANSYS 对矿区地层结构及煤矿巷道结构的地震动力响应进行了初步的研究与探讨,指出煤矿采动损伤地层的动力响应区别于普通的地层场地条件,所取得的研究成果可以为矿区的地下工程结构的动力破坏防护提供参考与借鉴。

西安科技大学的刘刚[112]研究了矿区条带开采后所形成的煤柱在静力荷载及动力荷载作用下的稳定性,重点分析了不同地震波作用下煤柱的动力失稳演化过程,所取得的研究成果对于提高煤矿采空区条带煤柱抵抗动荷载的稳定性具有较好的借鉴意义;中南大学的唐礼忠等[113]通过有限元分析软件 FLAC3D 研究爆破地震波对煤矿采空区及充填后的采空区围岩的破坏作用,研究结果表明,爆炸地震波作用下煤矿采空区围岩的塑性变形及位移增加,对煤矿采空区进行填充后可有效控制煤矿采空区及围岩的动力响应;吕涛[114]基于溪洛渡水电站的工程背景,通过对比分析地震作用下二维和三维地下洞室模型的动力响应,建立了地下洞室的地震安全评价方法,与地下洞室的其他地震评价方法相比较,该评价方法的评价结果是偏于安全的;中国科学院武汉岩土力学研究所的张玉敏[115]通过岩石的动三轴力学试验得到岩石的损伤本构方程,在此基础上利用有限元分析软件 FLAC3D 系统研究了地震作用下水电站的地下洞室群动力响应规律及特征,指出地震波的频谱特征、自振周期岩体的物理力学性能对地下洞室群的内力(加速度、位移、应力等)响应影响较大;大连理工大学的谷宁[116]通过有限元数值计算软件对静力荷载和动力荷载分别作用下的水电站的地下厂房洞室结构的力学响应的研究,利用强度折减方法分析了地震作用下地下洞室结构的稳定性,并得到了地下洞室结构的安全系数,可以为溪洛渡水电站左岸地下洞室群的地震稳定性分析提供参考;安徽理工大学的汪海波[117]基于小波包变换理论,采用 MATLAB 数值计算软件对钻眼爆破法产生的爆破地震波的组成进行了分析,并分析爆破动荷载作用下煤矿巷道结构及支护结构的变形及内力响应,提出了控制爆破地震动的灾害能量的方法,对于控制灾害爆破能量对煤矿巷道结构及支护结构的破坏具有较好的借鉴意义;河南理工大学的张彦宾[118]基于突变理论建立了条带煤柱在动静载荷组合作用下的突变力学判据,指出了在外力扰动荷载作用下条带煤柱的失稳条件以及影响条带煤柱稳定的各种因素,在此基础上利用有限元分析软件 FLAC3D分析了地震作用下条带煤柱的动力稳定性,为条带煤柱的设计提供了新的设计建议;言志信等[119]基于工程结构波动理论,利用摩尔-库仑强度准则研究了地震作用下岩体的动力响应,得到了岩体地震动力破坏的影响因素,初步得到了水平地震作用下岩体的破坏机理;中国科学院武汉岩土力学研究所的崔臻等[120]系统分析总结了地震作用下地下洞室的动力响应及动力灾变的重要问题,并根据国内外专家学者关于地下洞室的地震动力灾变的相关研究进展进行了深入的分析与总结,指出了地下洞室(群)研究未来的发展方向以及需要解决的关键问题,可以为地震作用下地下洞室(群)结构的动力响应与灾变相关研究提供参考。

　　矿区巷道地下结构与一般的隧道结构、水电站地下洞室结构有一定的区别[106-120],因为煤炭开采过程中在地层所产生(遗留)的大面积、纵横分布的煤矿采空区域是孕育各种矿山动力灾害不可忽略和轻视的隐患。矿区地下巷道结构的地质环境复杂多变,加之围岩在采矿活动影响下发生了一定程度的损伤破裂,在上覆岩层的影响下,地下煤矿巷道结构的动力学响应发生了较大的变化。地下煤炭开采过程中,在矿区的地层中形成大量的纵横交错的煤矿采空区及地下结构,如果矿区地下工程结构的几何尺寸远远小于地震波的波长时,地下结构的存在对地震波的传播及地表动力响应的影响较小[121]。如果矿区地下结构的几何尺寸与地震波的波长处于同一数量级别时,煤矿采空区则对地表地震动力响应以及地震波的传播产生较大的影响。目前,矿山动力灾害的发生除了人为因素之外,其动力灾变的孕育、演化过程及致灾机理尚不明晰,因此,无法采取切实有效的手段预测矿山动力灾害[121]。

　　综上可知,外力扰动荷载作用下煤矿采动区孕育次生灾害发生的机理尚不明晰是导致矿山采空区各种灾难性事故发生的重要原因之一;加之中国矿区多采用机械化的采煤技术,开采过程中容易引起采场围岩结构体系的应力场剧烈变化,容易引起高应力集中现象;并且国内外专家学者对于扰动荷载产生的应力波诱发煤矿采空区次生灾害的机制认识不够充分[112,121],煤矿采空区引发的次生灾害控制相对较难,所以研究扰动荷载作用下煤矿采空区及围岩结构体系的成灾过程、动力响应的演化过程是保证煤矿安全生产的关键问题之一[112]。

1.5　矿区复杂场地地震动力响应的研究进展

　　煤矿采动区域的复杂的地质条件(岩体稳定性差、矿岩破碎、高地应力、煤矿采动应力扰动等)导致煤矿井下巷道结构和采场覆岩结构损伤破坏现象严重[122]。煤矿采动损害影响下的覆岩可视为一种特殊的固体介质(结构),在煤矿采动之前上覆岩层具有分层性,而且其天然构造中存在着裂隙,在采动之后矿区上覆岩(土)层会发生移动、破断和变形。

煤矿采动区域的岩土层主要由煤系地层和岩石结构组成[122]:①煤系地层多为沉积地层,各沉积层的岩性不同,其中含有软弱岩层;②天然的岩石结构是一种极其复杂的介质,岩石内部的节理、裂隙和断层等不连续(弱)结构面大量存在。岩土(石)结构体系复杂的微观结构决定了其宏观上的不连续性和非均匀性。煤矿开采过程中,采矿活动的各种天然动力灾害荷载(冲击地压、粉尘爆炸、天然地震、矿震、岩爆、煤与瓦斯突出等)在岩石介质中的传播均以应力波的形式进行[122]。

应力波在岩石介质的传播问题是一个多因素耦合问题[122]:①传播介质的非均匀性、非线性特征明显;②煤矿巷道结构、岩层移动导致传播介质的外貌特征、尺度等边界条件复杂;③采动活动会引起巷道结构和岩层发生次生损伤,该损伤在应力波的传播下会继续发展演化;④裂隙、节理和断层等以一定的方向性存在于岩石内部,从而导致煤岩宏观上呈现力学性质非连续性、各向异性等特点;⑤采场煤岩的力学特征方向性差异较大,导致应力波在传播过程中会由于煤岩本身的各向异性而呈现出方向性[122]。

以上影响因素导致应力波在煤矿采动复杂场地的传播与衰减规律以及所引起的煤矿采动地下结构的损伤破坏的研究十分困难。煤矿采场复杂区域应力波传播衰减问题的研究[122],对于采矿活动引起的各种矿井动力灾害的防治具有重要的现实意义和学术价值,煤矿采动复杂场地应力波在岩土介质中的传播衰减规律涉及土木工程、采矿工程和地震工程等学科领域:在地震工程领域,可以掌握地震波传播对岩土层、地面建筑物的损伤破坏效应;在地下工程领域,分析应力波的传播衰减效应,可以有效控制各种灾害荷载(矿震、岩爆、爆炸波等)所引起的应力波对地下工程结构的破坏。

1.5.1　复杂场地地层应力波传递的研究进展

煤矿强烈的开采活动(机械开采、爆破开采等)导致围岩发生损伤破裂,在岩层发生损伤破裂的过程中,不可避免地要与外界环境进行能量交换。当出现动力灾害荷载时,动力灾害荷载对裂隙岩体的破坏作用主要是由灾害荷载产生的应力波引起岩层(体)能量耗散(积聚)所导致的,通过分析应力波在煤矿采动损伤岩层传播过程中引起的能量积聚与耗散机制[122],可以为解释和揭示地震作用下煤矿采空区及地下巷道-围岩结构体系的动力灾变过程提供参考和借鉴。

矿区岩层(体)总是不可避免地存在各种各样不规则的结构弱面(孔隙、裂缝、空洞等),加之煤炭环境中的岩(地)层是成层分布的,而且不同岩层(砂岩、石灰岩、玄武岩、煤矸石等)的物理力学性能差别较大,其内部孔隙率也差别较大(孔隙率基本上为 5% ～ 35%)。不同的孔隙率导致岩层内部的孔隙结构(孔隙大小、几何形态、连通性能)差别较大,所以扰动荷载作用下不同岩层的耗能能力不同,故可以根据不同岩层具有不同的能量耗散(聚集)能力分析岩体的能量演化致灾过程来研究岩层的动力灾变。由于岩石介质及矿区地下结构的复杂性,很多问题的研究还处于初始阶段,需要从理论和实践上做进一步的探讨。目前,对于爆炸应力波在岩土介质的传播规律,对地下工程结构的破坏效应、复杂场地(如地下洞室群)的地震响应,国内外的专家学者已经进行了大量的研究工作[122-135]。

Xia 等[123]采用数值计算和声波实验相结合的方法,分析了爆炸荷载作用下岩体的损伤演化趋势;王辉[124]在理论分析的基础上,通过有限元数值计算探讨了爆炸冲击波在岩体内的传播衰减规律;钱七虎等[125,126]根据岩石的断层、节理、裂隙带的空间几何关系,重点研究了爆炸应力冲击波在通过岩石节理、裂隙带时的传播衰减规律;Ju 等[127]在 SHPB 试验的基础上,采用分形方法研究了应力在岩石复杂节理结构的传播与能量演化的关系,定量地分析了不规则节理面结构对应力波的传播衰减和能量耗散的影响;席道瑛等[128]采用低频共振方法,探讨了应力波在不同饱和条件下的大理岩、砂岩中的传播衰减规律;Wang 等[129]通过花岗岩的系列化爆破试验,研究了爆炸应力波在自由场的传播衰减规律;李欢秋等[130]利用爆炸模拟的实验结果和有限元数值计算方法相结合的方法,对应力波在地下复合结构介质中的传播进行了分析研究,探讨了爆炸应力波在复合岩石介质中的传播衰减规律;Lu 和 Hustrulid[131]在柱面波理论、子波理论和应力波场理论分析的基础上,建立了爆破应力波影响下的质点峰值振动速度衰减公式,并通过实验研究和数值计算验证了该衰减公式的合理性;杨军等[132]在冲击试验的基础上,建立了考虑能量耗散的岩石爆破损伤模型,较好地解释了爆破冲击波作用在岩石结构中的传播衰减规律;王明洋等[133,134]从细观物理力学理论着手,从微观角度研究了爆炸应力波在岩体(结构)中的能量演化,初步建立了微观物理角度的动力本构模型;单仁亮等[135]在大理岩和花岗岩冲击试验的基础上,建立了考虑应变率效应的岩石黏弹性损伤模型。

目前,对于应力波在岩土介质中衰减传播的研究多集中于冲击荷载或爆破荷载作用,所取得科研成果也较多[122-135]。对于地震波在岩土(石)介质的传播衰减,尤其是地震波在煤矿采动损伤场地的传播衰减却相对较少,而对于复杂场地(如地下洞室群)的地震动力学响应方面的研究已经有了一定的进展[136-152]。

1.5.2　复杂场地地层地震响应的研究进展

矿区煤层由于各种自身和外界自然因素(煤层形成的历史条件、沉积条件、孔隙结构、煤层中的气液相参与)的影响,以及煤炭开采过程中的外力扰动作用,煤矿采动区采场的土层会发生一定的扰动损伤,再加上采场土层物性参数的随机性、离散性明显,所以煤炭开采明显改变了巷道周围的地震波动场[136-152]。煤矿采动(损伤)复杂场地地震波的传播衰减与一般场地明显不同,而且煤矿采动与地震联合作用下地下工程结构的动力灾变过程尚不明晰,因此开展煤矿采动损伤地层的地震动力响应分析就显得尤为重要。

陈健云等[137]基于阻尼影响抽取法,通过对溪洛渡地下厂房的三维地震动力学响应,重点探讨了地震荷载作用下围岩结构的动力特性,提出了适用于地下工程结构抗震分析算法;赵宝友等[138]利用有限元分析软件 ABAQUS,在考虑损伤的塑性模型的基础上,综合分析了工程地质力学条件对地下洞室群地震动力学响应的影响,并提出了适合地下洞室群的抗震减震方法;马行东、李海波等[139,140]利用有限元分析软件 FLAC3D,探讨了地下洞室形状、埋深、地应力特征等因素对地下岩体洞室的地震动力响应的影响,并初步分析了其影响规律,可为地震荷载下地下洞室的位移响应提供一定的借鉴意义。李海波等[141]

在有限元数值计算分析计算的基础上,根据溪洛渡地下厂房的地震动力响应,建立了"动应力集中因子代表值"的基本概念,提出了一种地下洞室群的动力灾变的安全评价方法;王如宾等[142]通过对金沙江两家人水电站的地震动力灾变分析,重点研究了地震荷载作用下地下厂房洞室有无衬砌工况下相对位移(安全系数)的变化规律,探讨了其位移变化规律和抗震效果。

梁建文和巴振宁[143]基于间接边界元理论,重点研究了地下洞室对入射平面 SH 波的放大作用,在综合考虑场地土层的动力特性的基础上,通过数值计算单一土层中地下洞室对入射平面 SH 波的放大作用,指出了土层对 SH 波传播衰减的影响规律;梁建文等[144]利用有限元分析软件 FLUSH,通过研究隧道群对地震的动力响应规律,探讨了隧道间距、入射地震波频谱等因素对隧道群地震动反应谱的影响规律;梁建文等[145]采用频域变换方法和间接边界元理论相结合的办法,研究了地下洞室群对地震动的出平面时域放大作用,重点探讨了天津滨海地区不同地下洞室参数对地震波的放大效应;李帆[146]在有限元分析软件 FLUSH 数值计算的基础上,研究了地震作用下四种不同性质的场地背景下的地铁隧道群的动力灾变问题,并从时域范围内探讨了隧道群的存在对地震波传递的影响;冯领香[147]通过在间接边界元引入格林函数和半空间精确动力刚度矩阵,在频域范围内重点研究了破碎带对断层场地地震波传播衰减的影响规律,所得的结论可为断层场地的安全评价提供一定的借鉴意义。

荣棉水和李小军[148]基于有限差分法,采用有限元数值计算方法研究了不同地震动输入方法(脉冲地震、实际地震)对黏弹性场地动力响应的差异,重点探讨了不同体波入射角度和高宽比的入射波对地表平面运动谱特性的影响规律;刘必灯等[149]在局部人工边界的显式计算方法上,对 SV 地震波垂直入射下"V 型"河谷地形运动的解析,并重点研究了地震波在不同边坡角度影响下的传播衰减分布规律;喻畑和李小军[150]利用汶川地震强震记录数据,利用 NGA 衰减关系模型分析了汶川地震区基岩场地各种场地的地震波传播衰减规律,并对影响地震动衰减的因素(加速度反应谱、峰值位移、峰值速度、峰值加速度)进行了深入的探讨;喻畑和李小军[151]基于强震数据,对比分析了各地区不同土层场地的强震动记录,在浅硬土层场地的放大系数研究分析的基础上,演化得到了相对应的深厚土层场地的平均放大系数;陈国兴等[152]根据苏州某实际地层的工程地质情况,通过建立精细化有限元模型,重点研究了地震动参数(地震动峰值加速度 PGA、水平地震影响系数最大值 α_{max}、动力放大系数最大值 β_{max})的变化规律,指出了地震的波动特性、场地土介质的性质对场地的设计地震动参数影响较大,所得的相关结论可为类似场地的地震安全性评价、抗震设防提供参考价值和借鉴意义。

国内的专家学者对于复杂地层的地震动力响应做了大量的有效研究工作[136-152],所取得的研究成果极大地推动了岩土地震工程与土动力学领域的发展[136-152]。但对于矿区复杂场地土层及地下结构,往往会由于工程实践活动(采矿活动、爆破作用、地铁隧道的开挖)而产生一定程度的扰动损伤,而上述地震响应分析所用的地震动输入以及场地的动力响应都没有考虑场地的损伤所引起的抵抗破坏能力的影响,其计算结果应该会存在误差[111]。

1.6 煤矿采动区建筑物灾变与防护研究进展

煤矿采动区建筑物保护问题属于"三下"采煤（建筑物下、水体下、道路与铁路下）领域，所以关于煤矿采空区建筑物保护的研究，主要以煤炭院校为核心骨干研究力量。在国家自然科学基金的支持下（表1.1），煤矿采动区建筑保护方面的研究取得了长足发展[153]。

表 1.1　煤矿采动区建筑物保护方面的部分国家自然科学基金

时间	单位	项目负责人	项目名称
2007 年	中国矿业大学	夏军武	采动区框架结构建筑物整体稳定机理研究
2008 年	中国矿业大学	夏军武	采动区多层建筑物稳定机理研究
2012 年	中国矿业大学	夏军武	采动区桥体结构整体稳定机理研究
2011 年	中国矿业大学	温庆杰	采动区混凝土曲线箱梁桥拓宽后的基础不均匀沉降全过程研究
2006 年	中国矿业大学	于广云	煤矿采动区大变形条件下桥梁及地基的加固方式研究
2008 年	中国矿业大学	于广云	地下采矿对地基稳定性的微细观扰动机理研究
2008 年	青岛理工大学	于广明	采动条件下结构化岩体破坏的缺陷协同演化力学模型
2008 年	青岛理工大学	路世豹	地震区煤矿采动建筑物双重保护的基础理论研究
2010 年	河南理工大学	郭文兵	采动影响下高压输电线路协同变形理论及应用研究
2010 年	中国地质环境监测院	程国明	煤矿采动条件下浅埋输气管线变形机理研究
2014 年	煤炭科学技术研究院有限公司	滕永海	大型建（构）筑物采动损坏与防护技术研究
2013 年	辽宁工程技术大学	杨逾	复杂应力状态下条带煤柱的延时特性研究
2008 年	辽宁工程技术大学	杨逾	垮落带注充控制覆岩移动机理研究
2013 年	辽宁工程技术大学	赵娜	大面积采动地层长期稳定性研究
2003 年	辽宁工程技术大学	王来贵	复杂环境作用下大面积采动地层演化规律研究
2006 年	辽宁工程技术大学	刘向峰	大面积采动地层结构地震动力稳定性研究
2014 年	大连大学	麻凤海	地震作用下煤矿采动区岩层动力失稳与建筑安全控制研究

关于煤矿采动区建筑的抵抗地表移动变形及抵抗地震的双重保护研究，原煤炭科学技术研究总院唐山分院的崔继宪研究员（煤矿采动损害领域的开拓者）较早开始进行该项研究工作，之后中国矿业大学、青岛理工大学、河南理工大学、辽宁工程技术大学以及大连大学等的专家学者相继开始了该方向的研究工作。

目前，我国的高等院校内先后形成了以中国矿业大学夏军武教授、袁迎曙教授、于广云教授为代表的江苏省土木工程环境灾变与结构可靠性重点实验室的研究团队，明确提出以开展建筑物抵抗地表移动变形和抗地震的双重保护研究为该实验室的重点研究方向；辽宁工程技术大学形成了以刘文生教授、苏仲杰教授及杨逾教授为代表的以研究矿山开采损害防护为研究特色的辽宁省矿山沉陷灾害防治实验室，其中该校的刘书贤教授也开展了煤矿采动区建筑物地震灾变防护相关的研究工作，王来贵教授所带领的科研团队主要在煤矿采动损伤地层的稳定性及演化灾变方面开展了大量的研究工作；青岛理工大学则形成了以于广明教授、王谦源教授为代表的以从事地下开挖损害鉴定、地表沉陷与工程效应研究的山东省岩体损害防护与地表沉陷治理工程技术研究中心和青岛理工大学矿山充填技术与地压控制研究所;大连大学形成了以麻凤海教授为代表的以研究矿山开采沉陷变形及地下结构系统稳定为特色的辽宁省复杂结构系统灾害预测与防治实验室;河南理工大学则形成了以郭文兵教授为学术带头人的煤矿采动损害与保护的河南省创新型科技团队;其他的像西安科技大学、山东科技大学、安徽理工大学及煤炭科学技术研究院有限公司(尤其是唐山分院)也进行了煤矿采动损害防护的大量研究工作。

国外关于建筑物下采煤技术及煤矿采动区建筑物保护等方面的研究工作开展的相对较早,其中德国最早开始煤矿采动区建筑物保护相关理论及技术的研究,克拉茨教授出版专著《采动损害及其防护》成为德国建筑物下采煤技术发展的标志性里程碑[157];波兰、苏联在煤炭条带开采技术方面做出了巨大的贡献,英国和日本曾经对建筑物下的煤炭资源采用房柱式开采方法进行开采[154,155]。

波兰[153]主要是采用条带开采的方法来提高煤炭开采的回采率及控制地面下沉,多年的工程实践之后,波兰的条带开采方法的回采率在保证下沉系数为 0.05~0.1 时,基本可以达到 50%~60%,波兰[153]在开采完成后,对采空区的处理主要是采用密实水砂充填的方法实现煤矿采空区的安全性[153]。采用水砂充填方法进行填充煤矿采空区时,要求砂子必须满足以下条件:保证压缩率为 5%~6% 时,要求含泥率不大于 10%~20%,此时采区地表的下沉系数为 0.1~0.15。英国[155]在进行建筑物下采煤的时候,主要是采取房柱式的开采方法来保证每天的开采率以及合理地实现地面建筑物保护;德国[154]曾经采用破碎后的煤矸石以及炉渣作为煤矿采空区的填充材料,以减缓地表的移动变形和减轻对建筑物的采动损害。波兰[153]还曾经利用不同矿山之间的协调开采方法、全部回采不留煤柱的开采方法以尽可能地减小和控制煤矿采空区的移动变形,以达到保护地面建筑物的目的。

20 世纪 70 年代及 80 年代,Sergeant、Jones、Wang 曾经先后分析研究了地下煤炭开采对地面公路、建筑物的损伤破坏,尤其是在公路下采煤及建筑物下伏采空区区域采取合理的开采方法获得了大量有益的研究成果[156-160];Peng 等[156]根据煤矿采空区复杂的工程地质条件,在前人研究基础上,提出了煤矿采空区建筑物尽可能采取对称结构,以保证可以及时地控制煤矿采动引起的开采沉陷变形对建筑物的损害;克拉茨和 Tsai 等[157,158]的研究成果指出要控制煤矿采空区地表的水平变形和垂直变形可以通过采用膨胀接头(expansion joints)的保护方法来实现。德国的研究人员[159,160]对于煤矿采动区建筑物的保护主要是采用弹簧来抵抗地表的移动变形以达到保护地面建筑的目的,但是其成本相对较高。

与国外的"三下"采煤技术及建筑物保护相比,中国的煤矿采动区建筑物保护的研究工作开展相对较晚:西安科技大学的牛宗涛[161]基于矿山开采沉陷理论,通过对煤矿采动损害影响下的建筑破坏的实地考察,利用有限元数值软件对煤矿采动损害建筑进行数值模拟,并与实际采动损害现象进行了对比分析,提出了合理的煤矿采动建筑的抗变形加固措施;中国矿业大学夏军武、袁迎曙、谭志祥等[162-166]基于力学理论及矿山开采沉陷学,通过理论分析,建立同时考虑上部建筑结构-条形基础-下部地基的协同力学模型,重点探讨了煤矿开采过程中上部建筑结构在适应地表移动变形的过程中结构内力的变化过程以及相应的影响因素,得到了由于地表移动变形导致煤矿采动建筑物所产生的附加内力的计算公式,在以上研究基础上,设计了安装在框架结构的主动抗变形支座装置[164,165],以保证建筑物可以适时适应地表的移动变形,并先后获得了多项专利[165]。

中国矿业大学的谭志祥、邓喀中[166,167]通过理论研究发现,地表移动变形对建筑物损伤破坏主要以附加内力的方式对建筑物进行加载,在此基础上建立煤矿采动区建筑物上部结构-基础-地基的整体力学模型,并对地表移动变形对建筑物所产生的附加内力进行了计算;查剑锋等[168]在实验研究的基础上,通过对实验数据分析研究发现,实现煤矿采动区建筑物的保护,首先需要控制地表的移动变形,离层注浆减沉技术是控制地表沉陷比较理想的技术;辽宁工程技术大学的刘文生教授、苏仲杰和刘文生[169]根据煤矿采动所引起的地表移动变形及地面沉降,建立了煤矿采空区上覆岩层产生离层的力学模型,对其覆岩离层的力学机理进行了全面深入的探讨研究,并对充填材料与上覆岩层相互作用的机理进行了总结,确定了合理的离层充填注浆设备(系统)。大连大学赵德深教授[170]研究了煤矿采空区覆岩离层充填减沉机理,采用薄板小挠度方法重点分析了煤矿采空区的上覆岩层离层产生的机理及控制方法,所得的研究成果可以为控制煤矿采空区上覆岩层的离层产生及控制地表移动变形技术提供参考和借鉴;辽宁工程技术大学苏仲杰教授[171]针对煤矿采空区覆岩离层注浆控制地表移动变形技术尚不完善的问题,利用相似材料开采试验与数值模拟分析计算相结合的方法,重点研究了煤矿采空区上覆岩层离层发育机理、影响因素及控制方法,并将研究成果在矿区进行了实际应用;辽宁工程技术大学杨逾教授[172]针对矿区垮落带岩层移动变形破断的问题,采用粉煤灰浆体对垮落带破碎岩体进行填充,研究了充填后岩体的本构方法及移动变形的计算方法,在此基础上在邯郸矿区进行了工程应用。原煤炭科学研究总院通过大量的工业实验研究设计出了盒子房屋,该房屋不仅可以有效地抵御开采沉陷变形引起的地表移动及沉降,并且可以实现随时搬迁,提高了建筑物的可利用性[173];河南理工大学的段敬民教授[174]根据煤矿采动引起的地表沉降特点研制出了一种特殊的建筑物基础,该基础为可升降点式基础,可以较好地抵抗地基不均匀沉降,以达到保护煤矿采动区建筑物的目的。

当煤矿采空区位于地震区时,煤矿采动区建筑物需要同时承受煤矿采动损害引起的开采沉陷变形作用及地震的动力破坏作用。目前,国内的专家学者关于煤矿采动区建筑物的抵抗开采沉陷变形和抵抗地震动的研究已经开展了一些研究工作:中国矿业大学的夏军武等[163]通过对煤矿采动区框架结构抗震性能的研究,指出了在对煤矿采动区建筑物进行设计时,需要同时考虑煤矿采动损害与地震对建筑物的破坏作用;并且中国矿业大学的夏军武先后主持了国家自然科学基金项目《采动区桥体结构整体稳定机理研究》《采动区框架结构建筑物整体稳定机理研究》以及教育部"跨世纪人才"基金项目《采动区多层建筑物稳定机理研究》,在国家自然科学基金的支持下取到了许多重要研究成果[162-166,175]:根据煤矿采动区扰动土的破坏实验,综合考虑煤矿采动区地基土与上部框架结构之间的相互作用,建立了同时考虑煤矿采动区上部框架结构-独立基础-地基土的协调变形统一体的理论模型,该理论分析模型综合考虑了煤炭开采过程中引起的地表移动变形的动态变化过程,指出了煤矿开采沉陷变形与煤矿采动建筑物的附加内力的关系,推导建立了煤矿采动区框架结构的附加(变形)内力的理论计算公式,并设计出了安装在框架结构的主动抗变形支座装置[165];通过分析影响煤矿采动区框架结构建筑物整体稳定的因素,探讨了开采沉陷变形影响下的煤矿采动区框架结构建筑物的极限能力,初步得到了煤矿采动区框架结构的抗地表移动变形的保护措施。夏军武教授所指导的常虹博士[176]通过理论分析、试验研究、数值模拟与现场调研应用相结合的研究方法,重点研究了煤矿采动区水闸结构损伤破坏过程,在综合考虑煤矿采动区水闸结构与地基土(协调变形)相互作用的基础上,提出了对已破坏水闸结构合理化的加固设计方案以及煤矿采动区新建抗变形水闸的设计建议[176];夏军武教授所指导的孙冬明博士[177]通过建立煤矿采动区输电塔-线的整体有限元模型,根据地下采煤工作面的推进方向与输电塔导线走向的不同,重点研究了煤矿采动区输电塔-线的内力变化,同时给出煤矿采动区输电塔的安全评价,为煤矿采动区输电塔-线耦合体系的加固提供参考[177]。

在国家自然科学基金的支持下,青岛理工大学的路世豹老师完成了科研项目《地震区煤矿采动建筑物双重保护的基础理论研究》的研究工作,该项目主要研究煤矿采空区地表移动变形对建筑物的损害在地震作用下的破坏倒塌机制[178],初步揭示了煤矿采动损害影响下的建筑物损伤演化规律以及地震作用下的灾变过程,但是并没有较好地解释煤矿开采沉陷变形以及地震这两种截然不同的灾害荷载是如何影响和破坏建筑物,如何构建搭接这两种灾害荷载对建筑物损伤破坏的桥梁;青岛理工大学于广明教授指导的研究生井征博[179]利用有限元数值计算软件 ANSYS 建立了钢筋混凝土框架-剪力墙结构,采用沉降的方法来模拟地表的移动变形,初步认识了钢筋混凝土框架-剪力墙结构在同时考虑煤矿采动与地震荷载效应下的损伤破坏过程,但是在没有考虑地基土对结构的影响,所得到的结果是偏于安全的;吴艳霞[180]根据青岛地区地铁施工的工程背景,研究了地下地铁隧道结构施工过程中引起的地面沉降对建筑物的损伤破坏,采用模糊数学的分析方法对地铁上方建筑物的安全防护等级进行了判断,提出了适用于适合青岛滨海地区地铁隧道结构上方建筑物损伤评判标准;周长海[181]利用有限元数值计算软件 SAP2000 研究了沉降荷载和地震荷载作用下建筑物的内力响应,重点分析了结构塑性铰的形成发展过程,但是由于 SAP2000 可以较好地实现结构的弹性力学行为,却不能较好地实现其塑性力学行为,容易造成数据误差;张春礼[182]基于有限元数值计算软件 ANSYS 建立了钢筋混凝土框架结构,通过分析煤矿采动与地震灾害荷载双重作用下框架结构的力学响应及塑性铰发展,指出对于煤矿采动区建筑物而言,必须考虑建筑的抗采动设计和抗震设计;杨鑫欣[183]通过有限元数值计算软件 ANSYS 建立了高层框架结构,重点研究了煤矿采动损害与地震联合作用下位移的时程曲线,并初步进行了结构损伤评估工作。

中国矿业大学的于广云教授[184]以淮南矿区为工程背景,重点研究了煤矿采动区大变形影响下的土体物理力学性能的变化规律,提出了煤矿采动扰动率的概念,为煤矿采动区建造抗变形建筑以及加固设计提供参考;河南理工大学段敬民教授[185]通过建立煤矿沉陷区的建筑物-基础-地基共同作用协调变形的整体力学模型,分析了煤炭开采过程中对建筑物所产生的附加作用力,提出了可移动及升降点式基础的煤矿采动建筑物的保护方法,为煤矿沉陷区的建筑物的抗震加固提供参考和借鉴;中国矿业大学的谭志祥教授[166]采用现场调研、试验研究、理论分析与数值模拟相结合的方法建立煤矿采动区的建筑物-基础-地基协调变形的整体力学模型,分析了地表移动变形影响下不同参数变化所导致的煤矿采动建筑物附加应力的变化趋势,并提出了煤矿采动裂缝角的概念及其煤矿采动建筑破坏等级评判标准及保护措施;太原理工大学的张永波[186]针对煤矿老采空区建筑物地基稳定性不足的问题,通过分析煤矿采空区上覆岩层、采矿工程的设计参数以及建筑物的自重荷载,通过现场工业试验,重点研究了煤矿老采空区建筑损伤破坏及地基失稳机理,可以为煤矿老采空区建筑物加固处理及设计提供参考。辽宁工程技术大学的刘书贤等[187]通过深入矿区实地考察煤矿采动损害现场,采用理论分析与数值计算相结合的方法,研究了煤矿采动损害荷载与地震灾害荷载联合作用下建筑物灾变过程,重点探讨了两种灾害联合作用下建筑物的内力响应,建立了煤矿采动区建筑物的抗震、抗变形双重保护装置,并进行了考虑土-结构相互作用的煤矿采动建筑抗震抗变形双重保护装置的减震性能,但是没有指出如何将煤矿采动损害与地震荷载对建筑物的损伤破坏联系起来;刘书贤等[188]从能量角度分析了煤矿采动建筑的地震灾变演化过程,指出了可以从能量角度分析建筑物的煤矿采动损伤与地震损伤。

目前,对于煤矿采空区岩层移动变形的控制及煤矿采动建筑物的抵抗地表变形技术取得了丰硕的研究成果[161-189],但是对于煤矿采动损伤建筑在地震作用下的灾变演化机理及控制尚存在着不足,尤其是考虑煤矿采动区建筑同时抵抗地表移动变形(长期变形)和抵抗地震动的大变形(短期变形)相关的研究尚不完善,尤其是如何建立建筑物的煤矿采动损伤与地震损伤的内在联系,这是研究煤矿采动损伤建筑抗震性能劣化的核心和关键问题[161-189],通过合理的方法建立煤矿采动损害与地震损害联系的桥梁与纽带,是研究地震区煤矿采动建筑抗震性能迫切需要解决的问题。

1.7　研　究　方　案

1.7.1　研究目的与研究意义

由于我国"三下"压煤现象严重,合理解决"三下"压煤问题是缓解能源危机的重要途径之一,而建筑物下压煤问题涉及的问题面广、量大,加之我国80%以上的矿区处于在强地震区[8,9,118],地震作用下矿区工程结构的动力灾变控制及煤矿巷道结构的地震安全评价方法的研究就显得尤为重要。通过现场调研、理论分析、模型试验与数值计算相结合的研究方法,研究地震作用下煤矿采动区地下工程结构的动力响应及地面建筑的抗震性能劣化机制,对于揭示地震作用下矿区地下巷道结构与地面建筑的动力破坏模式、过程以及破坏规律,完善矿区复杂工业环境建筑物的抗震计算方法,为矿区地下巷道结构的抗震设计及抗震构造措施的发展提供科学依据。

通过分析研究矿区地下巷道结构的地震动力响应与地面建筑物抗震性能劣化机制,认识到矿区巷道结构的动力破坏的关键部位、煤矿采空区动力失稳演化规律以及煤矿采动对建筑物抗震性能的扰动规律,为评价煤矿采空区的稳定性及是否可以建设建筑物提供依据,通过建立煤矿采动区新建建筑物抗开采沉陷变形隔震保护体系的损伤控制体系,给出煤矿采动区新建建筑物抗开采沉陷变形隔震保护设计方法与设计建议,不仅补充和发展了现有的煤矿沉陷区建筑物的保护理论,同时也为煤矿巷道结构的支护、地面既有建筑的抗震加固提供科学依据。

通过对煤矿采空区地下煤矿巷道结构的地震动力响应与地面建筑的抗震性能劣化研究,对减轻和控制矿区建筑物的煤矿采动损害,缓解土地资源短缺,保护矿区生态环境(减少环境污染和生态破坏)和地面建筑也具有重要的实际意义,不仅可以合理地解决地下煤炭开采和地面建筑物保护的矛盾、提高地下煤炭资源的回收率和利用率,同时也为煤矿采空区的安全稳定性评价与再利用、地下巷道结构的抗冲击振动破坏提供借鉴,并且为矿区巷道结构与地面的建筑物的抗震设计、结构损伤控制的安全评价方法以及采取合理的抗震、减震保护措施提供合理的依据,在未来的矿山动力灾害中,减轻煤矿巷道结构与地面建筑物的损伤、减少人员伤亡和财产损失,具有较为理想的社会效益和经济效益。

1.7.2　研究方法与研究内容

目前,关于煤矿采空区稳定性的研究多集中于静力荷载作用下的研究,即国内外专家学者关于岩层自重荷载作用下煤矿采空区发生失稳的研究较多[112-119],而对于扰动荷载作用下(尤其是地震作用)煤矿采空区的动力稳定性相关研究则刚刚起步。矿井动力灾害(矿震、冲击地压、煤与瓦斯突出等)常常造成井巷垮塌、人员伤亡,造成重大的经济损失,而现有的研究多集中于矿井各种动力灾害发生机理的研究,只是分析了矿井发生各种动力灾害(矿震、冲击地压、煤与瓦斯突出等)的原因及诱发因素[8,9],而对煤矿巷道结构在灾害荷载作用下的破坏形式及灾害荷载在巷道结构中的传播演化致灾的过程少见报道,对于煤矿采动损伤地下结构在地震作用下灾变演化过程是研究也相对较少,并且矿区地下结构的设计中没有考虑到地震载荷的作用,且中国尚未有地下结构的抗震设计规范;而对矿区建筑物的设计工作,没有很好地将建筑物的抗震性能设计与抗变形设计较好地统一起来。因而对矿区地层及采矿地下结构与地面建筑结构的地震动力响应的研究,具有重要的理论意义与现实意义。

本书基于地震工程学、应力波基础、煤矿开采沉陷学与工程结构波动理论,采用现场调研、理论分析、室内试验与数值计算相结合的研究方法,针对强震作用下煤矿巷道结构的损伤机制及其灾变演化过程及地面建筑物抗震性能的劣化机制,从煤矿采空区岩层的移动变形致灾、地震作用下煤矿巷道结构的损伤演化破坏及煤矿采空区岩体结构与地面建筑物的抗震性能劣化机制及动力灾变等内容进行研究,具体研究内容如下。

(1)煤矿采空区的稳定性及多煤层重复开采影响下覆岩移动变形沉陷致灾力学机制。

研究煤矿采空区稳定性的影响因素及多煤层重复开采影响下覆岩的移动规律,建立煤矿采动覆岩移动变形破断的力学模型及沉陷判据,并分析多煤层重复开采影响下的煤矿采空区上覆岩层的移动变形破坏与其应力分布的内在联系。

(2)煤矿采空区煤柱、巷道结构及围岩的地震动力响应及稳定性。

研究煤矿采空区煤柱的地震动力稳定性、巷道结构地震动力灾变的影响因素及围岩的应力场分布演化,建立地震作用下煤矿采空区煤柱、巷道结构的动力学运动方程,探讨煤矿采空区煤柱地震动力失稳、煤矿巷道结构不同部位地震动力响应、考虑损伤效应的煤矿巷道结构的地震动力响应、煤矿采空区的地震动力稳定性以及考虑充填材料的煤矿采空区的地震动力稳定性。

(3) 煤矿采动区建筑物抗震性能劣化机制研究。

研究矿区复杂工业环境下建筑物抗震性能劣化现象,分析煤矿采动区岩层移动对建筑物的损伤破坏,探讨复杂恶劣环境因子影响的建筑抗震性能劣化机制,分析结构劣化的失效过程和宏观机制,揭示煤矿采动对结构抗震性能的扰动规律,构建煤矿采动损害与地震作用下采动岩层与建筑物的失稳规律。

(4) 煤矿采空区建筑物地震动力灾变及防控研究。

研究地震作用下煤矿采动建筑的动力响应,建立煤矿采动损伤建筑物的地震动力学方程,分析不同荷载工况下煤矿采动建筑的内力响应,探讨煤矿采动与地震的联合致灾机理,提出合理的煤矿采空区建筑物保护的方法。

第2章　煤矿采空区稳定性的理论分析

2.1　引　　言

目前,我国由于煤炭资源的过度开采,形成了数量相当惊人的煤矿采空区(群)[118,119]。河北省邯郸市矿区由于煤炭的资源过度开采(已经累计开采煤炭约1.2亿t),形成的煤矿采空区的面积约43.72km²(邯郸市的面积为1.2万km²);辽宁省阜新市矿区地下煤炭资源累计开采出1.2亿t,形成无任何处理措施的煤矿采空区面积为77.18km²(阜新市的面积为10445km²);山西省由于煤炭资源开采所形成的煤矿采空区已经达到20000km²,大约相当于山西省1/8的土地面积(山西省的面积为156699km²)。根据山西省社会科学院李连济研究员所完成的研究报告《中国煤炭城市采空塌陷灾害及防治对策研究》[11]可知,截至2007年,煤矿采空区发生塌陷沉陷的面积已经远远超过了70万hm²,由此造成的经济损失大约500亿元,并且目前煤矿采空区还以94km²/a的速度发生塌陷沉陷。煤矿采空区失稳现象非常容易造成重大灾害性事件,我国各大矿区由于采空区造成的各种灾难性事件也屡见不鲜。

煤矿采空区所造成的次生灾害主要体现在[118,119]:①在煤炭开采过程中,采场的围岩受到扰动荷载作用后裂隙发育,容易形成贯通地表的裂缝或者是与原有的老窿相连通形成通路,为矿区巷道的突水事故埋下了隐患,极易造成巨大的经济损失;②煤矿采空区遗留大量的矿柱在发生蠕变变形、损伤破坏后,容易引起顶板冒落、岩层移动,岩层的移动变形发展到地面则导致煤矿采空区地表开裂、沉陷和塌陷,影响矿区土地和建筑的正常使用(图2.1)。

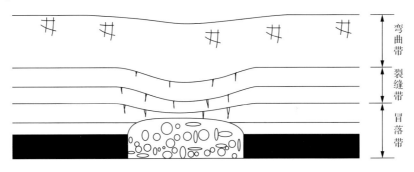

图2.1　煤矿开采形成的三带

煤矿采空区的稳定性是一个涉及多载体、多影响因素的复杂大尺寸空间的平衡问题[118],影响其稳定性的因素主要有[119]:结构体系因素、地质采矿因素、扰动荷载因素。

结构体系因素主要是指采空区自身结构体系、上覆岩层的结构体系以及周围地质条件等诸多影响因素[118],主要涉及以下几个方面:①采空区的形态(空间形状、大小、高度、埋藏深度和顶板暴露面积)、煤层的物理力学性质(埋深、厚度、倾角等);②上覆岩层的岩性(岩层的密度、泊松比、弹性模量、黏聚力、内摩擦角以及抗压、抗拉强度等)、厚度、赋存状态等;③采场场地的地形地貌、地质构造、水文地质等周围地质条件。

地质采矿因素[118]主要是指在煤矿开采过程中所涉及的煤层开采方法、开采面积、开采次数、顶板管理方法以及采空区地层中的断层、褶皱和结构面等因素。

扰动荷载因素[118,119]则主要是指各种不可预测的影响对采空区稳定性的动荷载(地震、岩爆、矿震、爆破、煤与瓦斯突出等冲击荷载、机械振动以及交通运输荷载引起的振动等)。扰动荷载的大小、类型和位置对采空区稳定性影响极大。

煤矿采空区发生失稳灾变坍塌的影响因素很多,其失稳灾变机理以及影响因素目前尚不明晰[118,119]。目前,对于煤矿采空区失稳现象多关注于静力荷载作用下(岩层自重)的采空区失稳现象,而对于扰动荷载因素影响下煤矿采空区的失稳演化则相对较少。作者针对地震作用下煤矿采空区的动力失稳现象与建筑安全问题进行探讨,立足于煤矿采空区的四大特征(效应):大尺度特征(效应)、时间特征(效应)、动力特征(效应)和环境安全特征(效应),对煤矿采空区的稳定性进行研究。

2.2 煤矿采空区的形成及基本特点

煤矿采空区是由于地下煤炭资源开采后所遗留下来的空洞。20 世纪初期,由于矿山开采机械化程度较低,主要依赖于人力开采矿山资源。人力开采初期由于挖掘强度低,形成的采空区体积较小,采空区围岩的稳定性保持较好,基本上不需要对采空区进行支护充填处理。随着科学技术的发展和进步,矿山机械化程度越来越高,矿山开采工艺(空场法采矿、留矿法、崩落法等)也逐渐得到推广,大大提高了矿区矿山资源的开采能力。虽然高效成熟的开采工艺开采出了大量的矿山资源,获得了可观的经济效益,但是却为矿区遗留了大量的安全隐患(表 2.1)。

表 2.1 煤矿采空区灾害来源及表现形式[118,119]

灾害破坏效应	灾害来源	表现形式
直接破坏	顶板移动、破断、坍塌	冲击力
	顶板坍塌诱发飓风效应	风荷载的冲击波效应(冲击气浪)
	冲击地压、岩爆、机械冲击	矿山地震(矿震)
	地下水(地表水)涌进采空区	突水
	氧化反应	自燃(粉尘爆炸)
	外界气体涌入采空区	串风
	破碎的煤体与甲烷气体涌入采空区	煤与瓦斯突出
	采空区坚硬岩层应力集中爆发	冲击地压(岩爆)
	采掘过程中的动力效应	其他动力扰动致灾现象
间接破坏	采空区岩层坍塌、顶板破坏波及地表	地面沉陷坍塌
	采空区岩层坍塌、顶板破坏波及地表	滑坡

　　煤矿开采的过程中,通常把矿山资源分为矿柱与矿房,随着采煤工作面的不断推进,会在一定的距离内设置一些矿柱(或者采用人工支柱)来作为巷道顶板的竖向传力途径。但是随着开采强度的增大和采煤工作面的持续推进,采空区数量越来越多,采空区体积越来越大。开采后的矿区就形成千疮百孔,犹如蜂窝一样。如果采空区足够多,发生连通现象则容易形成采空区群,此时,采空区的稳定性非常差,容易发生各种矿山安全事故。

　　地下巷道结构周围的岩石属于脆性材料,其稳定性具有明显的突变性和时效性。地下岩石在外界扰动荷载(地震、矿震、机械扰动、地下水等)作用下,岩石会发生崩解、粉碎等现象,导致煤矿采空区形状发生改变,并与临近的采空区相互贯通,形成更大的采空区(群)。采空区(群)是由各种不同性质的采空区所构成的复杂结构系统,其特点如下[118,119]:

　　(1) 形态各异。由于矿区岩体内部天然缺陷(裂隙、节理、断层、弱面)的存在,加之煤矿采空区所处的环境复杂,导致其自然形态各异。由于岩体大小不同,矿山资源开采后所形成的采空区的形态也各有不同;随着资源的不断采出,采空区的数量、面积和体积也随之增大,扩大了采空区(群)。采空区(群)的空间几何形状与矿山资源的分布情况密切相关,故其失稳灾变特点也是和采空区(群)的自身形态密切相关的。

　　(2) 空间结构复杂。采空区(群)如同蜂窝一样复杂,但是极其不规则。由于岩体结构的几何缺陷的存在,加之爆破开采、凿岩开采、机械开采等各种开采施工工艺的精确度不高,岩体弱面几乎大量存在于采空区的边界,各种不同功能的巷道结构呈现出不同的排列组合方式,由此导致采空区结构的复杂性加剧。

　　(3) 动态演化。采空区的岩层由于失去支撑,加之岩层的流变特性以及采空区充填不及时,在外界各种扰动荷载(爆破荷载、机械施工荷载、地震、矿震)以及各种应力(构造应力、地应力)的影响下,采空区时刻与周围的围岩发生物理、化学、生物作用,导致采空区的空间结构和形态时刻处于变化之中,由此引起的失稳灾变也显得较为复杂。

2.3　煤矿采空区的分类

　　根据开采方法、开采时间、采深厚比等因素的不同[190,191],煤矿采空区可以分为各种不同类型的采空区,其采空区的几何形态、空间结构也各有不同。

　　按照煤矿采空区的形成(或者开采时间)时间可以分为[191]:临时稳定性煤矿采空区、非稳定性煤矿采空区、稳定(态)性煤矿采空区。

　　按照开采方法可以分为[191]:长壁垮落法分层开采煤矿采空区、长壁放顶煤矿采空区、短壁垮落法煤矿采空区、巷柱或房柱式煤矿采空区、特殊开采方法煤矿采空区。

　　按照采深厚比可以分为[191]:浅部煤矿采空区、中部煤矿采空区、深部煤矿采空区。

2.3.1　基于煤矿采空区形成时间的划分方法

　　煤炭资源开采后所形成的地下洞室结构(煤矿采空区)在上覆岩层的自重应力作用下,煤矿采空区的岩层结构会产生弯曲、冒落、下沉甚至于破裂现象,在形成"弯曲带""冒落带""裂隙带"后,煤矿采空区围岩结构体系会形成暂时的稳定平衡状态[191]。随着煤炭资源的持续开采,煤炭开采范围不断扩大,在自重应力的作用下煤矿采空区上覆岩层会先不断经历"失稳—稳定—再失稳—再稳定"的演化过程,在这个演化过程中煤矿采空区的空洞(隙)的岩层会逐渐压实,波及地面就表现为地表沉陷。综合考虑煤矿采空区失稳演化过程,影响其稳定性的主要因素有:煤矿采空区的埋深、开采持续时间、留设(残留)煤柱的承载能力、上覆岩层的断裂度。结合影响稳定性的因素,处于各个稳定(失稳)期的煤矿采空区的特征如下[191]。

(1)临时稳定性煤矿采空区[191]:此种特征体系的煤矿采空区多见于留设煤柱的开采初期所形成的采空区,煤柱的留设一般由房柱式开采、短壁式开采、巷柱式开采、刀柱式开采等开采方法所形成的。由于煤柱自身物理条件(结构弱面、裂隙、节理、断层)的限制,其强度不够支撑巷道的顶板结构,并且其长期稳定性极差,煤矿采空区的煤柱失稳的概率较大。此类煤矿采空区的地表移动变形多具有突发性强、频率高、可预测性低等特点。

(2)非稳定性煤矿采空区[191]:此类采空区一般在长壁全部垮落开采方法中比较常见,随着煤炭资源的开采,巷道的顶板以及煤矿采空区上覆岩层会处于"弯曲—断裂—破坏"的持续变化过程中,波及到地面则体现为地表不断产生移动变形。一般情况下采空区地表的移动下沉值会在 6 个月达到 30mm,此时地表可能会出现明显的沉陷现象。而在刀柱式开采、房柱式开采、条带开采以及房式开采中,复杂应力状态下的煤柱会产生流变现象,严重降低其承载能力,当其强度储备不够和稳定性条件无法得到满足时,顶板结构体系就会发生破坏坍塌现象,对采空区地表的危害较大。

(3)稳定(态)性煤矿采空区[191]:稳定(态)性煤矿采空区一般是非稳定性煤矿采空区巷道顶板以及上覆岩层的移动破断活动基本结束,此时对于长壁全部垮落开采法而言,采空区地表的移动下沉值 6 个月低于 30mm;对于条带式开采和房柱式开采方法而言,留设的煤柱的强度储备比较理想、长期稳定性能够得到满足的采空区可以视为稳定(态)性煤矿采空区。

稳定性与稳态性采空区的差别主要在于是否存在着地表残余沉陷[191]:稳态性采空区的地表还能发生一定程度的残余沉陷,同时对地表建筑物有一定影响,但是破坏力不大;稳定性采空区则指在自重应力的作用下,采空区上覆岩层的孔隙(空洞)基本压实,地表基本上不发生残余沉陷,对地表建筑物几乎没有影响。

2.3.2　基于煤矿开采方法的煤矿采空区划分方法

1. 长壁垮落分层开采法形成的煤矿采空区

当矿区煤层较厚时,多采用分层开采(煤层分层厚度需要为 2~5m);对于中厚煤层以及薄煤层,一般采用整层开采。当采用分层开采方法时,对于巷道顶板多采用全部垮落法,此时顶板一般随采随垮,或者是开采范围足够大时顶板突然垮落。

采用长壁垮落分层开采法进行浅部煤炭开采时,容易在平行于采煤工作面的方向出现动态演化的地表裂缝,而在煤矿采空区开采边界的周边地表形成非常明显的、宽度较大的裂缝破坏[191];采用长壁垮落分层开采法进行深部煤炭开采时,在煤矿采空区地表则容易出现下沉盆地,其变化趋势较为平缓。在下沉盆地的周围,则容易出现较小的地表裂缝。长壁垮落分层开采法形成的煤矿采空区所引起的地表移动变形时刻处于动态演化过程中,地表移动变形成为稳定的下沉盆地一般要经历 2～3 年。

2. 长壁放顶开采法形成的煤矿采空区

长壁放顶开采法是针对于厚煤层常用的采煤方法,煤层的采放厚度一般为 5～12m,采放比则为 1:3,其最大的采放高度一般可以达到 15m 以上[191]。长壁放顶开采法导致煤矿采空区的上覆岩层移动破断较为严重,由此引起的开采沉陷变形危害较大。煤矿采空区的地表移动破坏一般多以地表塌陷或者裂缝的形式存在。

采空区的上覆岩层的破断具有范围大、强度高、深度广的特点,所以上覆岩层中存在着大量的离层、空隙,导致上覆岩层压实其空隙需要的时间较长,所以地表移动变形的演化周期长,尤其是地表的残余变形大,要想变为稳定的下沉盆地一般需要 3～4 年,时间一般为长壁垮落分层开采法的 2 倍。

3. 短壁垮落开采法形成的煤矿采空区

短壁垮落开采法多见于中小型煤矿企业,属于生产技术相对比较落后的爆破开采或者是普通机械化开采方法[191]。由于其采煤工作面小于 60m,所以巷道的顶板多为强制放顶或者为自由冒落的方式进行管理。短壁垮落开采法形成的煤矿采空区的岩层内部孔洞率高,地表残余变形较大,并且其移动变形速率较小,所以周期较长。

如果上覆岩层比较坚硬,当采煤工作面所留设的煤柱尺寸较大时,容易形成冒落拱形式的不稳定机构,在扰动荷载作用下容易发生失稳现象。当煤矿采空区的空间过大时,煤柱的承载能力不足以承载上覆岩层的自重时,容易引起地表再次发生塌陷变形,此时形成的地表移动下沉盆地多为临时稳定性下沉盆地,对矿区土地及地面建筑危害较大。

4. 房(巷)柱式开采法形成的煤矿采空区

房(巷)柱式开采法属于小煤窑常用的采煤方法,其生产技术落后。随着采煤工作面的推进,煤矿采空区面积越来越大,煤柱所承受的荷载也越来越大,逐渐发生损失变形破坏,最终失稳导致顶板结构破断垮落。如果煤柱的尺寸较大,柱距设置比较合理,煤柱的承载能力相对稳定,此时煤矿采空区的地表沉陷则体现出分段沉陷的特点,这主要是由于煤柱的破坏倒塌是具有时间效应的。

5. 特殊开采方法形成的煤矿采空区

进行"三下"(建筑物下、水体下、道路与铁路下)采煤时,需要对地面建筑物、道路与铁路和水体进行保护性的安全开采,就需采用特殊开采方法(充填法、条带开采以及房柱开采、限高开采法等)进行开采[191]。特殊开采法所形成的煤矿采空区一般较少出现大面积冒落现象,多以局部冒落为主,采空区上覆岩层的稳定性好,地表发生的移动变形量小。

由于"三下"采煤要求的煤矿采空区稳定性要好,所以需要采用合适的计算理论对其进行评价分析计算。煤柱的稳定性多采用煤柱的强度计算理论进行分析,煤矿采空区的残余地表移动变形多采用概率积分法进行计算,采空区的稳定性、采空区的空洞结构及分布形态多采用工程物理探测法进行分析判断。

2.3.3　基于采深采厚比的煤矿采空区划分方法

目前,关于煤矿开采深度多以"深部开采""中深部开采""浅部开采"来区分,在我国依据《中国煤矿开拓系统》按深度将矿井划分[192]:小于 400m 为浅部矿井;400~800m 为中深部矿井,800~1200m 为深部矿井;大于 1200m 为特深矿井。随着浅部资源的逐渐枯竭,我国许多矿井将陆续进入深部开采状态。

煤矿采空区的形成以及对上覆岩层、地表及建筑物的破坏程度与开采深度、厚度密切相关,所以不能单纯以开采深度来判断煤矿采空区对地面的破坏程度。20 世纪 70 年代以前,由于科学技术及生产工艺的限制,煤炭开采的分层煤层最大厚度及整层最大厚度均不能大于 3m;改革开放以后,随着科技的迅速发展,煤矿开采技术及相关的开采设备得到迅猛发展,放顶煤开采方法在矿区开始大规模的应用,煤层的开采厚度也提高到十几米,对于综合机械化开采方式而言,厚煤层的采高一般可以达到 7m。煤层一次性开采的厚度越大,对煤矿采空区上覆岩层的破坏程度就越大,因此按照"开采深度/开采高度"来分析研究煤矿采空区的稳定性及破坏性更加合理。

开采深度一般是指煤矿开采区的平均开采深度,开采厚度可以按煤炭回采率来计算,确定煤矿开采区的平均开采厚度。开采深厚比可以作为判断矿区地表塌陷破坏程度的重要判据,同时也需要根据矿的实际工程地质情况来进行合理的修正。对于地表为厚松散层的情况,可以采用"煤层上覆基岩厚度"与"分层开采厚度"来代替传统意义上的开采深厚比,以此来分析探讨煤矿采空区的稳定性。但是基于采深采厚比的煤矿采空区划分方法,一般仅适用于留设煤柱或者全采垮落法所形成的煤矿采空区[191]。

根据煤矿开采深厚比的计算原理,煤矿采空区一般可以分为[192]:浅部煤矿采空区、中部煤矿采空区、深部煤矿采空区。

1. 浅部煤矿采空区

浅部煤矿采空区一般是指煤层开采的深厚比小于 30~40 或煤矿开采深度小于 150~200m 时所形成的煤矿采空区。对于放顶煤开采方法而言,一般要求开采深厚比小于 30。

由于浅部煤矿采空区可开采深度较小,煤矿的采动作用对采空区上覆岩层的影响较大,岩层移动变形较为剧烈,煤矿采空区地面的采动损害主要表现为地面出现较大的裂缝或塌陷坑。当地面的松散覆盖层厚度小于 50m 时,采空区地面多出现宽度较大的裂缝破坏,在外界自然侵蚀作用下(雨、雪、水、风沙等)裂缝会继续发展变化成为塌陷坑破坏,成为典型的地表非连续移动变形破坏。由于开采煤层较浅,煤矿采动应力一般在短时间内急剧发展,地表移动变形的发展时间仅为 1.5~2.5 年,之后就会趋于稳定。

由于我国的煤矿行业还不尽规范,一些小煤窑采用比较落后的房柱式开采方法,由于煤矿采空区上覆岩层的自重较轻,一般较少采取支护方案,仅靠煤柱的承载能力进行支撑,一般会形成临时的拱式结构,在外力作用下临时结构一旦演化为结构力学的机构,就可能随时坍塌,给矿区建设埋下巨大的安全隐患。

2. 中部煤矿采空区

中部煤矿采空区[191]一般是指煤层开采的深厚比大于 30~40 且小于 200,或者是开采深度在 200~500m 开采条件下所形成的煤矿采空区。对于放顶煤开采方法而言,其开采深厚比为 30~150。

中部煤矿采空区一般的煤层开采的深厚比为 40~100,在此种开采条件下,容易在煤矿采空区形成的地表下沉盆地的边缘处形成地表裂缝。随着采煤工作面的持续推进,位于超前工作面的地表多出现平行于工作面的地表裂缝,其间隔间距多为数米至十几米之间。当采煤工作面通过后,地表裂缝会出现缩小闭合现象[191]。

中部煤矿采空区波及地面形成的移动盆地,其破坏程度一般与开采深厚比成反比。根据《开采沉陷学》[5]可知:中部煤矿采空区形成的地表移动破坏程度多在 IV~V 级范围内,下沉盆地演变为稳定的下沉盆地一般需要的时间为 2.5~3.5 年。

3. 深部煤矿采空区

深部煤矿采空区一般是指煤层开采的深厚比不小于 200,或者是开采深度大于 500m 开采条件下所形成的煤矿采空区。对于放顶煤开采方法而言,其开采深厚比不小于 150。根据《开采沉陷学》[5]及《深部岩体力学基础》[1]可知:深部煤矿采空区形成的地表移动破坏程度多在 IV~V 级,下沉盆地演变为稳定的下沉盆地一般需要的时间为 3.5~5 年。由于采深比较大,深部煤矿采空区对地表建(构)筑物的危害不大,但是深部煤矿采空区所形成的下沉盆地的残余变形持续时间比较长。

2.4　煤矿采空区稳定性的影响因素分析

煤矿采空区的稳定性影响因素[189]主要与矿区的工程地质情况、煤层的埋藏深度、煤矿采空区的几何参数、煤层的开采条件以及煤矿采空区的矿柱等有关。

在总结现有文献材料[189-193]的基础上,充分考虑煤矿采空区的失稳破坏的情况,影响其稳定性的因素主要有[189]:①矿区的工程地质因素;②矿区的水文地质因素;③煤矿采空区的几何参数及工程施工因素。

2.4.1　矿区的工程地质因素

不同矿区的工程地质情况大相径庭,矿区工程地质因素[189]主要涉及以下两个方面:①采场的情况,如地质构造、构造应力、矿体倾角、顶板厚度、不连续面性状等;②岩石的内部结构构造,岩体的结构特性、岩石物理力学性质、岩石质量指标分类 RQD 等。

不同的工程地质因素对煤矿采空区稳定性的影响如下[189]。

1. 采场的情况

地质构造:不同的地质构造所形成的煤矿采空区的稳定性不一致。如果采场的地质构造带复杂,存在着断层、褶皱、岩层突变以及岩脉,容易在岩层的内部产生巨大的地应力,储存的弹性变形能较多。在进行煤炭资源的开采时,采场发生应力重分布的现象,并且弹性变形能急剧释放,如果不对采空区采取合理的防护支护措施,此时形成的采空区稳定性差、安全性低,煤矿采空区极易发生失稳破坏现象。

构造应力:在地壳形成的漫长过程中,其内部构造是在运动变化的,地壳内也留下了构造形态。促进地壳内部构造运动发展的内力,即为构造应力。煤矿采空区不能脱离工程地质情况而存在,所以在分析研究煤矿采空区的稳定性时,需要考虑构造应力对煤矿采空区的影响。

矿体倾角:矿产资源在地层中的分布呈现一定的角度,不同倾角对顶板结构体系的破坏模式是不一样的。矿体倾角越大,顶板结构越稳定,不容易遭到破坏;矿体倾角越小,顶板容易产生拱形冒落、破坏现象;与煤层纵向切割顶板的结构面相比,横向切割顶板的结构面容易导致顶板发生楔形垮冒、破坏现象。

顶板厚度:顶板厚度是衡量采空区稳定性的重要因素。

一般根据顶板的厚度(H)与跨度(B)之间的比值来分析确定顶板的薄厚,并将其分为:厚顶板 $\left(\dfrac{H}{B} > \dfrac{1}{3} \right)$,中厚顶板 $\left(\dfrac{1}{5} < \dfrac{H}{B} < \dfrac{1}{3} \right)$,薄顶板 $\left(\dfrac{H}{B} < \dfrac{1}{5} \right)$。顶板的厚度越大,其发生离层破坏或者是以"悬臂梁"形式发生折断破坏的概率越低。

不连续面性状:由于开采扰动作用及煤炭资源的采出,煤矿采空区存在着大量的不连续面,不连续面的性质直接反映了煤矿采空区的稳定性。

不连续面的性状主要包括:光滑(粗糙)程度、间距、组合状态、充填物的性质等。以上因素直接影响顶板结构面的抗剪特性与承载能力。

不连续面的结构面越粗糙,则摩擦系数越高,其抗剪强度与阻抗力越大,可以有效地阻挡顶板的有害(破坏)运动。对于填充物而言,如果其厚度较大且易于压缩,则填充物的压缩变形量较大,其抗滑移的能力就比较弱。

煤矿采空区的稳定性同时也与不连续面之间的间距和组合状态密切相关[189]:结构弱面较多的区域,彼此间距较小,导致不同性状的结构弱面彼此重叠交切,破坏了顶板岩体的完整性,将顶板岩体分割成大小各异的岩块,削弱了岩体的强度,降低了煤矿采空区的稳定性。

2. 岩石的内部结构构造

岩体的结构特性:岩体结构是反映岩体工程地质特性的最本质的特征,它既反映了岩体的内在结构特性,同时也反映了岩体结构的物理力学特性及力学响应的特征。岩体结构主要由两个要素组成:结构体和结构面。岩体的结构特性和类型主要由结构面和结构体二者的特性共同决定,岩体结构面和结构体的微观性质决定了其宏观上工程岩体的稳定性。

岩石的物理力学性质:煤矿采空区顶板的稳定性与岩石的物理力学性质密切相关。岩石的物理力学性质主要涉及厚度、形状、天然缺陷、强度、走向等因素。

如果岩石的岩层较厚、呈块状分布、强度较高、质纯,并且采空区的设计轴线与岩层的走向呈正交(斜交),且其倾角较为平缓,此时有利于煤矿采空区的稳定。煤矿采空区的跨度较大所形成的梁式结构,当其支座处和顶板的岩层厚度和强度比较理想,并且岩层完整,此时可认为顶板的稳定性主要由完整岩石的抗拉强度决定;如果顶板岩石存在着天然缺陷(节理、裂隙发育)时,此时煤矿采空区的稳定性不再由完整的岩石抗拉强度控制,而是受岩石节理、裂隙岩体的抗拉强度影响较大。

岩石质量指标分类(rock quality designation,RQD)是国际上通用的鉴别岩石工程性质好坏的方法,利用钻孔的修正岩心采取率来评价岩石质量的优劣[189]。

岩体的变形特性以及变形量的大小与岩石质量的优劣密切相关,其质量越好,刚度越大。根据刚度理论可知:如果煤矿采空区顶板、底板和支架的刚度小于岩石的屈服刚度,此时采空区的稳定性较好;如果采空区的顶板、底板和支架的刚度大于岩石的屈服刚度,则煤矿采空区的稳定性较差。采空区的岩层的质量越好,则其稳定性和安全性越高。

煤矿采空区的岩体由于受到复杂多变的地质构造因素、多种工程结构(煤柱、巷道结构、硐室、充填材料等)的存在以及损伤劣化的岩体的影响,导致煤矿采空区岩层的活动较为复杂,并且地下煤炭的开采生产过程会使得采场岩体的应力变化、位移、能量耗散、转移、积聚与普通岩体有所差异。

2.4.2 矿区的水文地质因素

矿区的工程地质情况复杂,但是其水文地质情况也不简单[189]。煤炭资源开采的过程中,伴随着地下水资源的损耗。地下水对煤矿采空区岩体力学性质的影响不容忽视,地下水与岩层(土)之间的影响是相互的:既影响岩层(土)的物理、力学和化学性质,又改变矿区地下水的化学组成及物理性质。地下水处于时刻运动的状态,对岩层(土)的影响及作用主要分为[189]:物理作用、化学作用、力学作用。矿区地下水对岩层(土)的影响最终体现在岩层(土)的强度和变形。

矿区地下水对岩层(土)稳定性的影响,具体体现如下[189]。

1. 物理作用

地下水在岩层中的物理作用主要可以分为:软化作用和结合水的强化作用。

软化作用:岩石不是绝对的致密结构,其所含的矿物质遇水后,地下水会填充岩体的孔隙,岩层发生软化作用,此时地下水的作用为润滑作用。

地下水对土体的润滑作用主要是减小不连续面(结构弱面:裂隙面、断层面、节理面)上的摩擦力,增加不连续面上的剪应力,导致岩体发生沿着连续面的剪切运动;同时地下水对岩体的润滑作用主要减小了岩土体的摩擦角。岩体的摩擦角和内聚力均减小,岩体的承载能力也随之减小。随着煤炭资源的开采地下水也被大量排出,地下水位会逐渐下降,岩体会发生蠕变流变现象,其抗剪强度也大大降低;在自重应力及扰动荷载的作用下,岩体结构会发生破坏,发生沉降(沉陷)。

结合水的强化作用:矿区的包气带(包气带是指位于地球表面以下、重力水面以上的地质介质,多为吸着水或薄膜水,而重力水较少。如果下渗水多时可出现较多的重力水[189])的岩土为非饱和状态,土体环境为负压状态,此时岩层中的水多为结合水,并非重力水。基于有效应力原理可知,非饱和土体中的有效应力大于土体的总应力[189]。由此可以判断:地下结合水的存在起到了强化作用,即地下结合水增加了土体的强度,土体的力学性能得到了强化。

如果土体中所含的水分较少或者不含水时,空气充填了岩层包气带所含的孔隙,改变了土体的气压环境(空气压力为正),此时岩土的有效应力小于其总应力;当含水量增加时,在一定程度上了提高了岩土的强度。

综上可知,矿区包气带的含水量为最佳含水量时(此时为结合水),地下水的存在起到了强化土体的作用;如果其包气带土体中所含的水分为重力水时,则起到了弱化土体的作用(润滑土粒、软化土体)。

2. 化学作用

地下水对岩土体的化学作用主要涉及以下几方面内容[189]。

离子交换作用[189]:岩体中的高岭土、蒙脱土等矿物质主要为黏土矿物,此类矿物质可以跟水发生离子交换作用。地下水的离子交换作用主要是通过天然地下水的软化作用,导致岩土里面的黏土矿物质的孔隙度和渗透性能增加。地下水与岩土体之间的离子交换作用改变了岩土体的结构性能,进而改变岩土体的力学性质。

溶解(溶蚀)作用[189]多指在地下水的作用下岩体的结构弱面进一步发生溶蚀,产生裂隙、孔隙、溶洞等破坏现象,使得岩体的孔隙率增大,同时也加大了岩体的渗透性能。

水化作用[189]指地下水使岩石的微观结构发生改变,降低了岩体的内聚力,从而改变了岩体的宏观力学性能。

水解作用[189]指的是地下水 pH 在受外界影响下,改变了岩土体的矿物质,从本质上改变了岩土体的物理力学性质。

氧化还原作用[189]指的是地下水与岩体矿物质之间的化学反应,既改变了地下水的化学组分,影响地下水的侵蚀性能;同时又把岩土体中的矿物发生本质的变化,影响了岩土体的力学特性。

沉淀作用是指含有溶解物质的地下水在岩土层运移的过程中,由于温度、压力变化,容易发生化学沉淀现象。

地下水的各种化学作用[189]对岩土体所产生的影响,并不是单一、单独发生的,而是各种化学反应(作用)同时进行,改变了岩体的矿物组分,进而改变了岩体宏观的力学性能。

3. 力学作用

矿区地下水与岩体之间的力学作用主要为岩体裂隙与水之间的相互作用,其影响主要体现在[189]:静水压力和动水压力。

地下水对岩层孔隙的静水压力作用主要是指地下水在岩体裂隙中的存在,通过孔隙静水压力使裂隙产生扩容变形,导致岩体的有效应力减小,降低了岩土体的强度。

地下水对岩层孔隙的动水压力作用主要是指地下水在岩层的结构弱面(节理、软弱夹层、松散破碎岩体)发生流动时,主要有两个效应[189]:①对结构弱面会产生切向的推力作用,降低了岩层的抗剪强度;②松散破碎岩体的岩土颗粒在水作用下会发生移动,移动较大时会与岩层发生脱离潜蚀现象(管涌现象),导致岩层发生破坏。

2.4.3　矿区的工程环境因素

煤矿采空区的工程环境也是影响其稳定性的不可忽略的因素,主要包含以下两大方面[189]：煤矿开采因素和煤矿采空区的性质。

矿区开采因素主要涉及以下因素[189]：开采深度、开采层位、矿柱的稳定性、回采工艺、采空区周围开采活动的影响。

（1）开采深度。煤矿采空区的埋深越深（即开采深度越大），煤矿采空区的围岩所承受的地应力也就越大，不利于顶板的结构稳定性。随着煤层开采深度的不断增加，采空区顶板沉降的最大值将减小；当煤矿采空区的深厚比不小于 150 时，开采深度对煤矿采空区的影响相对较小。随着煤矿采空区的埋深增大，采空区地表的移动变形周期就比较长，其地表的残余变形较为均匀。

（2）开采层位。煤矿采空区的上覆岩层（土）的物理力学性能对采空区稳定性的影响较大，岩层的质量较好，其抵御变形的能力就越强。附加荷载（建筑物荷载、机械荷载等）对采空区稳定性的影响也不容忽视：随着附加荷载的增大，对采空区的稳定性也影响越来越大，此时一般地表的移动变形值也越大。

（3）矿柱的稳定性。对采空区采用矿柱支撑法来保证顶板的稳定性时，矿柱的稳定性对采空区的安全性影响较大。上覆岩层（土）及顶板的自重需要矿柱来承担，因此矿柱内部的应力较大，尤其是矿柱边缘区的集中应力较大。当边缘应力超过岩石的极限强度时，岩层两帮容易出现剥离破坏，引起应力重分布现象，导致岩层的裂隙带高度也随之提高，当矿柱的承载能力无法承受上覆岩层的压力时，矿柱会出现压垮破坏的现象。

（4）回采工艺。不同的开采工艺对采空区稳定性的影响不同，较为理想的开采方法为充填采矿法，它能有效地减小采空区的空间、面积，改善矿柱的受力性能，该方法所形成的采空区稳定性较为理想。煤层的回采顺序对煤矿采空区属于反复加（卸）载的过程，故回采顺序对煤矿采空的影响也不容忽视。

（5）煤矿采空区周围的开采活动影响。煤层开采活动会引起岩层的应力重分布，不同的应力场分布及重叠对采空区围岩体系的稳定性影响较大。采场应力场的影响范围为采空区跨度 6 倍时，此时应力叠加现象对煤矿采空区影响较小。

煤矿采空区的稳定性与其自身性质密切相关，其自身的性质主要涉及采空区的规格与形状、规模、倾角、工程布置等因素[189]。

（1）煤矿采空区的规格与形状。煤矿采空区的稳定性与采空区的规格与形状密切相关，这主要是由于采空区的规格与形状直接决定了其顶板的稳定安全性。一般来说，拱形采空区的安全稳定性高于矩形采空区的稳定性。如果采空区的应力重分布后出现应力集中或者应力分布不均匀现象，当围岩中的应力值超过其抗拉（压）强度极限值时，煤矿采空区容易出现失稳现象。

（2）煤矿采空区的规模。煤矿采空区的体积是由其大小来决定的，也直接影响煤矿采空区的稳定性。当煤矿采空区失稳塌陷时，破碎的岩体将对煤矿采空区进行充填。煤矿采空区的体积决定了其塌陷高度，并与其成正比。随着煤层开采深度的增加，矿柱承受的荷载将逐渐增加，其承压强度呈现降低趋势。煤矿采空区的规模直接决定了其顶板及上覆岩层的稳定性。

（3）煤矿采空区的倾角。由于煤层赋存于岩层中时，大多有一定的倾角，所形成的采空区也是有一定倾角的。随着煤矿采空区倾角的增加,波及地表所产生的水平位移与倾角成正比,加剧了地表产生地裂缝的概率,同时也迫使建筑物的地基可能出现不均匀沉降现象。煤矿采空区的倾斜,使得其上覆岩层(土)的应力场分布更复杂,煤矿采动荷载使得岩体的结构弱面(裂隙、节理、断层等)更加发育,对采空区的稳定性影响巨大。

(4) 工程布置。矿区巷道的布置对煤矿采空区的稳定性影响巨大,煤矿采空区的稳定性与其长轴方向及主应力方向二者的一致性密切相关。当采空区的长轴方向及最大主应力一致时,煤矿采空区的稳定性较好,这主要是因为此时岩层中应力集中现象较少、破坏程度较少;当煤矿采空区的长轴方向与最大主应力方向垂直时,煤矿采空区容易发生失稳现象,此时岩层中应力集中现象明显、破坏程度较大。

2.5　煤矿采空区失稳破坏的基本模式

2014 年 10 月 24 日,新疆东方金盛工贸公司沙沟煤矿的采空区在其综采工作面附近出现了顶板大面积冒顶破坏现象,造成了煤矿采空区岩层中大量有毒有害气体逸出,致使当时正在工作面工作的 16 名煤矿工人窒息死亡,由此可见,煤矿采空区顶板失稳破坏会严重影响煤矿采空区的稳定性与安全性。煤矿采空区的失稳破坏与顶板的破坏模式密切相关,煤矿采空区的失稳本质上是由顶板破坏引起的,不同的顶板破坏模式引起的煤矿采空区失稳破坏形式不一样。从顶板破坏到煤矿采空区的失稳,最终会引起严重的矿山灾害,造成巨大的经济损失,严重限制了矿山工程建设的安全持续进行。

顶板破坏模式[189]指随着矿山资源的开采,巷道上方的顶板成为悬挑结构,在上覆岩层的自重及其他次生灾害应力的多重作用下发生失稳破坏的方式。不同煤矿采空区的工程地质、水文地质条件不同,其失稳破坏模式也各不相同。通过查阅文献,分析总结煤矿采空区顶板破坏失稳现象,将顶板的破坏模式主要分为以下几种:拱形冒落、离层垮冒、折断垮落、沿断层破碎带抽冒、楔形冒落和其他不规则方式的冒落。

1. 拱形冒落

顶板产生拱形冒落破坏主要是因为顶板的岩体多为破碎状或者块状,其结构缺陷较大,内部节理发育明显,存在大量节理裂隙,严重降低了岩体的强度,削弱其承载能力。顶板岩体在自重作用下,会不断产生冒落现象并形成拱形。

2. 离层垮冒

当顶板为层状岩体(层状岩体属于强度低的岩石)且跨度较大时,顶板岩层多为厚度低且质软。虽然层状岩体的单层连续性好,但是岩层之间结合力差,在岩层自重应力以及构造应力等外界力的作用下,顶板岩层会出现拉裂分层离析,顶板不同岩层(直接顶板与老顶)之间会分离,并产生弯曲变形破坏。一旦顶板弯曲变形产生的拉应力超过其极限抗拉强度时,岩体会被拉断破裂并向煤矿采空区垮冒,也就发生了顶板的离层垮冒现象。

3. 折断垮落

如果顶板岩层的整体性较好、强度较低、中等厚度,有断层破碎带存在,且垂直于矿山资源,在进行煤炭开采时容易在断层破碎带发生抽冒现象,导致巷道顶板形成悬臂梁结构,在上覆岩层的重力作用下,悬臂梁结构形式的顶板容易在其垂直方向和水平方向上产生折断、垮落、破坏现象。

4. 沿断层破碎带抽冒

如果顶板结构存在倾角较大、厚度较厚的断层破碎带,则容易在顶板结构的断层破碎带处发生抽冒破坏现象。如果顶板厚度较小且断层破碎带垂直矿体,当断层破碎带抽冒之后,顶板结构体系会出现折断、垮冒、破坏现象。

5. 楔形冒落

当顶板的岩体强度较低、厚度不大,且存在着与顶板夹角较小的多条断层破碎带时,由于顶板被断层切割成结构弱面,形成了楔形体结构。在岩体的重力作用下,顶板结构容易发生折断垮冒破坏现象。如果顶板中存在多个断层破碎带(或结构弱面),则容易形成多个棱柱(锥)形状的岩体,此时在自重荷载的作用下,棱柱(锥)形状的岩体容易发生冒落现象。

6. 其他不规则方式的冒落

当顶板厚度较小,不存在断层破碎带以及结构弱面时,或者顶板的岩体形状主要为块状、破碎状、层状(被黏结强度低的节理裂隙切割)时,顶板破坏容易出现不规则的破坏形式,此时顶板的破坏模式主要取决于局部岩体质量、物理力学特性以及岩体的裂隙发育情况。

2.6　扰动荷载作用下煤矿巷道围岩变形破坏的基本模式

现行的土木工程领域及采矿工程领域没有专门的矿山巷道结构的抗震设计规范及规程,矿山巷道-围岩结构体系的地震动力破坏模式尚不明确,作者基于国内外相关的文献及研究[190-194]初步探讨了地震作用下煤矿巷道围岩变形破坏的基本模式。

外力扰动荷载(地震、冲击地压、矿震、煤与瓦斯突出等)作用下煤矿采空区与巷道-围岩结构体系发生动力破坏,主要与三方面特性密切有关[8,9]:①外力扰动荷载的特性(扰动荷载的强度、持续时间、冲击效应等);②地质条件及地层构造特征(水文地质与工程地质条件、地形条件、地层构造等);③煤矿巷道及围岩的结构特性及特征(煤矿巷道的结构特性、岩层的结构特征及缺陷、锚固体系的刚度等)。

在上节分析可知,煤矿采空区及巷道-围岩结构体系的失稳破坏多体现在围岩的失稳破坏上,地震作用下煤矿巷道-围岩结构体系的变形主要有[194]:巷道围岩的横向剪切变形破坏和考虑上覆岩(土)层自重的巷道围岩的斜剪切破坏。

　　煤矿巷道-围岩结构体系的动力破坏多是由于岩石的拉伸(剪压)破坏引起的,所以煤矿巷道-围岩结构体系的变形破坏模式基本上可以为[194]:水平压缩变形、水平剪切变形和竖向压缩变形,其不同变形条件下力学模型如图 2.2 所示。

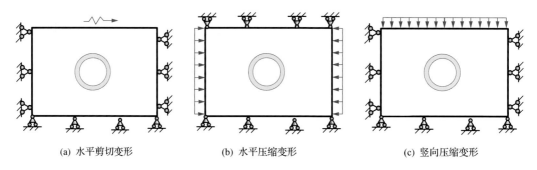

(a) 水平剪切变形　　　　　　(b) 水平压缩变形　　　　　　(c) 竖向压缩变形

图 2.2　煤矿巷道变形的基本模式

　　当煤矿巷道结构的埋置深度较浅或岩层的力学性能差异较大时,如果地震波是由基岩垂直向上入射传播的,此时煤矿巷道-围岩结构体系容易形成水平剪切变形,容易造成巷道围岩帮部的内力(轴力、剪力和弯矩)增大,煤矿巷道的帮部岩层受到拉伸应力的作用,当拉伸应力超过岩层的抗拉强度时,巷道帮部容易受拉开裂,并且出现岩层的剥离脱落破坏现象。此时煤矿巷道破坏的基本模式如图 2.3 所示[194]。

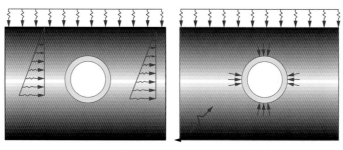

(a) 横向剪切变形破坏　　　　　　　　(b) 斜剪切破坏

图 2.3　煤矿巷道破坏的基本模式

　　如果地震波从基岩向上岩(土)层传播为斜入射时,此时对于煤矿巷道-围岩结构体系则容易产生水平(竖向)压缩变形。当煤矿巷道-围岩结构体系发生水平压缩变形的时,巷道围岩容易发生帮部受拉、顶板隆起,此时顶板和帮部容易发生应力集中,导致顶板产生压缩(轴向压缩或者为弯曲压缩)应力,导致岩层发生挤压破坏;当煤矿巷道-围岩结构体系竖向压缩变形时,煤矿巷道围岩容易处于整体受拉的力学环境中,此时巷道的顶板、底板和帮部容易产生拉伸破坏开裂,导致岩层剥离脱落,此时地震作用下煤矿巷道破坏的基本模式如图 2.4 所示[194]。

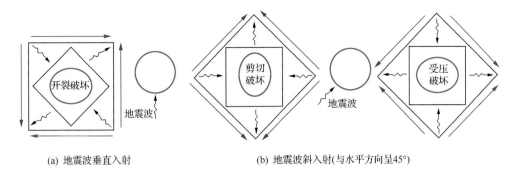

(a) 地震波垂直入射　　　　　　　(b) 地震波斜入射(与水平方向呈45°)

图 2.4　地震波的入射方向与巷道破坏模式

2.7　本 章 小 结

本章在查阅国内外相关文献的基础上，系统总结分析了煤矿采空区的形成、分类以及基本特点，并重点分析了影响煤矿采空区稳定性的相关因素，指出了煤矿采空区发生失稳破坏的基本模式，初步总结了扰动荷载作用下煤矿采空区及围岩结构体系的失稳破坏模式。通过分析研究煤矿采空区的稳定性发现：煤矿采空区的稳定性是涉及多载体、多因素耦合作用的复杂大尺寸空间的平衡问题，主要与结构体系因素、地质采矿因素和扰动荷载因素这三个因素密切相关。

煤矿采空区的失稳破坏多表现为顶板的失稳破坏，不同的顶板破坏模式所引起的煤矿采空区失稳破坏形式不一样。虽然煤矿采空区失稳破坏的基本模式较为复杂，但多与岩石为脆性材料的基本属性密切相关，外力作用下岩石内部的结构弱面发展成宏观裂缝，当外力所产生的应力超过岩体的抗拉（压）强度时，导致岩体断裂破坏，进而发展成煤矿采空区的失稳破坏。动力荷载作用下煤矿巷道围岩结构的变形破坏模式基本上可以为：水平压缩变形、水平剪切变形和竖向压缩变形。

第 3 章　煤矿采动覆岩移动变形破断的力学模型及沉陷致灾分析

3.1　引　　言

在煤炭资源开采过程中,煤矿开采所产生的扰动作用对煤矿巷道围岩的损伤破坏影响较大[195-197]。煤矿巷道及采空区的上覆岩层在煤矿采动影响下的损伤破坏过程相关的理论研究尚不完善[195-206],需要对煤矿采动作用下采空区上覆岩层移动变形、破坏断裂过程进行分析研究。

在分析总结国内外专家学者关于矿区岩层移动破断规律研究的基础上[195-206],根据弹塑性力学的基本理论[198],基于相似材料的开采试验,采用理论分析、有限元数值计算和相似材料模拟开采试验[95,99,195-197]相结合的研究方法,初步建立煤矿采场上覆岩层破断的力学分析模型,探讨其移动变形破断的力学判据,在理论分析的基础上,结合相似材料开采试验以及有限元数值计算,对比分析煤矿采动影响下上覆岩层的应力场的演化规律,探讨煤矿采动影响下上覆岩层的应力分布规律与岩层移动破断、沉陷致灾的内在联系,以期为揭示煤矿采动覆岩移动变形破坏提供参考和借鉴。

3.2　基于弹塑性力学理论的煤矿采动覆岩移动变形破断的力学模型

基于中国矿业大学钱鸣高院士所提出来的关于煤矿采区岩层"砌体梁"的基本力学模型[55-58],将所研究的岩层视为两端固定梁的力学研究模型(图 3.1)[201],假设上覆岩(土)层的自重为加载在岩梁上的均布荷载,此时岩层的变形主要是体积力起控制作用[201],建立的力学分析模型如图 3.1 所示。

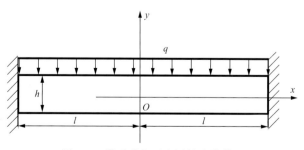

图 3.1　煤矿采空区岩层的力学模型

根据图 3.2 可知,岩梁的基本几何尺寸为:厚度为 $h(\mathrm{m})$,跨度为 $2l(\mathrm{m})$,岩层的密度为 $\rho(\mathrm{kN/m^3})$,假设该岩梁在采煤工作面方向上以单位宽度为准,此时该固端梁的基本力学模型属于平面应变问题[201]（平面应变问题[198]是指研究对象为纵向很长且其形状及横截面大小在轴线方向上保持不变的端为固定端支座的弹性柱形物体,当外力作用在与纵向轴相垂直的方向上时,此时,该研究对象主要在其横截面内产生变形和位移,此时基本可以将问题简化为二维平面问题处理）。

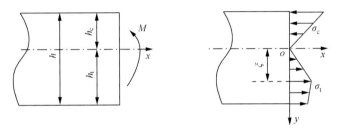

图 3.2　煤矿采场上覆岩梁截面应力分布分析模型

在弯矩的作用下,煤矿采空区上覆岩层会产生一定的弯曲变形,横截面以中性轴为边界分为拉应力区和压应力区（图 3.3）。取压缩弹性模量 E_c 与拉伸弹性模量 E_t 相等,即 $E_c = E_t = E$。

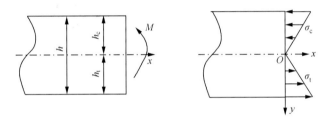

图 3.3　煤矿采区岩梁处于弹性状态时的横截面应力分布

根据材料力学的基本理论可以知道,岩梁的压应力区的压应力 σ_c 与压应变 ε_c 的关系为

$$\sigma_c = E\varepsilon_c \tag{3.1}$$

同时也可以得到煤矿采场岩梁的拉应力区的拉应力 σ_t 与拉应变 ε_t 的关系为

$$\sigma_t = \begin{cases} E\varepsilon_t, & \varepsilon_t \leqslant \varepsilon_{tm} \\ \sigma_{tm}(1+k) - \lambda\varepsilon_t, & \varepsilon_t \geqslant \varepsilon_{tm} \end{cases} \tag{3.2}$$

式中,σ_{tm} 为煤矿采空区上覆岩层的岩梁的拉伸峰值强度,所对应的应变为 $\varepsilon_{tm} = \sigma_{tm}/E$；$k = \lambda/E$ 称为岩梁的模量比,λ 为岩梁的拉伸应力应变曲线峰后降模量。

煤矿采空区上覆岩层的岩梁横截面高度为 h,取单位宽度计算,此时可以得到岩梁的抗弯刚度 $I = h^3/12$。在弯矩 M 的作用下,岩梁产生了弯矩变形。

当岩梁所承受的弯矩较小时,岩梁处于弹性变形状态,中性面 x 与上表面距离 h_c、与下表面距离 $h_t = h - h_c$,中性面的曲率为 κ,则几何方程为 $\varepsilon = \kappa y$。由应力与轴力 N、弯矩 M 的关系 $N = \int_{-h_c}^{0} \sigma_c \mathrm{d}y + \int_{0}^{h_t} \sigma_t \mathrm{d}y = 0, M = \int_{-h_c}^{0} \sigma_c y \mathrm{d}y + \int_{0}^{h_t} \sigma_t y \mathrm{d}y$,可以得到

$$h_c = h_t = h/2, \quad \kappa = M/(EI) \tag{3.3}$$

由此可以得到煤矿采空区上覆岩层的岩梁横截面应力分布规律为

$$\sigma_c = My/I, \quad \sigma_t = My/I \tag{3.4}$$

当 $\sigma_t(h_t) = \sigma_{tm}$ 时,为弹性极限状态,由此得到煤矿采区上覆岩层的岩梁弹性极限弯矩

$$M_e = 2I\sigma_{tm}/h \tag{3.5}$$

当 $M > M_e$ 时,在岩梁的拉伸区域会出现塑性区,压缩区域仍保持为弹性变形状态。

基于弹塑性力学可以知道:岩梁的拉伸区域主要由两部分组成,弹性区为 $0 \leqslant y \leqslant \xi$,塑性区为 $\xi \leqslant y \leqslant h_t$($\xi$ 为岩梁拉伸区域中弹性区的高度)(图 3.4);在岩梁的弹性区与塑性区的交界处 $\sigma_{tm} = E\kappa\xi$。

由 $N = 0, M = \int_{-h_c}^{0} E\kappa y^2 \mathrm{d}y + \int_{0}^{\xi} E\kappa y^2 \mathrm{d}y + \int_{\xi}^{h_t} [\sigma_{tm}(1+k) - \lambda\kappa y] y \mathrm{d}y$,可以得到

$$\frac{(3+m)t - 2}{2t + m - 1} = \sqrt{\frac{2t-1}{1+k}}, \quad \chi = t - \sqrt{(2t-1)/(1+k)} \tag{3.6}$$

式中,$t = h_t/h; \chi = \xi/h; m = Mh/(2\sigma_{tm}I)$。

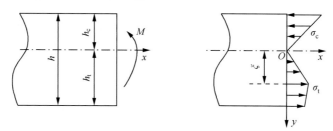

图 3.4　煤矿采区岩梁处于弹塑性状态的横截面应力分布

所以,可以初步得到煤矿采空区上覆岩层岩梁的横截面上压缩区应力分布规律为

$$\sigma_c = E\kappa y, \qquad -h_c \leqslant y \leqslant 0 \tag{3.7}$$

煤矿采空区上覆岩层岩梁的横截面上拉伸区应力分布规律为

$$\sigma_t = \begin{cases} E\kappa y, & 0 \leqslant y \leqslant \xi \\ \sigma_{tm}(1+k) - \lambda\kappa y, & \xi \leqslant y \leqslant h_t \end{cases} \tag{3.8}$$

$$\sigma_t(h_t) = \sigma_{tm}(1+k) - \lambda\kappa h_t \tag{3.9}$$

随着 M 的增大,岩梁的中性层上移,h_c 减小,h_t 增大,曲率 κ 增大,ξ 减小,即岩梁的拉伸区域的弹性区减小,其塑性区增大,应力 $\sigma_t(h_t)$ 减小。由此可以知道,随弯矩的不断增大,岩梁的拉伸塑性区抵抗变形的能力越来越低(即承载能力在逐渐降低)。

当 $\sigma_t(h_t) = 0$ 时,岩梁达到塑性极限状态,此时可以得到

$$t_s = \frac{h_{ts}}{h} = \frac{1}{2-D}, \frac{\xi_s}{h} = \frac{(1-D)^2}{2-D}, \kappa_s = \frac{\sigma_{tm}}{Eh} \frac{(2-D)}{(1-D)^2}, m_s = \frac{M_s h}{2\sigma_{tm}I} = 1 \tag{3.10}$$

式中，$D = 1 - \sqrt{k/(1-k)}$。

由此可以得到岩梁的塑性极限弯矩

$$M_s = \sigma_{tm}h^2/6 \tag{3.11}$$

3.3　煤矿采空区上覆岩层的移动变形破坏规律的理论分析

在已经明确煤矿采空区上覆各岩层的厚度 h_i、密度 ρ_i、弹性模量 E_i、降模量 λ_i 和抗拉强度 σ_{tmi} 等一系列的物理力学性能参数及埋深 H_i 的条件下，可以对煤矿采空区上覆岩层变形破坏规律进行探讨，各量的下标 i 表示自直接顶开始按向上顺序编排的各层岩梁的编号。

当采煤工作面自开切眼开始推进，当采空区较小时，各岩层均可视为两端固支梁。第 i 层岩梁跨度为 l_i，随工作面打进而增长。上覆岩层压力简化为均布载荷 q_i，岩梁的固支端弯矩最大 $M_{imax} = q_i l_i^2/12$。随工作面的持续推进，岩梁跨度 l_i 和弯矩也随之增大。

采区第 1 层岩梁(直接顶)：煤矿采空区的跨度 l_0 随之采煤工作面的推进而增长，直接顶悬露跨度 l_1 随之增长，弯矩 M_i 也随之增大。当固支端弯矩 $M_{1max} = q_1 l_1^2/12$ 增大到与塑性极限弯矩 $M_{s1} = \sigma_{tm1} h_1^2/6$ 相等时，达到塑性极限状态，直接顶初次垮落破坏。

由 $M_{1max} = M_{s1}$，得到岩梁的直接顶初次垮塌的步距为

$$l_{10} = h_1 \sqrt{\frac{2\sigma_{tm1}}{q_1}} \tag{3.12}$$

当上覆岩层的直接顶初次垮落后，随着工作面的继续推进，煤矿采空区的跨度 l_0 继续扩大，此时采场的直接顶会继续发展成为悬臂梁。当岩梁发生应力重分布的现象时，作用在悬臂梁上的载荷 q_{11} 也在逐渐的变化增大，即 $q_{11} > q_1$，且不再均匀分布。当悬臂梁的长度为 l_{11} 时，最大弯矩为 $M_{11max} = q_{11} l_{11}^2/2$。

当 $M_{11max} = M_{s1}$ 时，又达到岩层的塑性极限破坏状态而发生垮落破坏的现象，由此得到煤矿采场直接顶的周期垮落的步距为

$$l_{11} = h_1 \sqrt{\frac{\sigma_{tm1}}{3q_{11}}} \tag{3.13}$$

如果认为 $q_{11} \approx q_1$，则 $\dfrac{l_{10}}{l_{11}} \approx \sqrt{6} \approx 2.45$，即初次垮落步距约为周期垮落步距的 2.45 倍。

第 2 层：当煤矿采场的直接顶初次垮落时，由于第 2 层岩梁失去了层面的支承，此时，岩梁发展成为跨度为 l_{10} 的两端固支梁，在上覆岩层压力 q_2 作用下，煤矿采空区的上覆岩层会继续产生弯曲变形，此时，岩梁的固支端弯矩 $M_{2max} = q_2 l_{10}^2/12$，而煤矿采场岩梁的塑性极限弯矩 $M_{s2} = \sigma_{tm2} h_2^2/6$。

如果 $M_{2max} \geqslant M_{s2}$，即 $q_2 \geqslant \dfrac{2\sigma_{tm2} h_2^2}{l_{10}^2}$，则此层与直接顶同时垮落；

如果 $M_{2\max} < M_{s2}$，即 $q_2 < \dfrac{2\sigma_{\mathrm{tm}2}h_2^2}{l_{10}^2}$，则此层不垮落。

随着煤矿采煤工作面的不断推进，当煤矿采空区跨度 $l_0 = l_{10} + l_{11}$ 时，直接顶会发生再次垮落现象，此时第 2 层岩梁跨度也达到 $l_{11} + l_{10}$，岩梁的固支端弯矩 $M_{21\max} = q_2 l_{11}^2 / 12$。

如果 $M_{21\max} \geqslant M_{s2}$，即 $q_2 \geqslant \dfrac{2\sigma_{\mathrm{tm}2}h_2^2}{l_{11}^2}$，则此层的岩层会发生垮破解落；

如果 $M_{21\max} < M_{s2}$，即 $q_2 < \dfrac{2\sigma_{\mathrm{tm}2}h_2^2}{l_{11}^2}$，则此层不垮落。随着采煤的工作面继续推进，煤矿采场直接顶周期垮落，总会达到 $M_{2\max} \geqslant M_{s2}$ 的条件，即第 2 层岩梁垮落。

第 i 层的计算与第 2 层的计算推理分析过程相似，此处不再赘述。

以上理论分析计算结果所得到的煤矿采场岩层跨落的极限跨度较小，与实际情况略有偏差，主要原因是在以上理论分析推导计算的过程中，仅考虑了煤矿采场顶板岩梁两端的嵌固支承所承受的重力荷载的作用（垂直应力），忽略了水平应力对岩梁跨落的影响。

设作用在煤矿采场岩梁上的垂直地应力为 q，水平地应力为 $p = Kq$，K 为水平压力系数，假设由水平应力引起的岩梁轴向压应力沿横截面高度方向均匀分布，则轴向压缩应力 $\sigma_K = p = Kq$。

由于煤矿采场岩梁的所承受的弯矩与载荷 q 成正比 $M = \zeta q$，随着载荷 q 的逐渐增大，岩梁的弯曲应力与压缩应力均正比增大。在载荷 q 较小时，岩梁主要发生弹性变形。弯曲应力

$$\sigma_w = My/I = q\zeta y/I$$

$y = 0$ 处 $\sigma_w = 0$；轴向压缩应力

$$\sigma_K = Kq$$

两者联合作用下，当中性轴位置满足条件 $Kq = q\zeta y/I$，即 $y_0 = \dfrac{KI}{\zeta}$；当 $y_0 < \dfrac{h}{2}$ 时，岩梁会出现拉应力区；此时煤矿采场岩梁的拉应力区的应力分布为

$$\sigma_t(y) = \frac{q\zeta}{I}y - Kq, \qquad y_0 \leqslant y < \frac{h}{2}$$

当 $\sigma_t\left(\dfrac{h}{2}\right) = \dfrac{q\zeta}{I}\dfrac{h}{2} - Kq = \sigma_{\mathrm{tm}}$，即 $q = q_e = \dfrac{\sigma_{\mathrm{tm}}}{\dfrac{\zeta h}{2I} - K}$ 时，岩梁达到弹性极限状态。$q \geqslant q_e$ 时，拉伸区出现塑性变形区。

综上可知，岩梁横截面的应力区可以分为：压缩弹性区、拉伸弹性区、拉伸塑性区。

设弯曲应力 $\sigma_w = 0$ 的位置为坐标原点 $y = 0$，压弯组合应力 $\sigma = 0$ 的位置（中性轴位置）坐标为 $y = y_1$，拉伸弹性区与拉伸塑性区交界的位置坐标为 $y = \xi$，则煤矿采场岩梁的横截面上的应力分布规律为

$$\sigma_c = E\kappa y - Kq, \qquad -h_c \leqslant y \leqslant y_1 \qquad (3.14)$$

$$\sigma_t = \begin{cases} E\kappa y - Kq, & y_1 \leqslant y \leqslant \xi \\ \sigma_{tm}(1+k) - \lambda\kappa y - Kq, & \xi \leqslant y \leqslant h_t \end{cases} \tag{3.15}$$

$$\sigma_t(h_t) = \sigma_{tm}(1+k) - \lambda\kappa h_t - Kq \tag{3.16}$$

$y = y_1$ 处，$\sigma_t = E\kappa y_1 - Kq = 0$，即

$$y_1 = \frac{Kq}{E\kappa}$$

$y = \xi$ 处，$\sigma_t = E\kappa\xi - Kq = \sigma_{tm}$，即

$$\xi = \frac{\sigma_{tm} + Kq}{E\kappa} \tag{3.17}$$

由 $N = -hKq, M = \zeta q$，得

$$\kappa = \frac{2\sigma_{tm}}{E} \frac{(1+k)(h_t - \xi)}{(h - h_t)^2 + h_t^2 - 2\xi^2} \tag{3.18}$$

$$\zeta = \frac{Kh}{2}(h - 2h_t) + \frac{E}{q}\left\{\frac{\kappa}{3}\left[(1+k)\xi^3 - kh_t^3 + (h - h_t)^3\right] - \frac{\sigma_{tm}(1+k)}{2E}(\xi^2 - h_t^2)\right\} \tag{3.19}$$

随着 q 的增大，岩梁的拉伸区域的弹性区逐渐减小，而塑性区不断增大，应力 $\sigma_t(h_t)$ 减小。由此可知：随着弯矩的不断增大，岩梁的拉伸塑性区抵抗变形的能力越来越低。

当 $\sigma_t(h_t) = 0$ 时，岩梁达到塑性极限状态，由此得

$$h_t = \frac{\sigma_{tm}(1+k) - Kq}{\lambda\kappa} \tag{3.20}$$

对于两端固支梁，岩梁的端面处所承受的弯矩最大，此时 $M_{max} = \frac{ql^2}{12}$，即 $\zeta = \frac{l^2}{12}$。

综上可以得到，考虑水平地应力情况下的煤矿采场岩梁塑性极限跨距为

$$l_s = \sqrt{6Kh(h - 2h_t) + \frac{12E}{q}\left\{\frac{\kappa}{3}\left[(1+k)\xi^3 - kh_t^3 + (h - h_t)^3\right] - \frac{\sigma_{tm}(1+k)}{2E}(\xi^2 - h_t^2)\right\}} \tag{3.21}$$

在煤炭开采过程中，根据采场覆岩移动变形的理论分析中的上覆岩层发生垮落的极限弯矩和垮落步距，观测模型试验中深部煤炭在模拟开采中，煤矿采场覆岩的断裂破坏、弯曲和移动变形的过程，为分析煤矿采场上覆各岩层的移动变形提供理论判据，同时也为确定采场上覆岩层的移动变形致灾机理进提供理论支持。

3.4　煤矿采动覆岩移动变形破断的相似材料模拟试验

3.4.1　相似材料模型设计

某煤矿的煤层赋存情况整体上比较稳定[95]，该煤矿采场的采煤工作面煤层为倾斜煤

层,煤层倾角基本上处于 $8°\sim12°$,煤层的埋置深度为 $630.5\sim750.2m$,采场的长度大约为 $1066m$,倾斜分布的采场的平均宽度大约为 $217m$;采场煤层的厚度为 $3.9\sim4.7m$。采煤工作面的岩层的基本分布情况为砂质泥岩、泥岩、砂质泥岩、煤层、砂质泥岩、砂质泥岩及细砂岩,采区岩层的力学参数如表 3.1 所示。

模型试验尺寸确定[195]:根据煤矿实际采煤工作面采区岩层的力学参数(表 3.1)、采场的具体尺寸(工作面的可采走向长度为 1066m,采场的平均宽度为 217m)以及试验室中相似材料模型的框架系统的几何尺寸大小为 $5m\times0.3m\times2m$,根据以上数据来确定本次试验的相似材料模型几何尺寸的具体相似比为 $\alpha_L = \dfrac{L_H}{L_M} = \dfrac{1066}{5} \approx 200$;在确定模型的几何尺寸比例后,考虑到采场岩层的抗拉强度和抗压强度以及试验室常用的试验材料(相似材料主要通过一定配比的石灰、石膏、石英砂以及水配制而成[195])的物理力学参数,初步确定相似材料的强度比为 $\alpha_\sigma = \dfrac{\sigma_H}{\sigma_M} = 350$;其密度比确定为 1.8:1,根据相似几何比来确定实际开采时间与相似材料开采的时间的比例关系为 $\alpha_t = \dfrac{t_H}{t_M} = \sqrt{\alpha_L} \approx 15$,也就是说需要一个工作日 24h 的开采高度约为 2m 的模拟开采时间为 1.6h,所设计的相似材料开采模型如图 3.5 所示。根据《矿山开采沉陷学》[4] 及相关文献[195]中关于相似材料开采模拟试验的基本理论,初步确定了采区不同岩层的具体换算指标及不同岩层所用的相似材料用量如表 3.1~表 3.3 所示。

图 3.5 相似材料开采的整体框架及加载模型

表 3.1 矿区各岩层物理力学性质

岩性	密度/(kg/m³)	抗拉强度/MPa	抗压强度/MPa
砂质泥岩	2560	3.7	27.8
泥岩	2500	1.9	23.1
砂质泥岩	2560	3.7	28.3
煤层	1380	1.78	8.79
砂质泥岩	2560	3.9	29.3
砂质泥岩	2560	3.9	29.3
细砂岩	2600	5.3	86.3

表 3.2　矿区各岩层物理力学指标换算

岩层名称	岩石强度/MPa		模型强度/10^{-2}MPa	
	抗压强度	抗拉强度	抗压强度	抗拉强度
砂质泥岩	27.8	3.7	8.2	1.0
泥岩	23.1	1.9	6.8	0.5
砂质泥岩	28.3	3.7	8.4	1.0
煤层	8.79	1.78	2.6	0.5
砂质泥岩	29.3	3.9	8.7	1.0
砂质泥岩	29.3	3.9	8.7	1.0
细砂岩	86.3	5.3	25.5	1.4

表 3.3　矿区各岩层相似材料的配合比

序号	岩层名称	模型厚度/cm	材料重量/kg	各相似材料用量/kg			
				石灰	石膏	石英砂	水
1	砂质泥岩	6.5	175.5	10.2	4.4	73.1	9.8
2	泥岩	1	27	1.6	0.7	11.3	1.5
3	煤层	2.1	56.7	1.2	2.8	24.3	3.2
4	砂质泥岩	1.5	40.5	2.4	1.0	16.9	2.3
5	煤层	0.5	13.5	0.3	0.7	5.8	0.8
6	砂质泥岩	0.6	16.2	0.9	0.4	6.8	0.9
7	中粒砂岩	6	162	8.1	8.1	64.8	9.0
8	泥岩	5	135	7.9	7.9	56.3	7.5
9	砂质泥岩	1	27	1.6	66.9	11.3	1.5
10	砂质泥岩	3.5	94.5	5.5	2.4	39.4	5.3
11	中粒砂岩	5	135	6.8	6.8	54.0	7.5
12	泥岩	6.5	175.5	10.2	4.4	73.1	9.8
13	煤层	0.75	20.25	0.4	1.0	8.7	1.1
14	砂质泥岩	1	27	1.6	0.7	11.3	1.5
15	泥岩	5	135	7.9	3.4	56.3	7.5
16	细粒砂岩	1	27	1.7	1.7	10.1	1.5
17	煤层	1.5	40.5	0.9	2.0	17.4	2.3
18	泥岩	2	54	3.2	1.4	22.5	3.0
19	煤层	0.5	13.5	0.3	0.7	5.8	0.8
20	中粒砂岩	3.5	94.5	4.7	4.7	37.8	5.3
21	砂质泥岩	2	54	3.2	1.4	22.5	3.0
22	泥岩	2.5	67.5	3.9	1.7	28.1	3.8

续表

序号	岩层名称	模型厚度 /cm	材料重量 /kg	各相似材料用量/kg			
				石灰	石膏	石英砂	水
23	细粒砂岩	1	27	1.7	1.7	10.1	1.5
24	砂质泥岩	1	27	1.6	0.7	11.3	1.5
25	粉砂岩	1	27	0.7	1.6	11.3	1.5
26	细粒砂岩	3	81	5.1	44.4	30.4	4.5
27	砂质泥岩	21	567	33.1	14.2	23.6	31.5
28	中粒砂岩	3.5	94.5	4.7	4.7	37.8	5.3
29	细粒砂岩	4	108	6.8	6.8	40.5	6.0

3.4.2 相似材料模型试验开采方案及监测

相似材料模型试验设备由模型加载系统、框架结构支撑系统和测试系统三大系统组成。框架结构支撑系统的几何尺寸为 $5m \times 2m \times 0.3m$，其力学模型为平面应力模型试验系统，通过加载系统对模型进行加载来模拟不同采深的采场工作面，以适时观测分析煤矿采动区上覆岩层的移动变形破断规律以及岩层应力、位移的变化规律；对于岩层应力及位移的观测方法主要为直接测量法和压力传感器连续监测法。

试验中主要采用多测点静态应变测试系统自动连续监测的方法，及时监测煤炭开采过程中岩层、煤柱及煤层中应力的适时变化情况。试验中对于压力传感器的布置，根据整体模型的实际尺寸，在采煤工作面距离煤层底板位置 2cm 处，设置一排间距为 2cm 的应力观测点 45 个。

煤层开采过程中，不可避免地涉及岩层的移动变形，所以必须适时监测煤矿采动区域内上覆岩层的移动变形趋势，以便及时掌握采煤工作面推进过程中上覆岩层的移动变形情况。位移监测点布置情况为：沿着倾斜煤层的倾斜方向设置 9 排位移监测点，排与排之间的间距为 10cm，每排监测点共 30 个，其中第一排监测点距离煤层最近，其距离为 5cm。

该煤矿对该倾斜煤层的开采主要采取三步开采的方法(图 3.6)，完成第一步开采后，需要等到煤矿采动区上覆岩层移动破断垮落稳定后，再进行第二步开采，第三步开采条件同上。由于不同煤层开采过程中不可避免地要产生煤矿采动应力，所以必须对煤炭开采过程中的应力分布区域以及应力演化、传播情况进行适时监测分析，以保证煤层开采过程中岩层的稳定性和煤柱的安全性，试验中的试验数据采集装置如图 3.6 及图 3.7 所示。

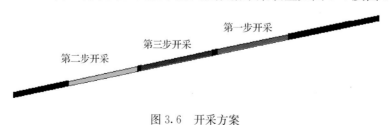

图 3.6　开采方案

(a) 采集装置

(b) YJZ-32A型智能数字应变仪

(c) BW-5微型压力盒

图 3.7 数据采集装置

3.4.3 相似材料开采试验结果与分析

为了尽可能提高相似开采过程与实际煤层开采的吻合度[195]，最大限度地减小误差，根据煤矿对倾斜煤层的采煤工作面的实际推进速度为 1.6m/d，以及试验设计过程中所确定的相似比例关系 $\alpha_t = \dfrac{t_H}{t_M} = \sqrt{\alpha_L} \approx 15$，对相似模型进行开采时确定开采速度为 1cm/h。对该试验模型进行三步开采时，每完成一次开采，都需要等采空区上覆岩层移动破断垮落稳定后，再进行下一步开采，直到所有的煤层均完成开采工作，煤矿采动区岩层的移动变形过程如图 3.8 所示。

(a) 推进32m

(b) 第一步开采后覆岩变形破坏

(c) 第二步开采后覆岩变形破坏

(d) 第三步开采后覆岩变形破坏

图 3.8 煤矿采动覆岩移动破断垮落

通过分析图 3.8 倾斜煤层开采过程中上覆岩层的移动变形破断垮落过程可以发现：前两步开采后，煤矿采动覆岩破断掉落现象明显，但是由于中间煤层的限制，煤矿采动覆岩没有出现大规模垮落塌陷现象；在完成第三步煤层的开采工作后，形成的煤矿采空区与之前的煤矿采空区连通，形成了整体的煤矿采空区，煤矿采动区上覆岩层移动变形剧烈，采空区上覆岩层大范围、大规模的移动破断加剧，上覆岩层破断垮落现象严重，并且煤矿采空区上覆岩层移动破断的高度不断向上蔓延发展;随着煤矿采动覆岩移动破坏的面积的逐渐扩大,在煤矿采空区上覆岩层的自重应力作用下,前两步所形成的裂隙岩体重新被压实,煤矿采动覆岩移动变形现象明显;在进行煤层的第三步开采时,之前所形成的煤矿采空区的上覆岩层的重量几乎全部转移到孤岛采煤工作面两侧的煤柱上,此时煤柱处于高应力集中状态,在煤矿采动荷载的扰动作用下,煤矿采空区孤岛工作面的煤柱发生失稳破坏的概率较大,容易产生大范围的岩层移动破断现象。

3.4.4　相似材料开采试验位移和应力监测结果分析

煤炭开采过程中,上覆岩层的移动变形可以从岩层的位移及应力场分析来分析,可以定量地研究探讨煤矿采动覆岩的移动变形规律,从而为防控煤矿采动覆岩移动破断提供参考和借鉴。

1. 岩层位移监测数据变化分析

图 3.9、图 3.10 为不同开采阶段煤矿采空区岩层移动变形的位移变化规律。

通过分析图 3.9 前两步开采后煤矿采动覆岩位移变化规律可以发现,在完成前两步煤层的开采工作后,由于所形成的煤矿采空区岩层没有发生连通,此时煤矿采动覆岩不同位置的位移下沉量相对均匀,所形成的两个煤矿采空区同一行监测点位移变化规律比较接近,单独煤矿采空区覆岩移动变形破坏范围已经发展至距离煤矿采空区 60m 处(根据试验数据已经按照相似比进行换算),说明煤层开采完成后,煤矿采空区上覆岩层的离层破坏现象已经发展到距离采煤工作面顶板处 60m 范围内,第一行监测点所发生的位移量最大,两个煤矿采空区上覆岩层的下沉量达到 4.0~4.5m。

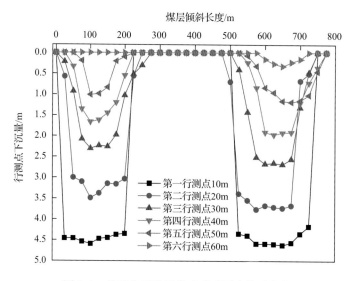

图 3.9　前两步开采后煤矿采动覆岩位移变化

通过分析图 3.10 煤矿采动覆岩位移变化规律发现,在进行倾斜煤层的第三步开采工作时,由于上覆岩层的自重荷载都由孤岛工作面的煤柱承受,开采完成后,上覆岩层的移

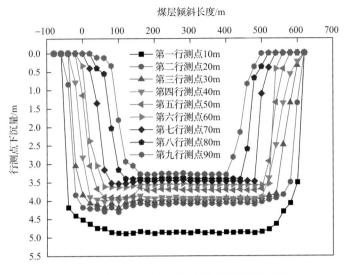

图 3.10 第三步开采后煤矿采动覆岩位移变化

动变形变化较大。在完成第三步的开采工作后,新形成的煤矿采空区与两侧的旧采空区贯通,形成了一个大的煤矿采空区体系,此时,煤矿采空区上覆岩层出现整体下沉现象,并且煤矿采动覆岩移动变形破断的高度已经整体拓展到整个模型的边界。不同监测位置岩层的下沉量均大幅度增加,其中,第一行监测点的最大下沉量达到 4.7m,第二行、第三行以及第四行监测点的位移变化值普遍为 3.5~4.0m,其他行的监测点的下沉量为 3.0~3.5m,此时,不同监测位置的监测点的位移变化值较为接近,说明新形成的煤矿采空区的上覆岩层移动变形破断现象严重,出现了大规模、大范围的岩层移动变形现象,并且通过观测岩层移动破坏现象发现,前两步煤层开采所形成的裂隙岩体部分被压实,从而形成了新的离层裂隙和破断裂隙。

2. 应力测点数据分析

图 3.11、图 3.12 为不同开采阶段煤矿采空区岩层移动变形的应力变化规律。

通过分析图 3.11 对煤层进行第一步开采工作完成后的应力集中系数的变化规律发现,在煤层开采过程中,在煤矿的采煤工作面先后形成了"应力升高区—应力降低区—原岩应力区"。其中岩层中的应力升高区主要分布在煤壁的 10~50m 范围内,在应力升高区域内应力集中系数从 1.0 迅速增加峰值 2.56 后,然后缓慢降低到 1.0;其中应力系数峰值出现在距离煤壁 15~20m 的区域内;应力降低区域主要位于距离煤壁(采煤工作面)0~10m 区域内;当应力集中系数降低到 1.0 时,说明该区域为煤岩的原岩应力区域,此时煤矿采动应力尚未波及该区域。

随着采煤工作面的持续推进,进入到了充分开采阶段,此时,煤矿采动覆岩的移动变化范围不断扩大;其中充分开采阶段的应力集中系数的峰值为 2.68,并且不断向煤岩体的内部移动发展(与非充分开采阶段相对比,其峰值出现的位置不断靠近煤岩体内部);通过分析图 3.11 发现,进入充分开采阶段后,煤矿采动扰动效应引起的应力集中系数整体

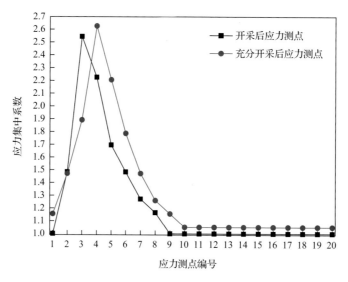

图 3.11　第一步开采后应力集中系数变化

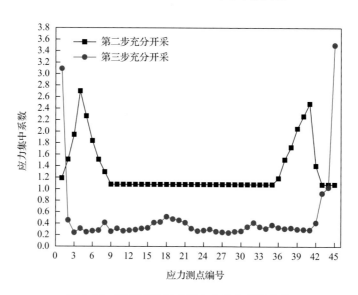

图 3.12　所有开采完成后应力集中系数变化

上增加,说明在进入充分开采阶段后,煤矿采空区侧壁的上覆岩层移动变形趋势加剧,此时,由于岩层移动破断容易导致煤矿采空区的采动动力灾害的发生。

　　分析图 3.12 的第二步和第三步充分开采阶段的应力集中系数的变化规律发现,在第二步的开采工作进入充分开采阶段后,峰值应力集中系数达到 2.78,说明此时煤矿采动荷载的影响范围进一步扩大,这主要是由于该采场区域的煤层为倾斜煤层,在煤层的开采过程中,岩层在其自重荷载的应力作用下,上覆岩层容易破断垮落,导致煤层壁上的应力集中系数增大。在没有进入第三步煤层开采阶段时,由于中间煤层的存在和限制,导致两个煤矿采空区的应力集中系数的分布是相对独立的,所以第二步充分开采阶段煤层壁的应力集中系数呈现出两个波峰的。

在进行煤层的第三步开采工作时,发现峰值应力集中系数均出现在监测点的两端(其峰值应力集中系数分别为 3.11、3.62),其他区域的应力集中系数均处在一个较低的范围内,说明此时煤矿采空区的岩层出现了高应力集中现象,导致岩层处于失稳破坏状态,极其容易导致煤矿采空区上覆岩层发生大规模、大范围的岩层移动变形破断现象,并且由于岩层的突然失稳所产生的冲击破坏能量较大,容易引发其他矿山动力灾害现象的发生。

3. 煤矿采动应力影响范围分析

通过对煤矿采动荷载影响下岩层的应力集中系数的分析,发现煤矿采动荷载对岩层的应力场分布影响较大,所以煤矿采动应力影响范围是判断岩层应力场分布的关键因素。为了更深入地探讨地下煤层开采对煤矿采动区上覆岩层移动变形的影响,需要对煤矿采动应力的影响范围进行探讨,如图 3.13 所示。

通过分析图 3.13 不同开采阶段煤矿采动应力对岩层的影响范围发现,在进行煤炭开采的第一阶段,随着煤层开采宽度的逐渐增加,煤矿采动应力的影响范围随着采煤工作面的推进呈现出先平缓增加后略有降低的趋势;当煤层的采宽 $L>225m$ 时,煤矿采动应力对岩层的影响范围呈现出降低的趋势,并逐渐趋于稳定,出现以上变化趋势的原因主要是随着采宽的增加,煤矿采动应力及时得到释放,煤矿采空区上覆岩层发生垮落塌陷现象,相当于对煤矿采空区进行了充填,在一定程度上提高了煤矿采空区的承载能力,并且裂隙岩体是应力传播的不良导体,会降低应力在裂隙岩体中的传播。在进行煤层的第二步开采时,随着采煤工作面的推进,煤矿采动应力的影响范围呈现出"迅速增加—平稳变化略有降低"的变化趋势,此时,煤矿采动应力在岩层中的影响范围大约为第一步开采应力影响范围的 2 倍,说明进行第二步开采后煤矿采动应力的影响范围不断扩大,导致煤矿采动区发生移动变形的上覆岩层的面积不断增加。

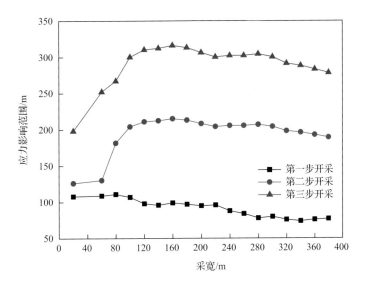

图 3.13　煤矿采动应力影响范围

进入煤层的第三步开采工作时,随着采煤工作面的持续推进,煤矿采动应力对上覆岩层的影响范围先迅速增加,然后平稳变化略有降低,其峰值影响范围达到319m,当煤矿采动应力的影响范围稳定时,大约为300m。结合煤矿采动应力集中系数的变化曲线可以发现,当煤矿采动应力的影响范围不断扩大时,煤矿采动区的上覆岩层容易发生失稳破坏,尤其是当新旧煤矿采空区连通时,由于上覆岩层的移动破断现象加剧,此时,煤矿采空区上覆岩层容易发生大范围、大规模的移动变形破断。

3.5　煤矿采动覆岩移动变形破断的有限元数值计算

3.5.1　煤矿采场覆岩移动的有限元数值计算模型

在试验研究的基础上,为了更好地揭示煤矿采煤工作推进过程中煤矿采动区上覆岩层的应力场变化情况,基于有限元软件对该试验模型(岩层的物理力学参数见表3.4)进行了数值计算模拟,所建立的有限元分析模型的几何尺寸为长×宽×高 = 1000m×150m×400m,采场深度为500m,采场中煤层的倾角为10°,岩层的本构模型采用摩尔-库仑模型[198],为了尽可能地减小误差,限制有限元分析模型的 X 方向和 Z 方向上的位移,设置煤层的自重应力的方向为竖直向下。

表 3.4　模型岩层的物理力学参数

岩性	厚度/m	密度/ (kg/m^3)	体积模量/ $10^{10}Pa$	剪切模量/ $10^{10}Pa$	内聚力/ 10^7Pa	内摩擦角/(°)
上覆岩层	50	2500	1.31	0.42	0.30	33
老顶	20	2700	2.30	1.52	1.70	38
直接顶	5	2500	1.31	0.42	0.30	33
煤层	5	1400	0.15	0.08	0.11	25
底板岩层	50	2600	1.97	1.14	0.40	35

3.5.2　煤矿采动覆岩移动变形与应力场分布的对比分析

在完成有限元数值计算后,分别选取了三步开采工作完成后的在岩层自重荷载作用下煤矿采动岩层的应力场分布,并与试验过程进行对比分析如图3.14所示。

分析图3.14第一步开采工作完成后煤矿采动覆岩的应力场分布及岩层的移动破断发现,随着采煤工作面的推进,沿着煤层倾斜向下呈现出"应力升高区—应力降低区—原岩应力区"的应力场演化分布区域,在采煤工作面的推进前方煤矿采动应力集中系数持续增大,高应力集中区域的峰值应力为36.9MPa;与煤矿采动覆岩应力场所形成的三个应力场"应力升高区—应力降低区—原岩应力区"相对应的煤矿采动覆岩移动破断现象为"垮落塌陷—弯曲断裂—下沉"。

通过分析图3.15第二步开采工作完成后煤矿采动覆岩的应力场分布及岩层移动变形破断现象可以发现,当采煤工作完成第二步开采后,煤矿采动覆岩的应力场分布规律与

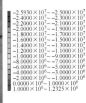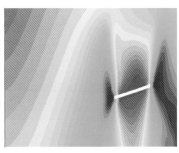

(a) 煤矿采动覆岩移动破断   (b) 煤矿采动覆岩开采后应力场分布

图 3.14 第一步开采完成后煤矿覆岩移动破断及应力场分布

第一步开采所形成的应力场分布演化规律比较接近,同样沿着煤层形成了三个应力场演化分布区域,此时沿煤层倾斜向上呈现出"应力降低区—应力升高区—原岩应力区",对应于煤矿采动覆岩移动变形破断的试验现象为"煤矿采空区的上覆岩层垮落塌陷后充填了煤矿采空区",出现以上现象的主要原因是在煤矿采动应力的扰动效应下,煤矿采空区的上覆岩层出现了高应力集中现象,岩层的高应力超过了其抗拉(压)强度,由于岩体属于典型的脆性材料,所以上覆岩层的跨落坍塌现象比较严重。

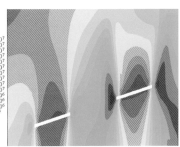

(a) 煤矿采动覆岩移动破断   (b) 煤矿采动覆岩开采后应力场分布

图 3.15 第二步开采完成后煤矿采动覆岩移动破断及应力场分布

分析图 3.16 第三步开采后煤矿采动覆岩应力场分布及岩层的移动变形破坏可知,第三步开采工作环境处于前两步煤层开采所引起的应力升高区域,此时,对于维护煤矿巷道结构的安全性极其不利。第三步采煤环境的高应力集中环境的峰值应力达到 50.9MPa,远远超过岩层的抗压强度。当完成第三步开采工作后,新旧煤矿采空区连通形成了一个新的体积更大的煤矿采空区,此时由于高应力集中现象明显,导致煤矿采空区上覆岩层移动变形破断现象严重,在试验过程中,煤矿采空区上覆岩层出现了短时间内的大范围、大面积的岩层垮落塌陷的现象。出现以上失稳破坏现象除了高应力环境外,还与以下原因密切相关:完成前两步开采工作后形成的煤矿采空区导致第三步即将开采的煤层承载的荷载增大,煤柱在承受上覆岩层自重荷载的同时,还面临着煤矿采动荷载的扰动效应,所以在第三步的采煤工作时容易引起采煤工作面两侧的煤柱发生冲击破坏失稳现象,导致煤矿采空区出现了大面积、大范围的岩层垮落坍塌。

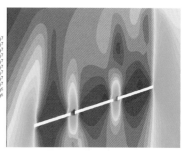

(a) 煤矿采动覆岩移动破断　　　　　　　　　(b) 煤矿采动覆岩开采后应力场分布

图 3.16　第三步开采完成后煤矿采动覆岩移动破断及应力场分布

结合前文 3.1 节所建立的煤矿采动区坚硬岩层移动变形破断的力学模型及判据可以发现,当形成的煤矿采空区的跨度较小时,此时,可以将煤矿采空区上覆岩层视为两端固支梁;随着采煤工作面的持续推进,固端岩梁的弯矩不断增加,当煤矿采空区上覆岩层的固支端弯矩 $M_{1max} = q_1 l_1^2/12$ 增大到岩层梁自身的塑性极限弯矩 $M_{s1} = \sigma_{tm1} h_1^2/6$ 时(对于岩层的应力升高区域),岩梁达到塑性极限而进入移动变形破断状态,煤矿采空区的直接顶会发生岩层的初次垮落坍塌现象,导致煤矿采空区岩层的应力场会发生应力重新分布现象。随着煤层的不断开采,煤矿采空区的跨度也不断增加,上覆岩层的力学模型此时则由两端固支梁转变为悬臂梁,采空区上覆岩层的悬臂梁的长度变为 l_{11},此时岩层所承受的最大弯矩变为 $M_{11max} = q_{11} l_{11}^2/2$,当 $M_{11max} = M_{s1}$ 时,煤矿采空区的岩层应力场应力升高的区域不断增加,导致上覆岩层持续发生移动变形破断现象,并且煤矿采空区会发生岩层的垮落坍塌现象,与试验结果比较接近。在采煤工作面的持续推进过程中,煤矿采空区上覆岩层的力学模型不断的发生变化,进而导致岩层的移动变形破断发展到煤矿采空区上覆岩层的持续垮落坍塌现象不断发生,此时煤矿采空区的失稳破坏现象比较严重。

3.5.3　煤矿采动覆岩应力影响区域分析

在前文 3.4 节对煤矿采动覆岩应力集中系数研究的基础上,提取有限元数值计算的结果并与试验结果进行对比分析,如图 3.17 和图 3.18 所示。

通过分析图 3.17 煤矿采动应力集中系数的变化可以发现,虽然煤矿采动覆岩中的原岩应力区分布范围较广,但是在对倾斜煤层进行第一步开采工作时,煤矿采动应力集中系数迅速增加到峰值,其峰值应力集中系数为 2.56,峰值应力集中系数出现的位置位于煤层壁附近 10～20m 的影响范围。进行煤层的第二步开采工作时,煤矿采动应力的影响范围明显扩大,并且煤矿采动应力集中系数的峰值增加到 2.71,其应力集中系数的变化曲线整体位于第一步煤矿开采应力集中系数的上方,由此可以判断第二步煤矿采动应力所产生的扰动效应基本大于初次煤层开采。在对倾斜煤层进行第三步的开采过程中,峰值应力出现在煤矿采空区的两侧,其峰值应力集中系数分别从峰值 3.11(左侧),3.52(右侧)降低到波谷,应力集中系数的急剧变化反映了煤矿采动区的上覆岩层容易发生失稳破坏,尤其是当新旧煤矿采空区连通时,由于上覆岩层的移动破断现象加剧,煤矿采空区上覆岩层容易发生大范围、大规模的移动变形破断现象,导致孤岛采煤工作面两侧的煤矿采

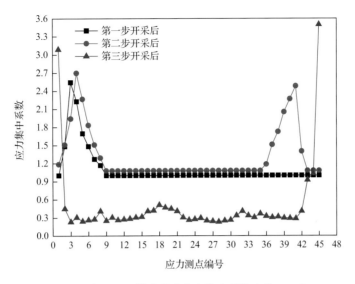

图 3.17　煤矿采动应力集中系数变化

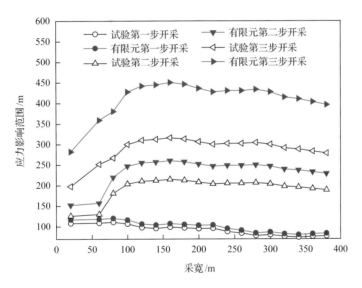

图 3.18　煤矿采动应力影响范围

空区由于上覆岩层塌陷掉落的岩石而被充填,影响采煤孤岛工作面的开采工作,所以需要采取合理有效的巷道支护措施,以便及时控制裂隙岩体的移动变形破断现象,避免煤矿采空区发生大规模、大面积的失稳现象,引发各种矿井动力次生灾害。

　　通过分析图 3.18 煤矿采动应力影响范围可以发现,煤矿采动应力的影响范围随着采煤工作面的推进呈现出先增加后稳定并略有降低的变化趋势。出现以上现象的原因主要是随着采宽的增加,煤矿采动应力及时得到释放,煤矿采空区上覆岩层发生垮落塌陷现象,相当于对煤矿采空区进行了充填,在一定程度上提高了煤矿采空区的承载能力。由于裂隙岩体是应力传播的不良导体,会降低应力在裂隙岩体中的传播,同时该煤层具有一定倾斜角度,在后续采煤工作面的推进过程中,煤矿采空区上覆岩层容易发生移动破坏垮落坍塌现象,掉落的岩体会对煤柱产生一定的冲击破坏效应;加之第三步采煤工作面处于前两步开采所形成的应力升高环境中,此时岩体具有较高的弹性能,在煤矿采动效应的影响下,煤矿采空区的煤柱容易出现高应力集中现象,并引发矿井次生动力灾害。综上可知,为有效地降低煤柱高应力集中现象及次生矿井动力灾害的发生,需要对煤矿巷道的位置进行合理的布置(应该将巷道布置在岩层的应力降低区域内),不能单纯地依靠增加煤柱的宽度来避开高应力集中,同时也需要及时对巷道进行合理的护顶、护帮,提高煤矿巷道结构的承载能力。

通过对比分析可知,有限元数值计算的煤矿采动应力的影响范围均大于相似材料的开采试验,尤其是在第三步开采两者差异最大。出现以上差异的原因是:在试验过程中由于岩石物理力学性质、地层结构的复杂性、模型系统的尺寸效应的限制、试验过程中人为因素等不确定因素的存在,降低了试验分析的精确度;而有限元数值计算则可以较好地处理以上复杂因素,能够较为理想地反映煤层开采过程中应力场的演化过程,同时也可以提供煤矿采动区上覆岩层的应力场分布、位移变化等丰富的动态信息,所以,可以先通过有限元软件进行数值计算,为相似材料的试验提供依据。通过理论分析、试验研究、数值计算与现场考察相结合的方法,综合分析深部煤层开采所产生的上覆岩层移动沉陷致灾的原因,保证分析结果的准确性。

3.6 本章小结

本章基于弹塑性力学的基本理论,通过建立煤矿采空区上覆岩层移动变形的理论力学分析模型,得到了煤矿采动覆岩移动变形破断的力学判据;采用理论分析、相似材料开采模拟试验与数值计算相结合的方法,探讨了煤矿采动影响下的煤矿采空区岩层的位移变化与应力分布演化区域,初步得到了以下结论。

(1) 在对倾斜煤层进行开采的过程中,沿着采煤工作面形成了 3 个应力集中(演化)区域"原岩应力区—应力降低区—应力升高区",不同采煤阶段应力集中(演化)区域分布的位置有所区别,应根据煤炭开采过程中岩层的应力集中(演化)区域及应力分布区域,结合坚硬岩层不同移动破断形式的极限力学判据来判断煤矿采空区煤柱的稳定状态,同时也要根据煤柱所处的应力环境采取合理的巷道支护方案以及相应的布置方案。

(2) 对孤岛工作面进行煤炭开采时,由于孤岛工作面所处的应力环境位于采动应力升高区的边缘,容易引起高应力集中现象,导致煤柱发生失稳破坏现象,引起煤矿采空区上覆岩层发生大面积的移动破断垮落塌陷现象,并导致孤岛工作面附近的新旧煤矿采空区连通形成整体,并且煤矿采空区的上覆岩层垮落塌陷会不断向上发展,容易引起煤矿采空区及围岩出现大规模的失稳破坏现象。在煤矿采空区发生大规模的失稳过程中也伴随着巨大能量的释放,成为各种矿井动力灾害发生的诱因,所以,在孤岛工作面进行煤炭开采时,需要适时分析岩层的应力环境,并采取合理的防护措施(加强巷道的护顶、护帮等支护措施,并对煤矿采空区及时密实充填,保证巷道煤帮及煤柱的稳定性,避免煤矿采动覆岩的移动沉陷致灾),控制采煤孤岛工作面上覆岩层的移动变形破断,避免引发煤矿采空区出现大面积的失稳破坏现象。

（3）在对布置孤岛采煤工作面进行煤炭开采时，对该区域的巷道进行布置时，应考虑首先布置在煤炭开采过程中的岩层应力降低区域内，并限制保护煤柱的宽度为 10～12m，煤柱的最合适宽度应选择为 6～8m，虽然此区域同样受到煤矿采动的影响，但是由于岩层的弹性能已经基本释放，引起高应力集中现象和出现动力灾变的概率相对较低，有利于煤矿巷道结构的维修加固。

（4）煤矿采动裂隙岩体的卸（减）压保护原理。煤矿采动裂隙岩体的卸（减）压作用是指岩体中含有较高的弹性变形势能，在煤炭开采过程中，岩体中的弹性能会及时释放，并沿着采煤工作面形成了 3 个应力集中（演化）区域"应力升高区—应力降低区—原岩应力区"，即及时释放了煤矿采动岩体的灾害能量，避免了冲击地压、岩爆等动力现象的发生，又可以起到降低岩层的矿山压力、保护煤矿巷道结构的作用。

第4章 地震作用下煤矿采空区煤柱动力灾变分析

4.1 引　言

矿区在大量开采煤炭资源的同时,也产生了形态各异、立体分布的煤矿采空区。地下煤炭资源的开采会破坏矿区地(岩)层结构的力学性能,严重降低其抵抗破坏的能力。2012年9月7日11时19分,云南省昭通市彝良县与贵州省毕节地区威宁彝族回族苗族自治县交界的煤矿采空区发生了里氏5.7级地震。中国企业报以"彝良地震之痛:夺命煤矿采空区"为题报道了该地区存在的大量煤矿采空区对农民自建房屋的抗震性能严重破坏,并且地震发生时,煤矿采空区加剧了地震对地面建筑的破坏,造成大量房屋严重倒塌破坏[112]。矿区实际地下结构的震害表明[207-220]煤矿采空区的地震安全问题尤为重要,成为矿区工程建设的瓶颈问题。因此,研究矿区地层及采矿地下结构与地面建筑结构的地震动力响应,具有重要的理论意义与现实意义[207-220]。

为了充分利用我国"三下"(建筑物下、水体下、道路与铁路下)压煤问题,地下煤层常用的开采方法为条带开采[112]。条带开采属于部分开采法[112],它将煤田划分为比较规则的条带形状,为了保证采空区上覆岩层的稳定性,需要预留煤柱来承受上覆岩层的荷载,因此,条带开采法通常为"采一条,留一条",保证煤矿采空区的地表移动变形能够形成均匀下降的盆地,最大限度地控制开采沉陷变形,以达到保护地面建(构)筑物的目的。

条带开采法在煤矿采空区遗留了大量的煤柱,煤柱的功能类似于建筑物的框架结构中竖向承重构件柱子,其竖向承载能力保证了采空区上覆岩层的稳定性。但是目前煤柱的设计也是基于静力学方法设计的,对煤柱的动力稳定性尚不得而知[207-220],因此,探讨地震荷载作用下煤柱的动力响应[112],研究扰动荷载下煤柱的稳定性就显得尤为重要,为保证矿区工程结构的安全性提供依据。

4.2　地震波的选取与修正

地震在地层中的传播主要以波的形式向四面八方传递能量,故又可称为地震波[23]。地震波主要可以分为横波、纵波和面波三种形式[23],描述地震动特性主要通过振幅、频谱和持续时间这三要素来进行描述[23]。地震波中在传递过程中,对工程结构影响较大的横波和面波,地震动三要素的不同组合形式直接决定了工程结构的安全性能。所以,在对工程结构进行地震分析时,需要对地震波的选取予以重视[23]。

在分析研究工程结构的地震动力响应时,涉及对工程结构的基岩地震动的选取,目前,主要有三种选取方法[23]:①将地面发生的地震动直接作为基岩地震动来处理;②根据地面地震动的实际记录,采取一定的反演方法对基岩地震动进行反演确定;③首先对工结构进行地震危险性分析,在此基础上再进行生产工程场地的基岩地震动。

在工程结构的抗震分析中,由于土层的低频放大、高频滤波效应,导致输入工程结构的地震波变化较大,此时采取直接输入基岩地震波的方法存在误差[23]。加之目前地震台站所获取的基岩地震记录较少,不同场地、不同设计地震动的代表性不足,所以对选择地震波比较合理的处理方法是在对工程场地进行地震危险性分析后,在满足抗震设计规范、相关条款规定的基础上,根据当地的抗震设防烈度及可能发生的地震震级来选择满足要求的基岩地震动[23]。

4.2.1　地震波的输入

在进行工程结构抗震分析时,地震波的输入问题是决定分析结果可靠性和精确度的关键问题。地震波的输入主要由两方面因素决定:输入地震波本身和地震波输入的方法。

地震波的选取与输入主要是指在进行工程结构的抗震分析时,什么样的地震波适合输入,应如何选择? 其基本依据是由设计地震动的强度和时程决定的[23]。

地震波输入的方法包括地震波的单点输入和多点输入。地震波的单点输入主要是指不考虑地震波在传播过程中由于时间和空间的不同而造成的相位差异,即认为地震波在各点上的相位相同,对于一般的建筑结构而言,地震波的波长远远大于建筑结构的尺寸,基本上可以不考虑地震波的行波效应的影响,将地震波整体以体系相同的模式整体输入。地震的多点输入需要考虑地震波在传播过程中由于地形条件、地质条件以及传播路径的不同造成地表地震动差异,地震的传播差异主要包括以下 4 种差异效应[23]。

(1)衰减效应。地震波在传播过程中,由于传播介质耗能效应的影响,其地震能量是不断耗散的,导致地震波的振幅会随着传播距离的增加而逐渐减小。

(2)行波效应。在传播介质中所处的位置不同,地震波在其中进行传播时,所引起的振动在时间上具有差异性。

(3)局部场地效应。由于地层岩性的差异,不同的位置地层的力学性质差异较大,由此导致地震波传播过程中,不同的位置其振幅和频率不同。

(4)部分相干效应。由于地形、地质条件的差异,地震波在不同的传播路径中发生的反射、散射和折射等效应不同,并且反射波、散射波和折射波的叠加方式复杂,导致了地震波的相干函数发生损失。

在考虑以上影响因素的基础上,综合考虑土木工程领域相关的规范可知,《建筑抗震设计规范》(GB 50011—2010)的 5.1.2[29] 和《高层建筑混凝土结构技术规程》(JGJ 3—2010)的 4.3.5 对地震波的选取进行的规定[221];采用时程分析法对工程结构进行抗震分析时,需要根据工程场地以及设计地震动分组选择至少三条地震波(至少 2 条实际地震波记录和 1 条人工波)来进行分析;除此之外,《高层建筑混凝土结构技术规程》(JGJ 3—2010)的 4.3.5 还要求[221]所选取的地震波必须满足持续时间的要求[221],即地震波的持续时间不宜小于建筑结构的基本自振周期的 5 倍,同时也不宜小于 15s,并且地震波的时间间距一般为 0.01s 或 0.02s。

在以上分析研究的基础上,考虑煤矿采空区地下结构与地面建筑的地震响应过程,对于矿区复杂环境下地震波的输入模拟,需要满足以下假设条件[207,210]:

（1）地震发生时,地震波从煤矿采空区-巷道-围岩结构体系下方一定深度的基岩向上传播,此时采空区-巷道-围岩结构体系的岩土(层)介质与基岩面会产生相对运动。

（2）基岩面的界定主要是依据一定准则(如地震传播速度大于某定值)而确定的分界面,或者是巷道下方的岩土(层)介质明显变化的分界面。

（3）地震作用下煤矿采空区-巷道-围岩结构体系运动产生的地震惯性力可以视为结点力(该结点力主要是结构体系离散后的各个结点上的结点力)。

4.2.2　地震波的选择和修正

在工程结构的时程分析过程中,地震波的振幅、频谱和持续时间这三要素的不同组合形式直接决定了工程结构的安全性[23]。所以峰值加速度相同的多条地震波对工程结构的动力响应不尽相同。需要根据《建筑抗震设计规范》(GB 50011—2010)的相关条款[29]对所选取的地震波进行调整和修正,以保证工程结构抗震设计分析计算的准确性。

1. 地震波的幅值

地震波的幅值主要描述地震发生时所引起的地面运动最剧烈的那部分地震波,它可以直接反映地震动力效应及所产生的振(震)动能量、工程结构地震动力变形的大小,是衡量地震对工程结构破坏程度的尺子。

地震波的幅值主要包括位移幅值、速度幅值和加速度幅值,一般将地震波的幅值称为峰值幅值(或最大值)[23]。在实际的分析计算过程中,多采用峰值加速度来对工程结构进行地震分析,由于不同地震波的峰值加速度不尽相同,所以所获得的地震波不能直接用于工程结构的抗震分析,需要根据建筑物(或者工程结构)所在的场地(地区)的抗震设防烈度来对峰值加速度进行调整修正,并保证整条加速度时程曲线按照峰值加速度的调整比例进行相应的调整修正,来保证调整修正后的地震波峰值加速曲线满足结构地震动力分析的要求。峰值加速度的调整公式如下[23]：

$$a'(t) = \frac{A'_{max}}{A_{max}}a(t) \tag{4.1}$$

式中,$a(t)$为调整前的地震动加速度；$a'(t)$为调整后的地震动加速度；A_{max}为调整前的峰值加速度,A'_{max}为调整后地震峰值加速度[23]。

2. 地震波的频谱特性

地震波的频谱特性特指地震波的频谱成分(组成),主要涉及地震波谱的峰值、形状、周期等诸多方面,并与地震震级、震中距离以及地震波选取场地的土层性质等因素密切相关[23]。

地震波在地层传播的过程中,当地震波的卓越周期与场地土(或工程结构)的自振(特征)周期接近(相同)时,容易发生共振效应[23],对工程结构的地震破坏效应最大。所以,在选取地震波时,为了保证数值分析结果的准确性,尽可能地选取与场地土(或工程结构)的自振(特征)周期相同的地震波。

3. 地震波的持续时间

地震波的持续时间对工程结构地震响应的影响尤为明显,当工程结构的动力响应进入非线性塑性变化阶段后,地震波持续时间的增加会导致工程结构的塑性变形加剧,由此导致工程结构的地震动力损伤破坏不断累积,导致工程结构被震坏。在对工程结构进行抗震设计计算时,需要对地震波的时间效应所产生的累积破坏损伤效应予以重视。

地震波持续时间的选取要尽可能地合理,不能太短也不能太长。地震波的持续时间过短不能反映工程结构的抗震性能,满足不了工程结构的抗震设计需要,导致计算精度不够,误差较大;地震波的持续时间过长,容易增加结构抗震分析的计算时间,导致计算工作量和工作时间增加,同时也不能较好地反映工程结构实际的抗震性能。所以需要对地震波持续时间的选取予以重视,《高层建筑混凝土结构技术规程》(JGJ 3—2010)[221] 的4.3.5 要求所选取的地震波必须满足持续时间的要求,即地震波的持续时间不宜小于建筑结构的基本自振周期的 5 倍,同时也不宜小于 15s,并且地震波的时间间距一般为0.01s 或 0.02s。

为了保证数值计算结果的可靠性以及清楚地了解地震作用下煤矿地下结构与地面建筑的动力响应过程,根据《建筑抗震设计规范》(GB 50011—2010)关于地震波选取的规定[根据《建筑抗震设计规范》(GB 50011—2010)的 5.1.2 规定和《高层建筑混凝土结构技术规程》(JGJ 3—2010)的 4.3.5[221]地震波的持续时间不宜小于建筑结构的基本自振周期的 5 倍,同时也不宜小于 15s,并且地震波的时间间距一般为 0.01s 或 0.02s]以及后续章节研究对象的自振周期,初步选用持续时间为 20s 的地震波。

基于"环太平洋地震工程研究中心(PEER)"的地震记录数据库[23,136],通过分析代表性地震波数据(表 4.1),选定了以下符合本文有限元数值计算的三条地震波:EL Centro地震波,Taft 地震波以及人工地震波。1940 年发生于美国 Imperial valley 的 EL Centro地震波,其东西方向的峰值加速度为 210.1m/s²,南北方向的峰值加速度为 341.7 m/s²,该地震波的整体记录时间为 53.73s,主要适用于 Ⅱ、Ⅲ 类场地;1957 年发生在美国加利福尼亚克恩县的 Taft 地震波,其东西方向的峰值加速度为 152.7 m/s²,南北方向的峰值加速度为 175.9 m/s²,主要适用于 Ⅱ、Ⅲ 类场地;人工地震波的峰值加速度为 196.9 m/s²,适用于 Ⅱ 类场地,其基本的加速度时程曲线如图 4.1～图 4.3 所示。

表 4.1　地震波放大系数的调整

地震波	A_{max} /(cm/s²)		多遇地震				罕遇地震			
			A'_{max} /(cm/s²)		比例系数 A'_{max}/A_{max}		$A'_{max}/$ (cm/s²)		比例系数 A'_{max}/A_{max}	
	x 向	y 向	x 向	y 向	x 向	y 向	x 向	y 向	x 向	y 向
EL Centro	341.7	210.1	110	88	0.32	0.42	510	433.5	1.49	2.06
Taft	152.7	175.9	110	88	0.72	0.5	510	433.5	3.34	2.46

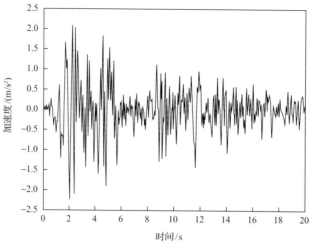

图 4.1　EL Centro 地震波

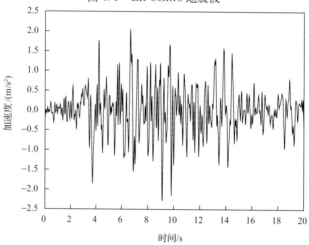

图 4.2　Taft 地震波

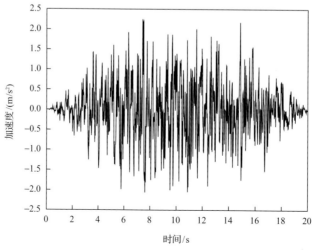

图 4.3　人工地震波

4.3　摩尔-库仑强度理论及其本构模型

岩土材料的本构模型及强度破坏理论是影响其动力性能的关键因素[222],材料本构关系正确与否决定了其动力响应的本质特征,而强度破坏准则则直接反映了其动力学响应过程中的非线性损伤演化过程。

目前,基于摩尔-库仑(Mohr-Coulomb)强度理论而建立的摩尔-库仑本构模型,在工程结构的动力分析及工程实践中应用比较广泛[223],摩尔-库仑强度理论于 1909 年提出。经过 100 多年的理论分析、试验研究与工程实践证明,在岩土工程领域分析岩土类材料时,摩尔-库仑强度理论及本构模型可以较好地描述其力学性能,尤其是在有限元数值计算方面,适当修正后的摩尔-库仑强度理论在有限元软件中具有以下特点及优点[219,222]:①摩尔-库仑模型在描述材料的各向同性硬化(软化)的特性比较理想;②摩尔-库仑模型流动势的连续性和光滑性比较理想,在其偏平面以分段椭圆形函数形式体现,在子午面上以双曲线函数形式体现;③摩尔-库仑模型可以与线弹性模型结合使用;④摩尔-库仑模型是基于经典的摩尔-库仑屈服准则来实现的;⑤摩尔-库仑模型可以实现岩土类材料的单调加载。

在使用摩尔-库仑强度理论时,需要满足以下假设条件[219,222,223]:①岩土材料承受的应力较小时,假设岩土类材料为各向同性且满足其理想化的线弹性模型;②岩土类材料发生硬化时,假设其硬化条件为各向同性的黏聚硬化;③当岩土类材料进入强化阶段时,假设其满足柯西应力(柯西应力主要是指在研究材料发生大变形时,使用现时构形来描述岩土材料的对称应力张量[219,222,223])和逻辑应变的性质。

4.3.1　摩尔-库仑强度理论

摩尔-库仑强度理论的基本表达公式为[198,223]

$$\tau = c + \sigma\tan\varphi \tag{4.2}$$

式中,τ 为岩土材料任意截面能够承受的最大剪应力,MPa;c 为岩土的黏聚力,MPa;φ 为岩土的内摩擦角,(°);σ 为垂直于该截面的正应力,MPa。

由式(4.2)及图 4.4 可以发现,当岩土材料发生屈服时,土体中的任意处的剪应力达到了其临界值(图 4.4 中临界值与该平面的正应力线性相关)。在图 4.4 中可以发现,当强度理论直线与由莫尔圆(最大主应力 σ_1 及最小主应力 σ_3 确定)相切时,岩土材料即达到了极限状态,进入了屈服阶段[198,223]。

根据 $\tau = c + \sigma\tan\varphi$,假设在 $\sigma\tau$ 所确定的平面内,主应力满足 $\sigma_1 > \sigma_2 > \sigma_3$ 的条件,此时,由

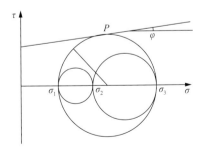

图 4.4　摩尔-库仑强度理论

$\tau = c + \sigma\tan\varphi$ 所确定的直线与最大主应力 σ_1 以及最小主应力 σ_3 所确定的莫尔圆相切时，土体处于临界屈服状态。在土体处于临界状态时，如果对土体进行继续加载，则土体进入塑性变形阶段[198,223]。

4.3.2 摩尔-库仑模型屈服方程

根据图 4.4 通过计算可知：土体在 P 点处的正应力为 $\dfrac{\sigma_1+\sigma_3}{2} - \dfrac{\sigma_1-\sigma_3}{2}\sin\varphi$，$P$ 点处的

剪应力为 $\dfrac{\sigma_1-\sigma_3}{2}\cos\varphi$，与摩尔-库仑强度理论 $\tau = c + \sigma\tan\varphi$ 联立可以得到

$$\frac{\sigma_1-\sigma_3}{2} = \frac{\sigma_1+\sigma_3}{2}\sin\varphi - c\sin\varphi, \qquad \sigma_1 > \sigma_2 > \sigma_3 \tag{4.3}$$

式 (4.3) 在摩尔-库仑强度理论主应力空间中代表着一个平面，该方程仅在满足条件 $\sigma_1 > \sigma_2 > \sigma_3$ 时成立，如果不设定条件则可以得到

$$\begin{cases} \dfrac{\sigma_1-\sigma_3}{2} = \dfrac{\sigma_1+\sigma_3}{2}\sin\varphi + c\sin\varphi, & \sigma_1 \geqslant \sigma_2 \geqslant \sigma_3 \\[2mm] \dfrac{\sigma_3-\sigma_1}{2} = \dfrac{\sigma_3+\sigma_1}{2}\sin\varphi + c\sin\varphi, & \sigma_3 \geqslant \sigma_2 \geqslant \sigma_1 \\[2mm] \dfrac{\sigma_1-\sigma_2}{2} = \dfrac{\sigma_1+\sigma_2}{2}\sin\varphi + c\sin\varphi, & \sigma_1 \geqslant \sigma_3 \geqslant \sigma_2 \\[2mm] \dfrac{\sigma_2-\sigma_1}{2} = \dfrac{\sigma_2+\sigma_1}{2}\sin\varphi + c\sin\varphi, & \sigma_2 \geqslant \sigma_3 \geqslant \sigma_1 \\[2mm] \dfrac{\sigma_2-\sigma_3}{2} = \dfrac{\sigma_2+\sigma_3}{2}\sin\varphi + c\sin\varphi, & \sigma_2 \geqslant \sigma_1 \geqslant \sigma_3 \\[2mm] \dfrac{\sigma_3-\sigma_2}{2} = \dfrac{\sigma_3+\sigma_2}{2}\sin\varphi + c\sin\varphi, & \sigma_3 \geqslant \sigma_1 \geqslant \sigma_2 \end{cases} \tag{4.4}$$

由于不同的公式代表不同的平面，以上 6 个平面在三维空间上组成了摩尔-库仑模型的屈服面。该摩尔-库仑模型的屈服面在主应力的应力空间内为不规则六角锥形体[198,223]，其基本模型的屈服面示意图如图 4.5～图 4.8 所示。

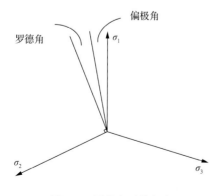

图 4.5　罗德角及偏极角

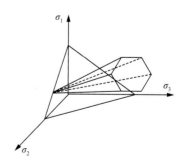

图 4.6　主应力空间摩尔-库仑模型

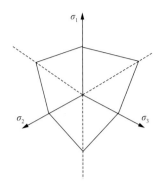

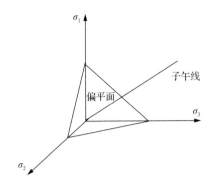

图 4.7 偏平面摩尔-库仑模型 图 4.8 偏平面及子午线示意

假设点 P 为摩尔-库仑主应力空间中的一点,令 P 在偏平面内的投影长度为 ρ,P 在偏平面的偏极角为 θ(偏极角是指摩尔-库仑主应力空间中的一点在偏平面上的投影与偏平面上主轴的较小夹角),P 在等倾线上的投影为 ξ。

根据坐标转换原理,将主应力(σ_1、σ_2、σ_3)的空间坐标系转换为关于 ρ、θ、ξ 的空间坐标系(ρ,θ,ξ),此时,可以将摩尔-库仑屈服面方程(图 4.4)进行关于 ρ、θ、ξ 的转换,可得[198,223]

$$-\sqrt{2}\xi\sin\varphi + \rho\left[\cos\theta - \cos(\theta + 3\pi/2)\right] - \rho\sin\varphi\left[\cos\theta + \cos(\theta + 3\pi/2)\right] = \sqrt{6}c\cos\varphi \tag{4.5}$$

令 $p = \dfrac{\sigma_1 + \sigma_2 + \sigma_3}{2}$,$q = \sqrt{\dfrac{\sigma_1 + \sigma_2 + \sigma_3}{2}}$,则可得摩尔-库仑屈服面的半径

$$R_{mc} = \frac{1}{\sqrt{3}\cos\varphi}\sin(\theta + \pi/3) - \frac{1}{3}\cos(\theta + \pi/3)\tan\theta \tag{4.6}$$

则此时可以重新得到关于摩尔-库仑屈服面的方程

$$R_{mc}q - p\tan\varphi - c = 0 \tag{4.7}$$

分析式(4.7)可以发现,c 为摩尔-库仑屈服面 $p-R_{mc}q$ 上的截距,摩擦角 φ 为摩尔-库仑屈服面 $p-R_{mc}q$ 上的倾角。

当 $\sigma_1 > \sigma_2 > \sigma_3$ 时,此时,偏极角 θ 为 $0° < \theta < 60°$。

令 $\theta = 0$ 以及 $\theta = 60°$,并代入式(4.5)可得

$$\frac{\rho_1}{\rho_2} = \frac{3 - \sin\varphi}{3 + \sin\varphi} \tag{4.8}$$

式(4.8)即为摩尔-库仑偏平面上六边形的外接圆半径比。

考虑到 $0 < \theta < 90°$,则此时可知 $\rho_2 > \rho_1 > 0$。如果不限定 σ_1、σ_2、σ_3,根据式(4.4)可以得到所有外接圆的半径比[198,223],由此可以判断出摩尔-库仑屈服面在偏平面的形状,如图 4.9 所示。

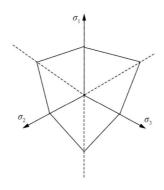

图 4.9　偏平面摩尔-库仑模型

4.3.3　摩尔-库仑模型塑性流动势

土体在摩尔-库仑模型被视为各向同性的材料,因此当土体所承受的应力较小时,土体处于线性阶段,发生弹性变化[223]。

如果土体所承受的应力达到了其初始屈服应力时,土体就会从线弹性变化进入塑性应变阶段,此时,土体的塑性应变的方向主要由塑性势能函数来决定。对于摩尔-库仑模型而言,当其进入塑性应变状态时,其塑性势能函数在不同的平面上有不同的函数关系[198,223]:在摩尔-库仑模型的子午应力平面上,主要以双曲线的形式体现,而在偏平面上,则以椭圆弧来实现(该椭圆弧光滑、连接性比较好),其基本的数学表达式为[198]

$$G = \sqrt{(R_{mw}q)^2 + (\epsilon c \mid_0 \tan\psi)^2} - p\tan\psi \tag{4.9}$$

其中:$R_{mc}(\pi/3, \phi) = \dfrac{3 - \sin\phi}{6\cos\phi}$

$$R_{mw}(\theta, e) = \frac{(2e-1)^2 + 4(1-e^2)\cos^2\theta}{2(1-e^2)\cos\theta + (2e-1)\sqrt{4(1-e^2)\cos^2\theta + 5e^2 - 4e}} R_{mc}(\pi/3, \phi)$$

$$\tag{4.10}$$

式中,θ 为摩尔-库仑模型偏平面的偏极角;$c\mid_0$ 为岩土的初始黏聚力,并且满足其初始边界条件 $c\mid_0 = c\mid_{\bar{\epsilon}^{pl}=0}$;$\psi$ 为外力 P 较大时所产生高强围压下 p-$R_{mw}q$ 面上的膨胀角;ϵ 为摩尔-库仑模型子午面上的偏心率,由于摩尔-库仑模型在子午面上以双曲线的形式体现,所以 ϵ 为主要控制着双曲线趋近其渐近线的速率[198,223],当 ϵ 趋于 0 时,摩尔-库仑模型流动势趋于一条直线(即接近线性变化);e 为摩尔-库仑模型偏平面上的离心率;R_{mw} 为摩尔-库仑屈服面偏平面的半径;G 为摩尔-库仑屈服面偏平面上以椭圆弧来实现时的椭圆弧。

在有限元数值计算软件 ABAQUS 中,摩尔-库仑模型偏平面上的离心率 e 的默认值的计算公式为[224-228]

$$e = \frac{3 - \sin\phi}{3 + \sin\phi} \tag{4.11}$$

式中，ϕ 为库仑摩擦角，(°)。

有限元数值计算软件 ABAQUS 中采取公式(4.11)的计算方法，主要是为了实现摩尔-库仑模型流动势处于三向压缩(拉伸)与其屈服方程保持一致[224-228]，在 ABAQUS 的基本主求解器模块 standard 中，摩擦角可以单独指定[224-228]。为了保证摩尔-库仑模型流动势的光滑外凸性能，需要对摩尔-库仑模型偏平面上的离心率 e 的取值范围进行规定，要求其满足的取值范围为 $\frac{1}{2} < e \leqslant 1$，并且当 $e = 1$ 时，摩尔-库仑模型在偏平面上的表现为 Mises 圆；当 $e = \frac{1}{2}$ 时，摩尔-库仑模型在偏平面上的表现为 Rankine 三角。由于要求必须保证摩尔-库仑模型流动势的光滑外凸性能，而 Rankine 三角不能满足光滑性能，所以在有限元软件 ABAQUS 中，不允许 $e = \frac{1}{2}$[224-228]。

综上分析可以发现，摩尔-库仑模型塑性流动势的光滑性和连续性，保证了其流动方向的唯一性[228]。所以，摩尔-库仑模型塑性流动势在其子午面和偏平面的表现形式如图 4.10 及图 4.11 所示。

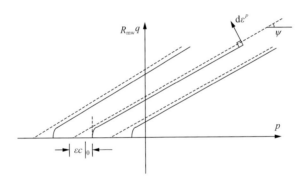

图 4.10　子午面上流动势

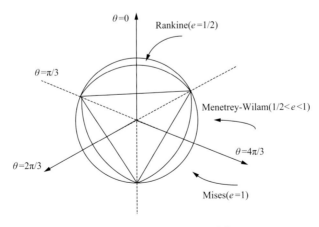

图 4.11　偏平面上的流动势

4.4　地震作用下煤矿采空区煤柱动力响应分析

4.4.1　地震作用下煤矿采空区煤柱动力响应的理论分析

　　根据弹性力学中的弹性波理论[229]和工程结构波动理论[230]可知,结构动力反应分析本质上是一个波动问题,地震在岩层的传播(及对结构的破坏)也是以波动的形式进行。基于此,建立地震作用下煤柱动力响应的力学模型如图 4.12 所示,需要满足以下假设条件[112]:①煤柱上覆岩层的荷载假设为均布荷载;②顶板与底板假设为具有一定厚度的板结构;③顶板-煤柱-底板形成了两端固结的固端梁结构体系;④所建立的理想模型的坐标轴 Z 轴与煤柱的几何中心轴线相重合,煤柱产生 Z 方向的位移,即只考虑煤柱竖轴方向上的位移。

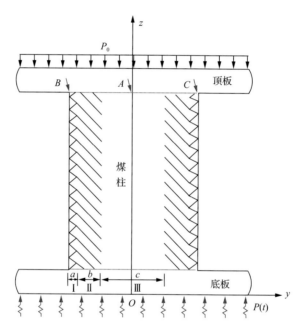

图 4.12　煤柱的力学分析模型

$P(t)$-扰动荷载,P_0-上覆岩层压力;a-破坏宽度,b-极限平衡区宽度,c-煤柱核心区;
A、B、C-煤柱点;Ⅰ-破裂区;Ⅱ-塑性区;Ⅲ-弹性区

　　采用条带开采法对煤层进行开采时,在上覆岩层的自重荷载作用下,煤柱产生的初始位移为 w_0,基于弹性力学理论[229]可知煤柱此时所产生的应力、应变为

应力

$$\sigma_0 = \frac{E(1-\mu)}{(1+\mu)(1-2\mu)}\varepsilon_0 \tag{4.12}$$

应变

$$\varepsilon_0 = \frac{\partial w_0}{\partial z} \tag{4.13}$$

式中，σ_0 是煤柱的初始应力，MPa；ε_0 是煤柱的初始应变，无量纲；E 是煤柱的弹性模量，MPa；μ 是煤柱的泊松比，无量纲。

发生地震时，煤柱的地震动力响应分析需要对其力学方程进行微分求解，同时将煤柱的静力平衡方程转化为运动微分方程。基于工程结构波动理论及结构动力学可知[230]：对工程结构建立动力学方程时，工程结构需要同时考虑应力、体力和惯性力对其的影响。

把煤柱体中的任意点的位移分量分别用 u、v、w 表示，则该点所对应的加速度分量即为$\dfrac{\partial^2 u}{\partial t^2}$、$\dfrac{\partial^2 v}{\partial t^2}$、$\dfrac{\partial^2 w}{\partial t^2}$。

基于达朗贝尔原理可知[229]：煤柱体位移分量 u、v、w 所对应的惯性力分量分别为 $-\rho\dfrac{\partial^2 u}{\partial t^2}$、$-\rho\dfrac{\partial^2 v}{\partial t^2}$、$-\rho\dfrac{\partial^2 w}{\partial t^2}$（其中，$\rho$ 是煤柱体的密度，kg/m^3）。

由此可以得到，地震作用下煤柱体的运动微分平衡方程为

$$
\begin{cases}
\dfrac{\partial \sigma_x}{\partial x} + \dfrac{\partial \tau_{yz}}{\partial y} + \dfrac{\partial \tau_{zx}}{\partial z} + f_x = \rho \dfrac{\partial^2 u}{\partial t^2} \\[2mm]
\dfrac{\partial \sigma_y}{\partial y} + \dfrac{\partial \tau_{yz}}{\partial z} + \dfrac{\partial \tau_{xy}}{\partial x} + f_y = \rho \dfrac{\partial^2 v}{\partial t^2} \\[2mm]
\dfrac{\partial \sigma_z}{\partial z} + \dfrac{\partial \tau_{xz}}{\partial x} + \dfrac{\partial \tau_{yz}}{\partial y} + f_z = \rho \dfrac{\partial^2 w}{\partial t^2}
\end{cases}
\tag{4.14}
$$

式中，f_x、f_y、f_z 分别为煤柱体在 x、y、z 方向上的体力分量，N/m^3；τ 为剪切应力，MPa。

弹性力学动力问题的基本方程是由物理方程、几何方程以及运动微分方程组成[229]，由于其运动微分方程存在位移分量，所以弹性力学中的动力问题一般按位移进行求解，而不按照应力进行求解[229]。

联立式(4.12)～式(4.14)进行求解，可以得到弹性力学动力问题的基本微分式，即拉密(Lame)方程如下

$$
\begin{cases}
\dfrac{E}{2(1+\mu)}\left(\dfrac{1}{1-2\mu}\dfrac{\partial \theta}{\partial x} + \nabla^2 u\right) + f_x = \rho \dfrac{\partial^2 u}{\partial t^2} \\[2mm]
\dfrac{E}{2(1+\mu)}\left(\dfrac{1}{1-2\mu}\dfrac{\partial \theta}{\partial y} + \nabla^2 v\right) + f_y = \rho \dfrac{\partial^2 v}{\partial t^2} \\[2mm]
\dfrac{E}{2(1+\mu)}\left(\dfrac{1}{1-2\mu}\dfrac{\partial \theta}{\partial z} + \nabla^2 w\right) + f_z = \rho \dfrac{\partial^2 w}{\partial t^2}
\end{cases}
\tag{4.15}
$$

式中，E 是煤柱的弹性模量，MPa；μ 是煤柱的泊松比，无量纲；ρ 是煤柱体的密度，kg/m^3；f_x、f_y、f_z 是煤柱体的 x、y、z 方向上的体力分量，N/m^3；$\theta = \dfrac{\partial u}{\partial x} + \dfrac{\partial v}{\partial y} + \dfrac{\partial w}{\partial z}$ 是煤柱的体应变；$\nabla^2 = \dfrac{\partial^2}{\partial x^2} + \dfrac{\partial^2}{\partial y^2} + \dfrac{\partial^2}{\partial z^2}$ 是拉普拉斯算子。

对于本书建立的平衡方程，设其坐标原点为其静力平衡位置，此时体力为常数，可以不计体力[229]，则其弹性力学动力问题的基本微分方程可以转换为

$$\begin{cases} \dfrac{E}{2(1+\mu)}\left(\dfrac{1}{1-2\mu}\dfrac{\partial \theta}{\partial x}+\nabla^2 u\right)=\rho\dfrac{\partial^2 u}{\partial t^2} \\[2mm] \dfrac{E}{2(1+\mu)}\left(\dfrac{1}{1-2\mu}\dfrac{\partial \theta}{\partial y}+\nabla^2 v\right)=\rho\dfrac{\partial^2 v}{\partial t^2} \\[2mm] \dfrac{E}{2(1+\mu)}\left(\dfrac{1}{1-2\mu}\dfrac{\partial \theta}{\partial z}+\nabla^2 w\right)=\rho\dfrac{\partial^2 w}{\partial t^2} \end{cases} \tag{4.16}$$

根据其在岩土介质中的传播形式,地震波可以分为:①平面波;②球面波;③表面波[229]。由于煤矿采空区具有一定的埋置深度,处于地表以下岩土层深部,主要考虑地震波中平面波对煤矿采空区中煤柱的动力影响[23],其中,平面波又包括纵波和横波两种形式波[23]。

针对地震波作用下煤矿采空区的煤柱动力响应问题,由于纵向地震波和横向地震波作用下煤柱动力学响应的计算过程及推导方式相似,本书仅详细以纵向地震波作用下煤矿采空区煤柱的动力响应为研究对象进行分析计算,横向地震波作用下煤柱的动力响应仅列出其最终的地震动力响应方程。

由于地震波在介质中传播时,纵波的传播速度快于横波的传播速度,所以煤矿采空区的煤柱首先需要承受纵波地震波的破坏作用,此时煤柱产生的位移为

$$\begin{cases} u=0 \\ v=0 \\ w=w(t) \end{cases} \tag{4.17}$$

对其进行微分求导,由此可得

$$\begin{cases} \dfrac{\partial \theta}{\partial x}=0 \\[2mm] \dfrac{\partial w}{\partial z}=\theta \\[2mm] \dfrac{\partial^2 w}{\partial z^2}=\dfrac{\partial \theta}{\partial z} \end{cases} \tag{4.18a}$$

进行转换可得

$$\begin{cases} \nabla^2 u=0 \\ \nabla^2 v=0 \\ \dfrac{\partial^2 w}{\partial z^2}=\nabla^2 w \end{cases} \tag{4.18b}$$

联立方程(4.16)~方程(4.18b)进行求解可得

$$\rho\dfrac{\partial^2 w}{\partial t^2}=C_{\mathrm{p}}^2\dfrac{\partial^2 w}{\partial z^2} \tag{4.19}$$

式中,C_p 是纵向地震波在煤岩体中的传播速度。

$$C_{\mathrm{p}}^2=\dfrac{E(1-\mu)}{\rho(1+\mu)(1-2\mu)} \tag{4.20}$$

公式(4.19)即为纵向地震波作用下煤柱的波动方程(动力学响应方程)。

考虑到煤矿采空区中的煤柱是重要的竖向承重构件,发生地震前,在上覆岩层的自重荷载作用下,煤柱会产生一定的位移 w_0,此时,式(4.19)可以等量代换为

$$\rho \frac{\partial^2 (w - w_0)}{\partial t^2} = C_p^2 \frac{\partial^2 (w - w_0)}{\partial z^2} \tag{4.21}$$

式中,w 为扰动荷载(动荷载、静荷载)的合力作用下,煤柱所产生的竖向位移,m。

定义 w' 为纵向地震波作用下引起的煤柱的位移响应,$w' = w - w_0$,则有

$$\rho \frac{\partial^2 w'}{\partial t^2} = C_p^2 \frac{\partial^2 w'}{\partial z^2} \tag{4.22}$$

对式(4.22)进行求解,可得到其通解为

$$w' = f(z - C_p t) + g(z + C_p t) \tag{4.23}$$

令 $f(z - C_p t)$ 为纵向地震波的入射波引起煤柱产生的位移,$g(z + C_p t)$ 为纵向地震波的反射波引起煤柱所产生的位移,此时,则可以得到

煤柱的应力

$$\sigma_z = \frac{E(1-\mu)}{(1+\mu)(1-2\mu)} \varepsilon_z = \sigma_0 + \frac{E(1-\mu)}{(1+\mu)(1-2\mu)} \frac{\partial f(z - C_p t)}{\partial z} \tag{4.24}$$

煤柱的应变

$$\varepsilon_z = \frac{\partial w}{\partial z} = \frac{\partial (w_0 + w')}{\partial z} = \varepsilon_0 + \frac{\partial f(z - C_p t)}{\partial z} \tag{4.25}$$

煤柱单元质点的速度

$$\dot{w} = \frac{\partial w}{\partial t} = \frac{\partial w'}{\partial t} = -C_p \frac{\partial f(z - C_p t)}{\partial z} \tag{4.26}$$

联立式(4.20)、式(4.25)、式(4.26)得到纵向地震波作用下,煤柱内所产生的应力响应为

$$\sigma_z = \sigma_0 - \rho C_p \dot{w} \tag{4.27}$$

当横向地震波传播入射到煤柱时,在煤柱的横向方向上没有初始位移和初始应力,则经过类似的计算可以得到煤矿采空区煤柱的所产生的应力为

$$\tau_{zx} = -\rho C_s \dot{u} \tag{4.28}$$

$$\tau_{zy} = -\rho C_s \dot{v} \tag{4.29}$$

由 $C_s^2 = \frac{E}{2\rho(1+\mu)}$ 可知:$C_s = \sqrt{\frac{E}{2\rho(1+\mu)}}$ 为横向地震波在煤柱内的传播速度;$\dot{u}$、$\dot{v}$ 分别为横向地震波作用下煤柱单元内质点在 x、y 方向的速度响应。

综上可知,地震作用下煤柱所产生的应力场为

$$\begin{cases} \sigma_z = \sigma_0 - \rho C_p \dot{w}, & \text{纵波作用下} \\ \tau_{zx} = -\rho C_s \dot{u}, & \text{横波作用下 } x \text{ 方向} \\ \tau_{zy} = -\rho C_s \dot{v}, & \text{横波作用下 } y \text{ 方向} \end{cases} \tag{4.30}$$

式(4.30)即为地震波作用下,煤柱的动力响应所产生的应力场的理论计算公式,通过分析可知:煤柱内所产生的应力与煤岩的物理力学性质、上覆岩层产生的初始应力 σ_0、地震荷载的破坏性密切相关。

结合图 4.12 及式(4.30),可以对地震作用下煤柱的地震动力响应演化破坏过程进行理论分析。在上覆岩层的自重应力作用下,煤柱会产生一定的初始次生损伤,并且在煤柱内部形成 3 个区域:弹性区(位于煤柱的核心区域)、塑性区、破裂区。在地震作用下,纵波与横波会对煤柱产生交变应力作用,导致煤柱前期损伤所形成的内裂纹(裂缝)扩展演化,甚至产生新的裂纹(裂缝),进而煤柱的塑性区不断向内部演化发展,破裂区逐渐增大,核心弹性区逐渐减小。随着煤柱损伤的加剧,其承载能力不断下降,在核心弹性区不断变小的情况下,其承受的动静荷载却在不断增加,增大了煤柱动力失稳的概率。

4.4.2 地震作用下煤矿采空区煤柱动力响应的有限元数值计算

在理论分析的基础上,为了详细地探讨地震作用下煤矿采空区煤柱的损伤演化过程以及验证理论分析的可靠性,基于有限元数值计算分析软件建立了煤柱的平面力学分析模型,煤柱的本构关系采用摩尔-库仑本构模型,强度破坏准则采用摩尔-库仑强度破坏准则,输入的地震波采取垂直入射(主要是为了保证数值计算结果和理论分析结果的一致性,采取理论分析模型进行煤柱的动力响应分析),地震波采用整条地震波整体输入的方法,本章主要采用人工地震波来进行煤柱的动力分析。所建立煤柱的基本力学分析模型如图 4.13 所示,煤柱的基本物理力学性能参数(计算尺寸为 3m×2m)如表 4.2 所示。

在理论分析的基础上,建立了与理论模型相吻合的地震动力荷载作用下矿柱的力学响应分析模型,图 4.14 为其应力场演化过程,可以明显发现,在地震波(扰动荷载)及上覆岩层自重荷载的作用下,煤柱的动力响应区域明显分为三个应力场区(即理论分析中的弹性区、塑性区、破裂区)。通过分析图 4.14 可以知道,地震作用下煤柱的动力损伤演化过程为:仅考虑上覆岩层自重荷载时,煤柱开始出现应力集中现象(应力集中主要出现在煤柱结构弱面处或者是上覆岩层自重荷载作用下煤岩初始损伤部位),可以看出煤柱两侧壁的应力场分布区域明显,说明此时煤柱发生了一定程度的先期损伤;随着地震波(扰动荷载)加载时间的增加,煤柱弹性区域的面积逐渐减小,并逐渐在煤柱侧壁出现高应力集中现象,煤柱塑性损伤区域的面积逐渐增加,在煤柱两侧可以明显地看出高应力集中区域(主要集中于前期损伤部位)在不断增加,并不断地向煤柱内部延伸拓展,说明煤柱破裂区在增加(与前文 4.4.1 小节的理论分析吻合度较高),在煤柱应力演化到最后 1s 可以明显看出弹性区域几乎不存在,除了中心区域存在较小面积的塑性损伤区域外,其他面积基本上全部为高应力集中的破裂区(实际上,煤柱已经出现裂隙、岩层剥离脱落现象,由于有限元数值计算软件的设置,未能显示出煤柱裂缝的发展过程),此时煤柱的承载能力严重丧失,已经发生失稳破坏现象。

上覆岩层自重荷载

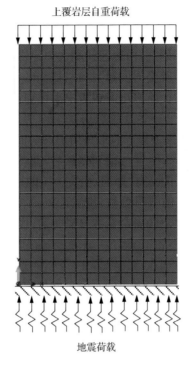

地震荷载

图 4.13　煤柱的有限元力学分析模型

表 4.2　煤柱的物理力学参数

土层类别	密度 /(kg/m³)	摩擦角/(°)	流变应力比	膨胀角/(°)	弹性模量 /(GN/m²)	泊松比	渗透率 /10⁻⁸μm²
煤层	1750	42	1	0.4	2.900	0.33	—

　　结合理论分析与数值计算结果可以明显看出:地震作用下煤柱应力集中现象与其损伤演化区域是密切相关的。根据地震(扰动荷载)作用下煤矿采空区煤柱应力场分布的理论计算公式 $\sigma_z = \sigma_0 - \rho C_p \dot{w}$ 、$\tau_{zx} = -\rho C_s \dot{u}$ 、$\tau_{zy} = -\rho C_s \dot{v}$ 及有限元数值计算结构可知:随着动荷载加载时间的不断增加,煤柱前期损伤所形成的内裂纹(微小裂缝)不断扩展演化发展(对应于数值模拟中的煤柱应力集中区域),甚至产生新的裂纹(裂缝),进而塑性区不断向煤柱内部演化发展(煤柱两侧壁的应力集中区域逐渐向内部区域发展),破裂区逐渐增大(煤柱的高应力集中区域面积逐渐增大),核心区域的弹性区的面积逐渐减小(数值模拟中的低应力蓝色区域的面积不断降低)。随着煤柱损伤的加剧,其承载能力逐渐下降,在核心弹性区不断变小的情况下,其承受的动静荷载却在相对不断增加(单位弹性区面积上的承载力),当超过岩层的抗压(拉)强度时(也就是说超过煤柱的极限承载能力时),岩层会逐渐剥离脱落现象,此时,煤柱发生整体动力失稳现象。

　　综上可知,地震发生后煤柱两侧的损伤破坏程度急剧,由于煤柱的损伤破坏,导致煤柱破坏面的摩擦阻力及岩层内部的黏聚力减小,高应力集中现象导致煤柱承载能力下降的同时,也降低了对煤岩的约束作用,煤柱出现剥离、脱落、破坏的现象,最终出现整体失稳破坏现象。

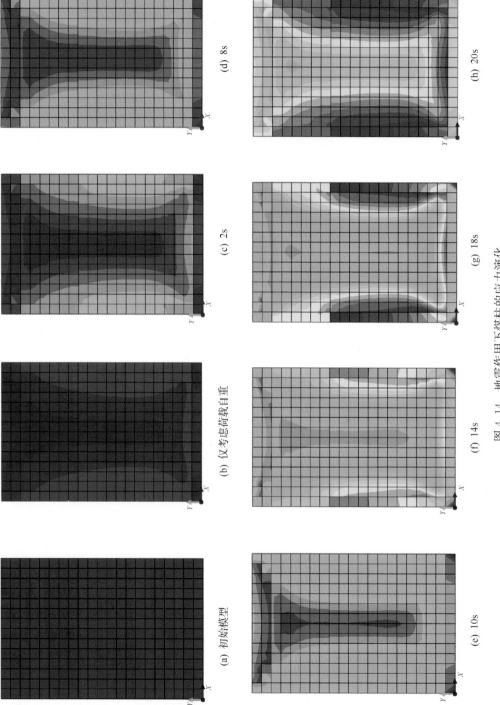

图 4.14　地震作用下煤柱的应力演化

4.5　本　章　小　结

针对目前煤矿地下结构的建设设计中较少考虑地震等各种动力灾害荷载的动力破坏影响,基于工程结构波动理论、地震工程学和弹塑性力学理论,初步建立了地震作用下煤柱动力响应的力学模型,通过对矿区的煤柱地震动力响应的理论研究及有限元数值计算,重点分析了地震灾害荷载作用下煤矿采空区煤柱内力响应、应力场演化规律,初步得到以下结论。

(1) 基于地震作用下煤柱的动力学响应方程式(4.30)可知,煤柱内所产生的应力与煤岩的物理力学性质、上覆岩层产生的初始应力 σ_0、地震荷载的破坏性密切相关。

(2) 通过有限元数值计算可知,地震作用下煤柱的动力响应演化规律为,在上覆岩层的自重应力作用下,煤柱会产生一定的初始次生损伤,并且在煤柱的内部明显形成三个区域:弹性区(核心区域)、塑性区、破裂区。在地震作用下,纵波与横波会对煤柱产生交变应力作用,导致煤柱前期损伤所形成的内裂纹(裂缝)扩展演化,甚至产生新的裂纹(裂缝),进而塑性区不断向内部演化发展,破裂区逐渐增大,核心弹性区减小。随着煤柱损伤的加剧,其承载能力逐渐下降,在核心弹性区不断变小的情况下,其承受的动静荷载却在相对不断增加。

(3) 地震作用下,煤柱的应力集中现象主要出现在煤柱结构弱面处或者是上覆岩层自重荷载作用下煤岩初始损伤部位,在地震波的持续作用下,煤柱初始损伤部位首先出现高应力集中现象,此时已超过煤柱的抗拉(压)强度,说明煤柱已经进入塑性破坏阶段,塑性破坏的主要表现形式为煤柱的断裂破坏、剥离脱落现象。

(4) 地震发生后,煤柱两侧的损伤破坏程度急剧,由于煤柱的损伤破坏导致煤柱破坏面的摩擦阻力及岩层内部的黏聚力减小,高应力集中现象导致煤柱承载能力下降的同时,也降低了对煤岩的约束作用,煤柱出现剥离脱落的现象,最终出现整体失稳破坏现象。

第 5 章　煤矿地下巷道结构地震动力灾变
影响因素分析

5.1　引　　言

地下煤炭资源的开采活动破坏了矿区地层结构原有的结构力学性能,产生了一定程度的损伤,导致其抵抗破坏能力降低。现有文献资料表明[231-242]:天然地震、矿震、机械扰动对煤矿采动损伤地层及地下巷道结构的破坏严重。地下采矿活动所产生开采扰动,严重降低了矿区地层及建筑结构的抗震能力[111],煤炭开采明显改变了煤矿采动区巷道-围岩结构体系周围的地震波动场。煤矿采空区会加重地震的破坏程度,地震对矿区地下巷道结构及地面建筑物的破坏更为严重。

《建筑抗震设计规范》(GB 50011—2010)对地下结构的抗震设计只是定性的研究和规定[29],更多的是采用抗震构造措施,没有专门细致化的地下结构抗震设计计算。虽然《城市轨道交通结构抗震设计规范》(GB 50909—2014)已于 2014 年 12 月 1 日开始颁布实施,但是该规范只适用于城市地下轨道交通结构的抗震设计,城市地下结构与煤矿地下巷道结构的差别较大,不能直接用来指导矿区地下巷道结构的抗震设计。对于采矿地下结构,由于专业领域的限制以及普遍认为巷道结构不需要考虑地震动力荷载的设计计算,加之地面建筑的抗震性能设计与抗开采沉陷变形设计没有较好地统一起来[232],因而,对矿区地层及地下结构与地面建筑结构的地震动力响应的研究,具有重要的理论意义与现实意义。

地下巷道结构的地震安全性对矿区工程建设尤为重要,而目前地下结构的抗震能力研究多集中于地铁、隧道等浅埋地下结构[233],巷道围岩的力学灾变研究也更多局限于静力作用下的巷道变形破坏或者是矿震、冲击地压等微震作用下巷道结构的动力响应,对地震作用下的巷道动力响应研究考虑影响因素较少,缺乏考虑土层分布、巷道结构与围岩相互作用的影响[234]。笔者针对煤矿开采地下巷道结构在岩层自重荷载和地震的联合作用下研究的不足问题[231-242],通过有限元数值计算分析,研究煤矿巷道结构的地震动力响应,主要探讨不同截面形式的地下巷道结构的地震动力破坏特征及影响因素。

5.2　地下巷道结构的地震动力破坏的有限元分析模型

煤矿巷道结构深埋于地层中,煤系地层多为沉积地层,不同沉积层的岩石的物理力学性能不同。煤炭资源开采活动使矿区地层结构遭受损伤,引发土层运动开裂、地表变形与破裂,抵抗破坏能力降低,煤炭开采明显改变了煤矿采动区周围的地震波动场[235]。

某矿区岩层的组成主要涉及砂质泥岩、粉砂岩、细砂岩、泥岩和煤层等,各个岩层的物理力学性能参数及分布见表 5.1 和表 5.2,所建立的平面应变有限元计算模型(图 5.1),其尺寸为 150m×120m,PLANE42 四节点平面单元来模拟岩层(本构模型为摩尔-库仑本构模型),BEAM3 梁单元模拟衬砌结构,计算模型的边界条件采用人工黏弹性边界,以 COMBINE14 弹簧阻尼单元实现;半径为 4m,厚度 300mm 的煤矿巷道的衬砌结构采用 C50 混凝土,密度 $\rho = 2493\text{kg/m}^3$,弹性模量 $E = 3.15\text{GPa}$,泊松比 $\nu = 0.26$。

表 5.1 矿区岩层的物理力学参数

岩层	密度/ (kg/m³)	弹性模量/ GPa	泊松比	抗拉强度/ MPa	抗拉强度/ MPa	内摩擦角/ (°)	黏聚力/ MPa
砂质泥岩	2200	5.2	0.26	20	0.2	29.5	1.7
泥岩	2200	4.0	0.28	15	1.5	27.0	1.2
煤层	1400	1.01	0.32	5	0.5	23.0	0.8
粉砂岩	2800	26	0.22	25	2.5	32.1	34.7
细砂岩	2700	21	0.20	30	0.3	27.8	27.2

表 5.2 矿区岩层分布

岩层位置	岩层岩性	岩层厚度/m
第 1 层	泥岩	38
第 2 层	细砂岩	28
第 3 层	砂质泥岩	34
第 4 层	细砂岩	8
第 5 层	粉砂岩	6
第 6 层	细砂岩	3
第 7 层	煤层	4
第 8 层	粉砂岩	19

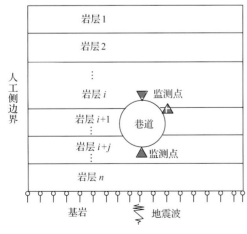

(a) 煤矿巷道边界及监测点设置

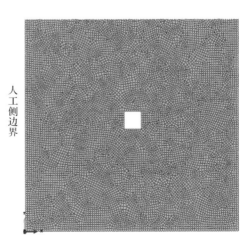

(b) 矩形煤矿巷道

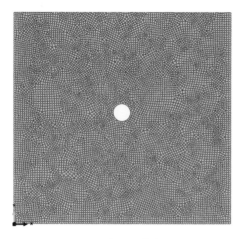

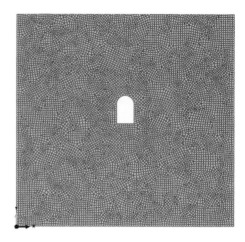

(c) 圆形煤矿巷道　　　　　　　　　　(d) 半圆拱形煤矿巷道

图 5.1　煤矿巷道有限元模型

　　对于地下巷道结构的地震动力破坏分析,必须考虑巷道结构所处的地层环境[236],而地下煤矿巷道结构的形式、埋深以及地应力分布对其动力响应的影响最为显著。为了探讨以及重点突出巷道的截面形状、埋深以及地应力分布对地下巷道结构的地震动力破坏特征的影响,需要满足以下假设条件[237]:①不考虑地下水对围岩裂隙的渗流作用所产生的流固耦合效应,以及地下水-地震联合作用对巷道的动力破坏作用;②煤矿巷道的围岩与地层为成层分布的,输入位置最好为洞室 3 倍洞室直径,以减少边界效应;③煤矿巷道结构的衬砌为均质材料,不考虑节理、裂缝等结构弱面的影响。

　　目前,煤矿巷道结构常见的三种截面形式为:圆形、矩形和半圆拱形[238]。本章节重点探讨这三种截面形式对煤矿巷道地震动力响应的影响,不同截面形式巷道结构的平面几何尺寸如表 5.3 所示。为了保证数值分析计算结果具有良好的对比性和代表性,三种截面形式煤矿巷道结构的监测点分别为底板、顶板和巷帮。

表 5.3　煤矿巷道的截面形式及几何尺寸

巷道的截面形式	截面尺寸
圆形	半径 $r=4m$
矩形	$8m \times 8m$
半圆拱形	下部为 $4m \times 8m$ 的矩形,上部为半径 $r=4m$ 的半圆

　　基于《深部岩体力学基础》对"深部开采"的定义[1]:开采深度小于 400m 为浅部矿井,400~800m 为中深部矿井,800~1200m 为深部矿井,大于 1200m 为特深矿井。由于目前矿井巷道多处于浅部开采状态,结合本章的研究内容,煤矿地下巷道结构的埋深分别取为1000m、500m、300m、200m、100m,以此来探讨煤矿巷道结构的埋置深度对其地震动力响应的影响。

　　在有限元数值计算分析中,地应力因素是不能忽略的[239]。地应力是引起地下工程结构以及涉及岩土开挖工程破坏和变形的根本作用力,它直接决定了岩土的力学属性,对岩体的物理、力学和化学性能也有较大的影响。如果地应力活动过于剧烈,还有可能会引起地震的发生,所以,在分析地震作用下煤矿巷道结构的动力响应时,地应力是不可忽略的因素。地应力状态一般用侧压系数 λ 来描述,其中 $\lambda = \dfrac{\text{最大水平地应力}}{\text{垂直向地应力}}$ (λ 为 0.5~5.5)。

在数值计算的过程中,定义煤矿巷道结构的轴向方向与其最大主应力方向相一致,此时,巷道结构围岩的自重 $\sigma_v = \gamma h$ 近似等于垂直方向的应力, $\sigma_h = \lambda\sigma_v = \lambda\gamma h$ 即为最大水平主应力[229](在弹性力学中规定[229]:当切应力所在面的外法线与坐标轴的正方向一致时,则以沿坐标轴正方向的切应力为正,反之为负;对于正应力规定:拉应力为正,压应力为负)。

本章中侧压系数 λ 具体的取值及最大水平主应力与最小主应力的关系如下。

$$\lambda = \begin{cases} 0.5 & \text{自重地应力为主} \\ 2,3,4 & \text{水平地应力为主} \end{cases}, \text{其中要求最小水平主应力与最大水平主应力的关系}$$

为: $\dfrac{\text{最小水平主应力}}{\text{最大水平主应力}} = \dfrac{1}{2}$。

煤矿采空区的尺寸定义[240]:煤矿采空区的埋置深度是指煤矿采空区顶部距离地表的深度;煤矿采空区的厚度是指煤层开采后所形成的采空区域的竖向垂直厚度;煤矿采空区的宽度则主要是指煤矿采空区横向范围内的长度。

在对整个煤矿巷道-围岩结构体系施加地震荷载之前,煤矿巷道-围岩结构体系需要满足自重应力平衡的条件。在有限元数值计算软件中,对于围岩的初始地应力场仅考虑岩层的重力,此时,在自重应力平衡过程中对模型的边界不设置速度约束条件,仅需要设置应力约束边界以保证地应力平衡。在应力场平衡的过程中,煤矿巷道-围岩结构体系所形成的应力场(即初始地应力场)是岩层的自重应力场和构造应力场共同作用的结果。

为了保证数值模型与前文第 4 章分析的一致性,煤矿巷道-围岩结构体系的强度破坏准则依然采用摩尔-库仑强度屈服准则,其屈服函数为[106]

$$f_s = \sigma_1 - \sigma_3 N_\phi + 2c\sqrt{N_\phi} \tag{5.1}$$

$$f_t = \sigma^t - \sigma_3 \tag{5.2}$$

式中, σ_1 为岩石材料的最大主应力,MPa; σ_3 为岩石材料的最小主应力,MPa; ϕ 为岩石材料的摩擦角,(°); c 为岩石材料的黏聚力,MPa; σ^t 为岩石抗拉强度,MPa;其中 $N_\phi = \dfrac{1+\sin\phi}{1-\sin\phi}$; f_t 代表岩层发生拉伸破坏的临界应力,MPa; f_s 代表岩层发生剪切破坏的临界应力,MPa。

在外力荷载的作用下,当围岩材料内部的某处应力满足 $f_s = \sigma_1 - \sigma_3 N_\phi + 2c\sqrt{N_\phi} < 0$ 时,岩石材料发生剪切破坏;当围岩材料内部的某处应力满足 $f_t = \sigma^t - \sigma_3 > 0$,此时,岩石材料发生拉伸破坏[106]。

考虑到影响地震作用下(本章节所选用的地震波为人工地震波,该地震波的动力加速度时程详见 4.2 节)煤矿巷道结构的动力响应的因素较多,本章主要探讨埋置深度、截面形状、地应力对煤矿巷道位移、应力响应的影响。

5.3 地震作用下煤矿巷道位移动力响应的影响因素分析

5.3.1 地震作用下煤矿巷道的埋置深度对位移响应的影响分析

为了探讨不同埋置深度对煤矿巷道结构的地震位移动力响应的影响,分别分析了1000m(深部矿井)、500m(中深部矿井)、300m(浅部矿井)、200m(浅部矿井)、100m(浅部矿井)五种不同埋置深度的煤矿巷道的地震动力响应,通过提取观测点的位移响应,可以得到其变化曲线。

为了探讨埋置深度对巷道的地震动力影响的分析,在保证测压力系数不变的情况下,对比分析了不同开采深度下同一截面形式的煤矿巷道结构的峰值位移响应如图 5.2所示。

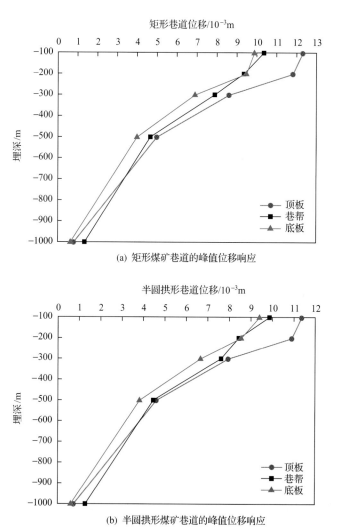

(a) 矩形煤矿巷道的峰值位移响应

(b) 半圆拱形煤矿巷道的峰值位移响应

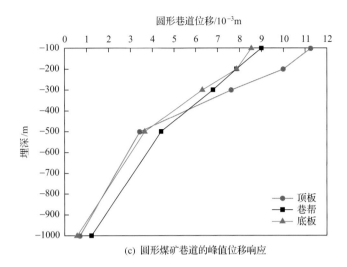

圆形巷道位移/10^{-3}m

(c) 圆形煤矿巷道的峰值位移响应

图 5.2　地震作用下不同埋置深度的煤矿巷道峰值位移($\lambda = 0.5$)

当煤矿巷道所处的地质环境以自重地应力为主时($\lambda = 0.5$),分析煤矿巷道的埋置深度对其地震动力峰值位移响应可知,随着煤矿巷道结构埋置深度的增加,其峰值位移迅速降低,且其降低幅度较大。当巷道埋置深度较浅时(开采深度不大于 400m),煤矿巷道结构的顶板地震峰值位移响应(埋置深度为 100m 的矩形巷道顶板的峰值位移最大为 12.3×10^{-3}m)明显高于巷帮和底板,此时煤矿巷道结构容易发生顶板垮塌、瞬时冲击破坏现象;当煤矿巷道埋置深度增加时(开采深度大于 400m),煤矿巷道结构的巷帮峰值位移响应高于顶板和底板,说明当自重地应力起控制作用时,深部开采时,煤矿巷道结构的动力破坏容易发生在帮部,应该加强煤矿巷道结构的帮部加固支护。

当地层环境以自重地应力为主时($\lambda = 0.5$),在开采深度不大于 400m 的埋置深度,煤矿巷道结构的地震动力位移量响应变化曲线整体趋势较为陡峭,说明在自重应力起控制作用的地质环境中,随着埋置深度的增加,煤矿巷道结构的位移响应量急剧降低。

分析图 5.3 可知,当煤矿巷道结构所处的地质环境为最大水平地应力与垂直向地应力相等时($\lambda = 1$),地震发生后,巷道的地震动力峰值位移响应随着开采深度的增加而减小。当开采深度为浅部开采(开采深度不大于 300m)时,巷道的地震动力峰值位移较大(埋置深度为 100m 的矩形巷道巷帮的峰值位移最大为 5.67×10^{-3}m);随着开采深度加深时,巷道的地震动力峰值位移变化曲线为"先陡峭后平缓"的变化趋势。煤矿开采深度超过 300m 时,巷道的位移响应明显减小,并且峰值位移最大值的出现由巷道巷帮位置转换为底板和顶板部位。由此可以判断,$\lambda = 1$ 的地应力情况下,随着巷道埋置深度的增大,其峰值位移响应减小,并且其动力破坏现象发生改变。

当处于中深部开采(开采深度大于 400m)时,巷道的最大峰值位移由巷帮转换为顶板或底板(二者的峰值位移较为接近),由此可知,在最大水平地应力与垂直向地应力相等的开采环境中,深部开采巷道的动力破坏容易发生在巷道结构的顶板和底板,此时,巷道的宏观破坏现象可能表现为:巷道的底板涌向巷道空间,出现底鼓现象;巷道顶板出现砸垮式破坏现象。当地层环境中自重地应力与最大水平地应力相等时($\lambda = 1$),在开采深

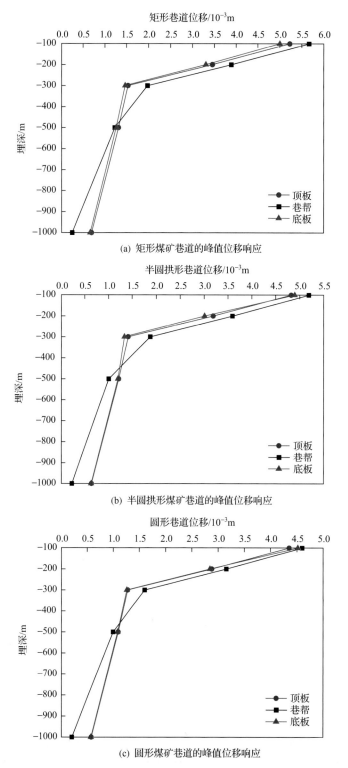

图 5.3　地震作用下不同埋置深度的煤矿巷道峰值位移（λ＝1）

度不大于 300m 的埋置深度，随着埋置深度的增加，煤矿巷道结构的位移响应量急剧降低。

通过分析图 5.4 可知，在保证地应力的侧压系数不变的情况下，地震作用下，随着埋置深度的增加，煤矿巷道结构的峰值位移响应减小。当处于中深部开采时（开采深度大于 400m），巷道结构的地震峰值位移响应最大值为 2.81×10^{-4} m（矩形巷道顶板，埋置深度为 500m）；当处于浅部开采时（开采深度不大于 300m）时，煤矿巷道结构的地震峰值位移响应变化较大，其最大值为 4.23×10^{-3} m（矩形巷道顶板，埋置深度为 100m）。随着煤矿巷道埋置深度的逐渐加深，其峰值位移变化曲线呈现出"急剧降低—平缓下降"的趋势，当煤矿巷道结构的埋深超过 300m 时，其峰值位移响应变化不大，始终处于一个数量级（10^{-4} m）上。此时，随着煤矿巷道埋深的增加，其峰值位移响应变化不大，说明在地应力的侧压系数 $\lambda = 2$ 的情况下，巷道埋深 300m 是其地震峰值位移突变的一个临界变化点。当地层环境中最大水平地应力起控制作用时（$\lambda = 2$），在开采深度不小于 300m 的埋置深度，随着埋置深度的增加，煤矿巷道结构的位移响应平缓变化。

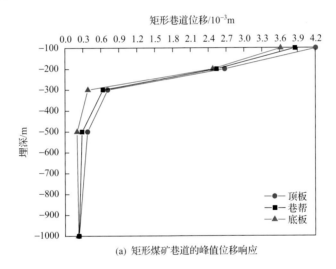

(a) 矩形煤矿巷道的峰值位移响应

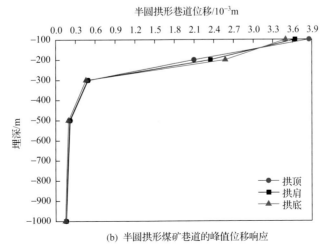

(b) 半圆拱形煤矿巷道的峰值位移响应

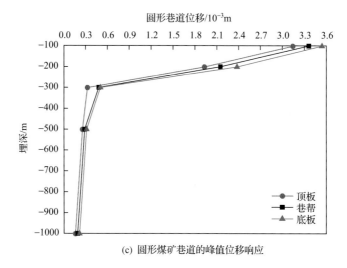

(c) 圆形煤矿巷道的峰值位移响应

图 5.4　地震作用下不同埋置深度的煤矿巷道峰值位移 ($\lambda = 2$)

通过分析图 5.5 可以得到,在地应力的侧压系数 $\lambda = 3$ 的情况下,在浅部开采煤矿巷道中,其地震动力峰值位移响应随着埋置深度的增加而急剧降低,之后平缓下降,并且其峰值位移的数量级为 10^{-4} m,明显小于前三种压力系数的 10^{-3} m 数量级,说明侧压系数 $\lambda = 3$ 的工况下,地震引起巷道结构的动力响应较其他工况较小。峰值位移出现“急剧降低”“平缓下降”现象的分界点也出现在埋置深度 300m 处,与前三种地应力的侧压系数峰值位移突变出现的位置基本一致。在后续章节的分析研究中,需要对埋置深度 300m 的特殊位置展开更为详细的研究。当地层环境中最大水平地应力起控制作用时 ($\lambda = 3$),在开采深度不大于 300m 的埋置深度,巷道结构的地震动力位移量响应变化曲线整体趋势较为陡峭,说明随着埋置深度的增加,煤矿巷道结构的位移响应量急剧降低。在开采深度不小于 300m 的埋置深度,随着埋置深度的增加,煤矿巷道结构的位移响应量平缓变化。

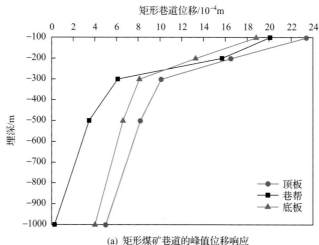

(a) 矩形煤矿巷道的峰值位移响应

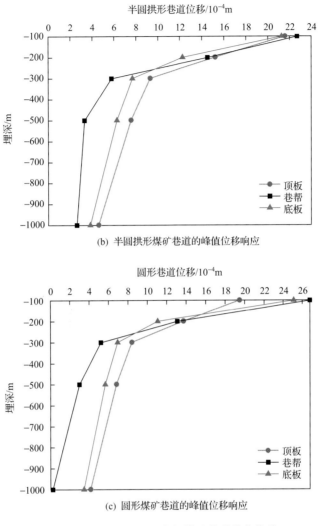

图 5.5 地震作用下不同埋置深度的煤矿巷道峰值位移（λ = 3）

分析图 5.6 侧压系数 λ = 4 的巷道地震峰值位移响应可知：此工况下的巷道峰值位移响应与侧压系数 λ = 3 在数量级（10^{-4}m）一致，其峰值位移的变化点也出现在 300m 的临界位置处，峰值位移也随着巷道的埋置深度的增加而降低。但是其峰值位移最大值 1.3×10^{-3}m（半圆拱形巷道的巷帮处）远远小于侧压系数 λ = 3 的峰值位移最大值 2.68×10^{-3}m（圆形巷道的巷帮处）。在开采深度不大于 300m 的埋置深度，巷道结构的地震动力位移量响应变化曲线整体趋势较为陡峭，说明随着埋置深度的增加，煤矿巷道结构的位移响应量急剧降低。在开采深度不小于 300m 的埋置深度，随着埋置深度的增加，煤矿巷道结构的位移响应量平缓变化。说明侧压系数对巷道结构的地震动力响应的影响不容忽视，需要对其进行专门分析探讨。

综合以上分析可以发现，随着煤矿巷道结构在地层中的埋置深度的增加，其地震动力峰值位移响应（或者为巷道结构的位移量）减小，但是其减小的过程中整体上呈现出"急

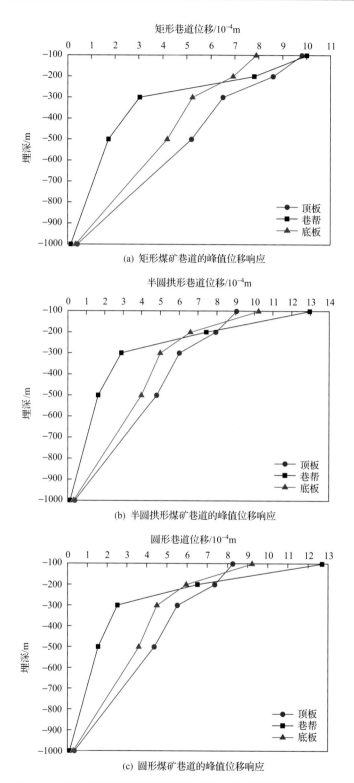

(a) 矩形煤矿巷道的峰值位移响应

(b) 半圆拱形煤矿巷道的峰值位移响应

(c) 圆形煤矿巷道的峰值位移响应

图 5.6　地震作用下不同埋置深度的煤矿巷道峰值位移（λ＝4）

剧下降—平稳降低"的变化趋势。这种整体减小的变化趋势与巷道结构的截面形式、地应力的大小的关联不大,截面形式与地应力的大小会影响"急剧下降""平稳降低"这两种变化趋势临界点出现的位置。

综合分析煤矿巷道的埋置深度对其地震动力位移响应的影响可知,煤矿巷道结构的地震动力位移响应的变化趋势出现突变的原因与地应力的侧压系数密切相关:

(1) $\lambda \geqslant 2$ 时,煤矿巷道结构处于水平地应力为主的应力控制的地层环境中,其位移响应的变化突变临界埋置深度出现在 $200\sim300m$。

(2) $\lambda < 2$ 时,煤矿巷道结构处于自重(垂直向)地应力为主的应力控制的地层环境中,其位移响应变化的突变临界埋置深度则相对较深。

(3) 煤矿巷道结构的地震动力位移响应变化的突变临界位置对其位移响应影响较大。在突变临界位置以上的埋置深度,煤矿巷道的位移响应量值随着埋深的增加而急剧减小($\lambda = 0.5$ 或 $\lambda = 1$);在突变临界位置以下的埋置深度,煤矿巷道的位移响应量值随着埋深的增加而平稳降低($\lambda \geqslant 2$)。

5.3.2 地震作用下煤矿巷道的截面形式对位移响应的影响分析

在初步分析煤矿巷道的埋置深度对其位移响应影响的基础上,发现其截面形式对位移响应的影响也较大,在 5.3.1 小节分析的基础上,在保证测压力系数不变的情况下,对比分析矩形截面、半圆拱形截面、圆形三种不同截面形式的煤矿巷道结构的峰值位移响应如图 5.7 所示。

通过分析图 5.7 侧压系数 $\lambda = 0.5$ 时不同截面形式对巷道结构的地震动力位移响应可知,在以自重应力为主的地层环境中,地震作用下,矩形截面形式的巷道结构的动力位移响应最为显著(顶板的峰值位移最大为 $13.5\times10^{-3}m$,且顶板的位移差别最大,为危险位置),半圆拱形巷道次之,圆形巷道的地震动力响应最弱。说明在自重应力起控制作用的地层环境中,矩形截面形式的巷道属于抗震不利结构,其各个位置的地震动力位移响应影响较大,容易发生整体垮塌破坏现象。

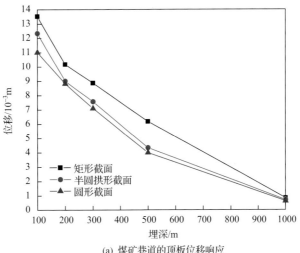

(a) 煤矿巷道的顶板位移响应

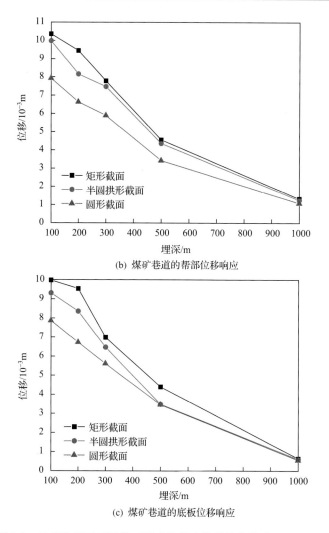

(b) 煤矿巷道的帮部位移响应

(c) 煤矿巷道的底板位移响应

图 5.7　地震作用下不同截面形式的煤矿巷道峰值位移（$\lambda = 0.5$）

随着煤矿巷道结构埋置深度的增加，三种截面形式的巷道的位移响应差别逐渐减小，在埋置深度 1000m 处，三种煤矿巷道结构各个位置的位移响应差别不大。由此可以初步判断，在自重应力起控制作用的浅埋巷道中，其截面形式对煤矿巷道结构的地震动力影响较大，随着开采深度的增加，煤矿巷道截面形式对其地震动力位移响应的影响降低。

分析图 5.8 侧压系数 $\lambda = 1$ 时三种截面形式对巷道结构的地震动力位移响应的影响大小可知，矩形截面＞半圆拱形截面＞圆形截面；其中以顶板位置的位移响应差别最大（矩形顶板为 5.83×10^{-3}m，圆形顶板为 3.36×10^{-3}m），说明此时矩形巷道的顶板位置为危险截面。侧压系数 $\lambda = 1$ 的地层环境下，埋置深度大于 300m 后，截面形式对巷道结构的地震动力位移响应的影响降低，不同位置的地震动力响应也趋于一致。

分析图 5.9 侧压系数 $\lambda = 2$ 时三种截面形式对煤矿巷道结构的地震动力位移响应的影响可知，随着埋置深度的增加，不同截面形式的煤矿巷道结构各个位置的位移动力响应差别减小，尤其是底板位移几乎趋于一致；与侧压系数较小的煤矿巷道位移响应相比，位

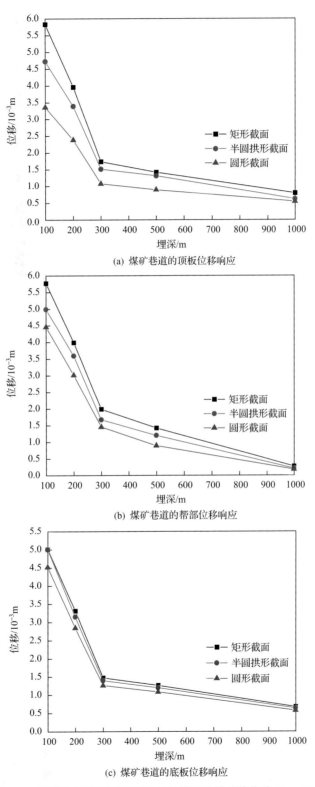

(a) 煤矿巷道的顶板位移响应

(b) 煤矿巷道的帮部位移响应

(c) 煤矿巷道的底板位移响应

图 5.8 地震作用下不同截面形式的煤矿巷道峰值位移($\lambda = 1$)

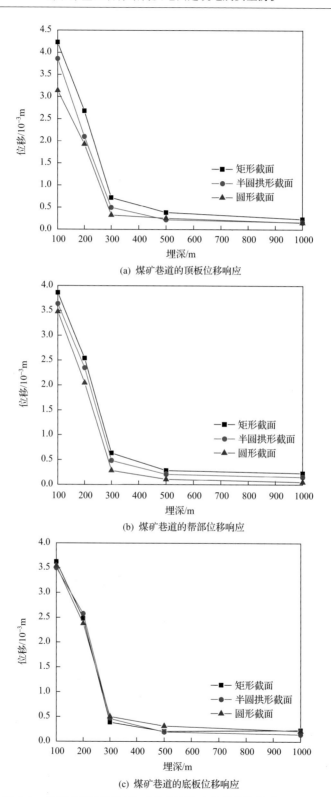

(a) 煤矿巷道的顶板位移响应

(b) 煤矿巷道的帮部位移响应

(c) 煤矿巷道的底板位移响应

图 5.9　地震作用下不同截面形式的煤矿巷道峰值位移 ($\lambda = 2$)

移响应明显区别于侧压系数 $\lambda = 0.5$ 的位移响应。在埋置深度 300m 位置,顶板、底板和巷帮的位移响应会发生突变现象:开采深度不大于 300m 的煤矿巷道,随着埋置深度的增加其位移响应变化较大;开采深度大于 300m 的煤矿巷道结构,随着埋置深度的增加其位移响应变化较为平缓;其中矩形截面的巷道位移明显大于半圆拱形巷道和圆形巷道,由此引起的损伤破坏区域也较大。

分析图 5.10 最大水平地应力起控制作用的侧压系数 $\lambda = 3$ 不同截面形式的煤矿巷道结构地震动力位移响应可知,矩形巷道的顶板位移响应随埋深变化趋势较为陡峭,半圆拱形和圆形巷道的顶板位移响应变化趋势较为接近;说明地震作用下矩形巷道结构的顶板位移响应大、稳定性差、破坏区域大。巷帮和底板位置的位移响应变化趋势在埋置深度 300m 均处有明显的变化:开采深度不大于 300m 的煤矿巷道,随着埋置深度的增加,巷帮和底板位置的位移响应变化较大;开采深度大于 300m 的巷道结构,随着埋置深度的增加,巷帮和底板位置的位移响应变化较为平缓。100m 埋深的圆形巷道的底板峰值位移响应为 2.51×10^{-3}m,明显高于矩形巷道结构底板位移 1.88×10^{-3}m,随着埋置深度的增加,矩形巷道的位移响应则明显高于圆形巷道(开采深度大于 100m),这说明在最大水平地应力起控制作用的浅埋煤矿巷道结构中,圆形巷道的地震动力破坏容易出现底鼓现象,煤矿巷道结构的埋置深度对其地震动力位移响应的影响要远远高于其地应力的影响。

分析图 5.11 侧压系数 $\lambda = 4$ 的不同截面形式的巷道地震峰值位移响应可知,在侧压系数 $\lambda = 4$(即最大水平地应力远大于垂直地应力)的荷载工况下,煤矿巷道结构的地震动力位移响应整体较小(数量级为 10^{-4}m),随着埋置深度的增加,顶板位移响应的变化曲线整体上较为陡峭,位移下降较快。底板的位移响应与 $\lambda = 3$ 的工况较为接近:浅埋圆形煤矿巷道的位移稍高于矩形巷道底板,说明其出现底鼓现象的概率较高。当 $\lambda = 4$,其动力响应值的数量级发生变化,说明地应力对巷道结构的动力影响较大,此时需要重点分析探讨地应力对巷道的动力影响。

通过分析不同截面形式的煤矿巷道的地震动力位移响应,可以得到以下研究成果。

(1) 地震作用下,三种截面形式的煤矿巷道结构地震动力位移响应的大小(整体变化趋势)如下:矩形截面>半圆拱形截面>圆形截面,但侧压系数 $\lambda = 3$ 和 $\lambda = 4$ 的工况(埋深 100m)下,圆形煤矿巷道的底板位移稍高于矩形煤矿巷道的底板位移。

(2) 地震作用下,矩形截面的煤矿巷道的位移响应最大,说明矩形巷道容易发生动力破坏,并且其破坏区域相对较大;圆形截面的煤矿巷道相对较稳定,不容易发生失稳破坏。

(3) 随着埋置深度的增加,地震作用下,煤矿巷道的动力位移响应呈现出"急剧下降—平缓下降"的变化趋势,出现不同变化趋势的临界埋置深度为 200~300m。煤矿巷道的地震动力响应出现两阶段不同变化趋势的原因是巷道埋深越深,围岩岩层(体)对其侧向位移有一定的约束作用,限制了其位移响应,煤矿巷道结构的位移响应变化反映了由于周围岩土层介质的存在和约束限制,地下结构的抗震能力要强于地上结构。

(4) 根据截面形状与埋置深度变化对煤矿巷道结构的地震动力响应可以初步发现,随着埋置深度的增加,煤矿巷道的截面形状对其动力响应的影响减小,不同截面形式的煤矿巷道的位移响应趋于一致。

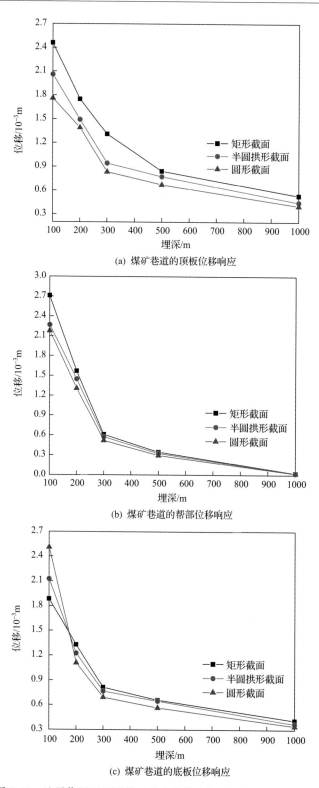

(a) 煤矿巷道的顶板位移响应

(b) 煤矿巷道的帮部位移响应

(c) 煤矿巷道的底板位移响应

图 5.10　地震作用下不同截面形式的煤矿巷道峰值位移 ($\lambda = 3$)

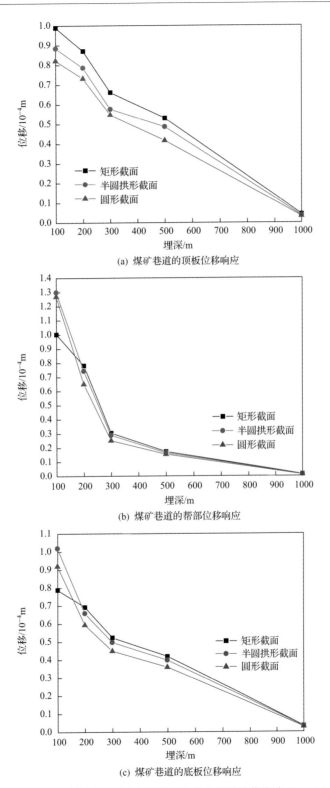

(a) 煤矿巷道的顶板位移响应

(b) 煤矿巷道的帮部位移响应

(c) 煤矿巷道的底板位移响应

图 5.11　地震作用下不同截面形式的煤矿巷道峰值位移 ($\lambda = 4$)

5.3.3 地震作用下地应力对煤矿巷道结构位移响应的影响分析

由于地应力是引起地下结构以及涉及岩土开挖工程破坏和变形的根本作用力[241]，它直接决定了岩土的力学属性，对岩体的物理、力学和化学性能也有较大的影响[242]。如果地应力活动过于剧烈，还有可能会引发地震。所以在分析地震作用下煤矿巷道结构的动力响应时，地应力是不可忽略的因素。

在前两节 5.3.1 和 5.3.2 研究对埋置深度、截面形式对巷道位移响应影响研究的基础上，为了研究地应力对煤矿巷道结构地震动力位移响应的影响，分别探讨了地震作用下同一截面形状的煤矿巷道结构的峰值位移与侧压系数之间的关系如图 5.12～图 5.14 所示。

分析图 5.12 地应力对矩形巷道结构地震动力位移响应的影响可知，随着侧压系数 λ 的增大，圆形巷道结构各个位置的地震动力位移响应逐渐减小，并趋于一致。在地应力的侧压系数 λ≤1(λ=1 和 λ=0.5)时，垂直地应力起控制作用(以自重应力为主)。在巷道

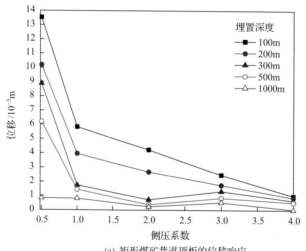

(a) 矩形煤矿巷道顶板的位移响应

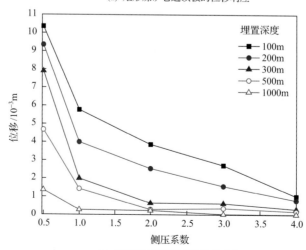

(b) 矩形煤矿巷道巷帮的位移响应

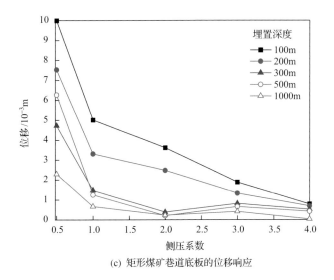

(c) 矩形煤矿巷道底板的位移响应

图 5.12　地应力对矩形巷道结构地震动力位移响应的影响

的埋置深度不变时,矩形巷道的位移响应变化曲线斜率较大,下降较快;随着埋置深度的加大,其动力响应明显减小。当地应力的侧压系数 $\lambda > 1$ 时,水平地应力起控制作用(以水平应力为主),煤矿巷道结构的地震动力响应变化曲线效率较小,减小较慢,同时煤矿巷道的顶板、帮部和底板的位移变化量不大。

综上可以初步判断,在自重应力起控制作用的荷载工况下,煤矿巷道结构的地震动力破坏更为严重;在水平应力起控制作用的工况下,煤矿巷道结构的地震动力破坏则相对较轻。

分析图 5.13 地应力对半圆拱形巷道结构地震动力位移响应的影响可知:半圆拱形巷道的位移响应明显弱于矩形巷道,其变化规律整体趋势与矩形巷道相似,局部略有不同。半圆拱形巷道各个位置的位移响应大小顺序为:顶板>巷帮>底板。在地应力的侧压系数 $\lambda \leqslant 1(\lambda = 1$ 和 $\lambda = 0.5)$ 的情况下,随着煤矿巷道侧压系数 λ 增大,其位移响应迅速降低;当地应力的侧压系数 $\lambda > 1$ 时,随着煤矿巷道侧压系数 λ 增大,其位移响应变化趋势较为平缓。在埋置深度较大时(不小于 300m),在 $\lambda = 2$ 处位移响应会暂时出现一个波谷,之后随着侧压系数 λ 值的增加,煤矿巷道的位移响应会稍微呈现出增加的趋势;当侧压系数 λ 超过 3,其响应曲线又随之增加而降低。由此可以判断:随着地应力的侧压系数 λ 的增大,巷道结构的地震动力响应逐渐平缓。

综上可知,随着地应力的侧压系数 λ 的增加,煤矿巷道结构的地震动力位移响应随之减小。综合对比不同截面形式、不同埋置深度的煤矿巷道结构的地震动力峰值位移响应发现:在地应力起控制作用时,地应力对煤矿巷道结构的动力响应的影响大于埋置深度与截面形状的影响。

通过图 5.14 地应力对圆形煤矿巷道结构地震动力位移响应的影响可知,与其他两种截面形式相比,圆形煤矿巷道的位移响应最小,其位移响应随着侧压系数增加的变化规律与半圆拱形巷道最为接近,随着地应力系数的增加,其整体呈现下降的趋势,但局部稍有

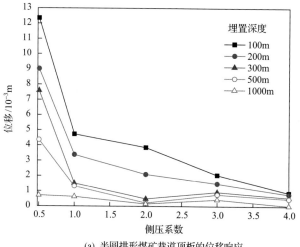

(a) 半圆拱形煤矿巷道顶板的位移响应

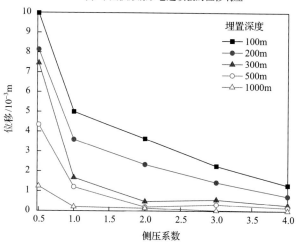

(b) 半圆拱形煤矿巷道巷帮的位移响应

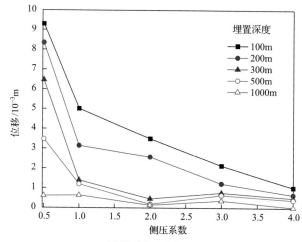

(c) 半圆拱形煤矿巷道底板的位移响应

图 5.13　地应力对半圆拱形巷道结构地震动力位移响应的影响

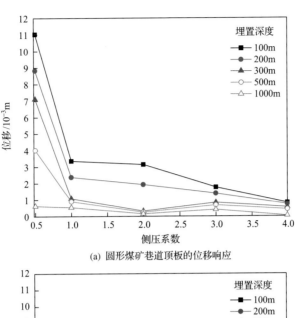

(a) 圆形煤矿巷道顶板的位移响应

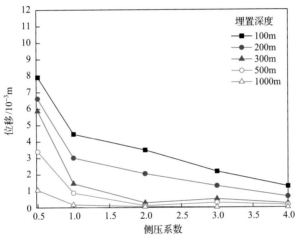

(b) 圆形煤矿巷道巷帮的位移响应

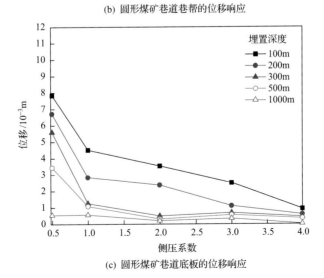

(c) 圆形煤矿巷道底板的位移响应

图 5.14　地应力对圆形煤矿巷道结构地震动力位移响应的影响

增加（$2 \leqslant \lambda \leqslant 1$，埋深不小于 300m）。结合煤矿巷道结构的埋置深度进行对比分析可以发现，浅埋巷道的地震动力位移响应明显强于深埋巷道结构的地震动力位移响应，且其随着侧压系数增加而降低的演化趋势明显；相同埋置深度下，煤矿巷道结构的地震动力位移响应随着侧压系数的增加而减小。

综上可知，随着地应力的侧压系数增加，煤矿巷道结构的地震动力位移响应随之减小，并且与煤矿巷道结构的埋置深度、巷道的截面形式关联不大。由此可以判断，在地应力起控制作用时，地应力对煤矿巷道结构的动力响应的影响大于埋置深度与截面形状的影响。

在地应力的侧压系数 $\lambda \leqslant 1$（垂直地应力起控制作用，以自重地应力为主）时，煤矿巷道结构的地震动力位移响应明显高于 $\lambda > 1$（水平地应力其控制作用，以水平应力为主）时的巷道的位移响应。以上数据说明，垂直地应力对煤矿巷道结构的地震动力响应影响较大，垂直应力越大，煤矿巷道结构的抗震性能越差。

5.4 地震作用下煤矿巷道结构应力演化的影响因素分析

地震作用下，煤矿巷道结构的位移响应是直接的可视化现象，而其内力演化过程可以较好地解释和揭示煤矿巷道地震动力破坏特征与破坏机理的内在原因，根据摩尔-库仑破坏准则（在外力荷载作用下，当围岩材料内部的某处应力满足 $f_s = \sigma_1 - \sigma_3 N_\phi + 2c \sqrt{N_\phi} < 0$ 时，岩石材料发生剪切破坏；当围岩材料内部的某处应力满足 $f_t = \sigma^t - \sigma_3 > 0$ 时，此时岩石材料发生拉伸破坏[106]），可以通过对煤矿巷道的最大主应力及最小主应力的变化对煤矿巷道结构的动力破坏进行判断分析。

5.4.1 地震作用下煤矿巷道结构的埋置深度对峰值主应力的影响

1. 地震作用下煤矿巷道结构的埋置深度对峰值最大主应力的影响分析

分析图 5.15 不同埋置深度的巷道结构的最大主应力响应，可以发现以下规律。

（1）在地应力侧压系数 $\lambda < 1$，巷道的埋置深度不大于 300m 时，巷道的最大主应力 σ_{1max} 减小的趋势整体上变化较快；当地应力侧压系数 $\lambda < 1$，埋置深度大于 300m 时，峰值最大主应力 σ_{1max} 变化趋势变缓。当地应力的侧压系数增大 $\lambda > 1$ 时，埋置深度 500m 处为峰值最大主应力 σ_{1max} 的变化曲线的转折临界点，此时其变化曲线的斜率变小，说明其减小趋势变缓，同时由于地应力的改变，导致最大主应力的变化临界点发生变化，即随着地应力侧压系数 λ 的增大，巷道结构最大主应力变化的临界埋置深度变深。

（2）在同一埋置深度下，在地应力的侧压系数 $\lambda > 1$（水平构造地应力起控制作用）时，巷道的峰值最大主应力 σ_{1max} 要远远大于侧压系数 $\lambda < 1$（自重地应力起控制作用）的峰值最大主应力。

（3）随着埋置深度的增加，巷道的峰值最大主应力 σ_{1max} 随之减小。

综上可知，随着煤矿巷道埋置深度的增加，地震作用下，煤矿巷道的内力响应降低趋势明显；在煤矿巷道的埋置深度（煤层的开采深度）超过 300m 时，随着埋置深度的加深煤

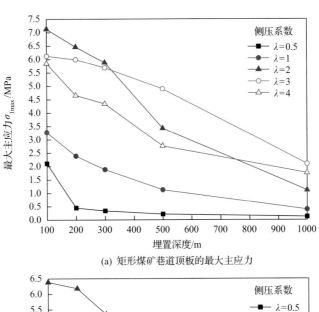

(a) 矩形煤矿巷道顶板的最大主应力

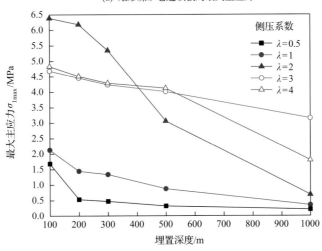

(b) 矩形煤矿巷道巷帮的最大主应力

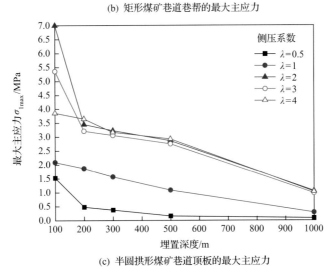

(c) 半圆拱形煤矿巷道顶板的最大主应力

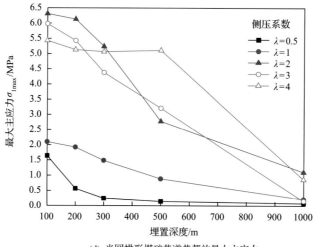

(d) 半圆拱形煤矿巷道巷帮的最大主应力

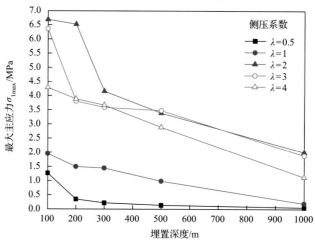

(e) 圆形煤矿巷道顶板的最大主应力

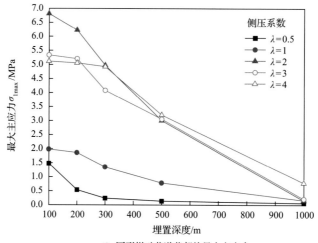

(f) 圆形煤矿巷道巷帮的最大主应力

图 5.15　埋置深度对煤矿巷道结构的峰值最大主应力 σ_{1max} 的影响

矿巷道的地震动力响应减小趋势变缓。由此说明,在一般的工程地质环境下,埋置深度相对较浅的煤矿巷道结构的地震动力破坏相对严重,这主要是因为煤矿巷道的埋置深度较浅时,岩(土)层介质对煤矿巷道结构的约束力较小,并且离地面的距离越近,地震作用下地表的地震动力响应的放大效应就越大,所以,地震作用下浅埋(300m 以内)煤矿巷道结构的动力破坏更为严重。

但是当埋置深度超过 300m,虽然煤矿巷道结构的地震动力响应变缓,但是由于深部煤矿巷道所处的工程地质环境过于复杂,尤其是其"三高一扰动"(高地应力、高渗透压、高地温、开采扰动)的复杂恶劣力学环境[1,243],此时,煤矿巷道-围岩体系处于强烈的非线性力学阶段[1,243],即便是较小的动力扰动都有可能引起煤矿巷道结构的整体动力失稳。如果没有进入深部开采阶段,煤矿巷道结构所处的地质环境较为复杂(软岩环境、断层等)时,煤矿巷道的衬砌结构由于刚度相对较大,所承受的地震荷载也会相对的加大,同样也会加剧地震的动力破坏效应。

2. 地震作用下煤矿巷道的埋置深度对峰值最小主应力的影响分析

通过分析图 5.16 不同埋置深度的煤矿巷道结构的峰值最小主应力 σ_{3max} 可以发现,在地应力的侧压系数 $\lambda \leqslant 1$(以垂直地应力即自重应力为主)时,随着煤矿巷道结构埋置深度的增加,其最小主应力随之减小(不考虑应力的正负),此时,巷道结构的最小主应力小于 0。根据强度破坏函数 $f_t = \sigma' - \sigma_3 > 0$ 可以得到 $f_t > 0$,满足岩体发生拉伸破坏的条件,说明在地震作用下煤矿巷道出现峰值最小主应力的时候,其顶板、底板均处于受拉状态。如果地震荷载所产生的扰动拉应力大于岩层的抗拉强度,此时,煤矿巷道容易发生拉裂破坏;在扰动拉应力作用下,岩层内部的节理、裂隙等结构弱面容易产生错动张开,节理发育、裂隙张开,同样会导致巷道失稳破坏。在水平构造地应力起控制作用时,当巷道埋置深度超过 300m 时,其峰值最小主应力 σ_{3max} 降低的趋势也减小,与自重应力起控制作用时相似,说明埋深过大时,深部岩体的地质力学环境较为复杂,煤矿巷道的地震动力响应较为复杂。

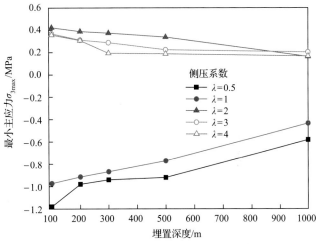

(a) 圆形煤矿巷道顶板的最小主应力

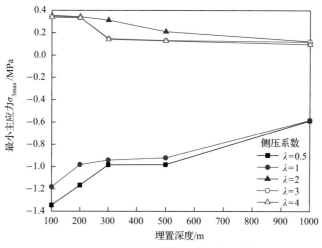

(b) 圆形煤矿巷道底板的最小主应力

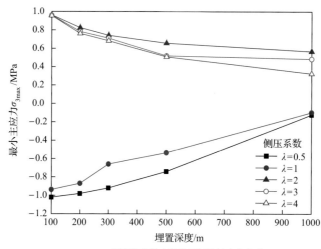

(c) 半圆拱形煤矿巷道顶板的最小主应力

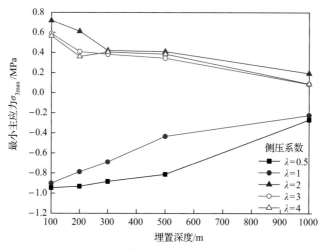

(d) 半圆拱形煤矿巷道底板的最小主应力

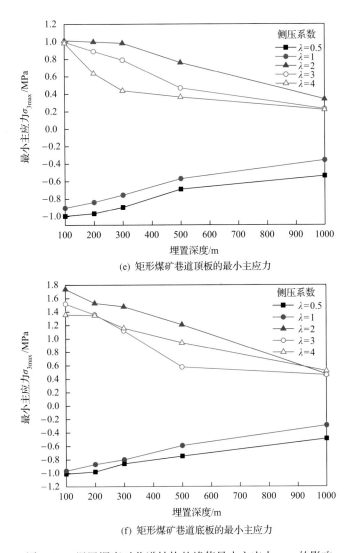

(e) 矩形煤矿巷道顶板的最小主应力

(f) 矩形煤矿巷道底板的最小主应力

图 5.16　埋置深度对巷道结构的峰值最小主应力 σ_{3max} 的影响

当侧压系数 $\lambda > 1$ (以水平构造地应力为主)的情况下,随着煤矿巷道结构埋置深度的增加,其最小主应力随之减小,此时,巷道结构的最小主应力大于 0,可以判断煤矿巷道结构的顶板与底板处于受压状态,由于自重应力远远大于水平构造应力,并且重力作用对于煤矿巷道产生了足够大的压应力("预压应力",类似于"预应力结构"的工作原理),此时,地震对巷道所产生的拉应力不足以抵消岩层自重所产生的压应力,故煤矿巷道结构处于受压状态,如果压力超过岩层的抗压强度,则岩层容易发生剪切破坏,此时煤矿巷道结构容易顶板出现破断坍塌、底板出现底鼓破坏现象。在自重应力起控制作用时,当巷道埋置深度超过 300m 时,其峰值最小主应力 σ_{3max} 降低的趋势较为平缓。

由于岩体抗压强度高于其抗拉强度,具有典型的抗压不抗拉性质,属于脆性材料,由此可以判断,结合"地应力的侧压系数 $\lambda \leqslant 1$(以垂直地应力即自重应力为主)时,岩体处于受拉状态""侧压系数 $\lambda > 1$(以水平构造地应力为主),岩体处于受压状态",所以,侧压系

数 $\lambda \leqslant 1$ 时，巷道结构的动力响应要强于侧压系数 $\lambda > 1$ 的情况，并且在侧压系数 $\lambda \leqslant 1$ 的地应力情况下，煤矿巷道结构更容易发生岩层的张拉破坏而导致巷道失稳破坏。

综合分析扰动荷载作用下煤矿巷道结构的埋置深度对其应力响应的影响可知，随着煤矿巷道结构埋置深度的增加以及地应力侧压系数的增加，煤矿巷道结构的顶板、底板的应力响应均减小。水平构造地应力起控制作用的侧压系数 $\lambda \leqslant 1$ 的工况下，煤矿巷道结构的动力破坏更容易发生。

5.4.2　地震作用下煤矿巷道结构的截面形式对峰值主应力的影响

1. 地震作用下煤矿巷道结构的截面形式对峰值最大主应力的影响

通过分析图 5.17 地震荷载作用下不同截面形式的巷道顶板峰值最大主应力响应曲线可以发现，巷道的截面形式对其顶板的最大主应力的动力响应影响较大，其总体动力响应大小为：矩形巷道＞半圆拱形巷道＞圆形巷道。随着埋置深度的增加，矩形巷道顶板的峰值最大主应力响应减小的趋势较为平缓，圆形巷道顶板的峰值最大主应力则迅速减小，

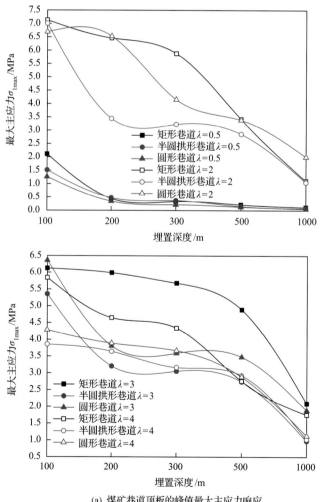

(a) 煤矿巷道顶板的峰值最大主应力响应

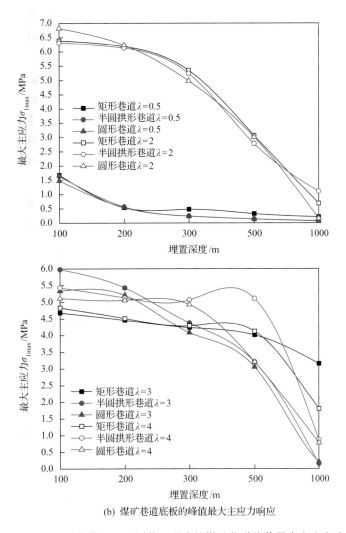

(b) 煤矿巷道底板的峰值最大主应力响应

图 5.17　地震荷载作用下不同截面形式的煤矿巷道峰值最大主应力响应

半圆拱形巷道次之；说明圆形巷道的抗扰动能力要强于半圆拱形巷道及矩形巷道，并且其峰值最大主应力的变化趋势与地应力的侧压系数关联不大。由此可以判断，对于煤矿巷道的峰值最大主应力而言，巷道的截面形式的影响要高于地应力侧压系数的影响。

对比煤矿巷道结构的顶板、底板的峰值最大主应力响应变化曲线容易发现：在地应力的侧压系数较小时（$\lambda = 0.5$），不同截面的煤矿巷道结构的底板和顶板的最大主应力响应曲线较为接近，并且不同截面的巷道的区别度不大；当地应力的侧压系数 λ 增大到 2 时，不同截面的煤矿巷道底板的主应力响应依然区别不大，而顶板的变化差异较大，说明高应力状态下巷道结构的截面形式对顶板的动力响应影响较大，其原因为，与巷道底板相对比，顶板需要承受上覆岩层的重力，并且下部无荷载传递和承载结构，在扰动荷载的作用下，顶板容易发生破坏；随着地应力的侧压系数 λ 的持续增大（$\lambda = 3$ 或者 $\lambda = 4$），顶板的最大主应力响应减小的规律性比较明显，而底板的动力响应变化则相对比较凌乱，说明水平构造地应力对底板的应力响应影响较大。

2. 地震作用下煤矿巷道结构的截面形式对峰值最小主应力的影响

分析图 5.18 地震荷载作用下不同截面形式的巷道峰值最小主应力响应容易发现：峰值最小主应力的变化与最大主应力完全相反，但分析峰值最小主应力的变化趋势需要结合地应力的侧压系数（$\lambda<1$ 时，岩体处于受拉状态，容易发生拉伸破坏；$\lambda>1$，岩体处于受压状态，容易发生剪切破坏）进行探讨。由于岩层属于抗压不抗拉的脆性材料，所以相对而言，岩层在受压的应力状态下更稳定些。

由摩尔-库仑强度屈服准则[108] $f_s=\sigma_1-\sigma_3 N_\phi+2c\sqrt{N_\phi}<0$ 为岩层处于受压状态，此时可知，σ_3 与 f_s 成反比关系。所以由图 5.18 发现，圆形煤矿巷道的最小主应力整体上大于矩形巷道，所以圆形煤矿巷道的动力响应要小于矩形煤矿巷道。

综合分析煤矿巷道截面形式对其动力响应的影响可知，地震作用下矩形截面的煤矿巷道结构的应力动力响应最大，半圆拱形截面煤矿巷道次之，圆形截面的煤矿巷道的应力动力响应最小。

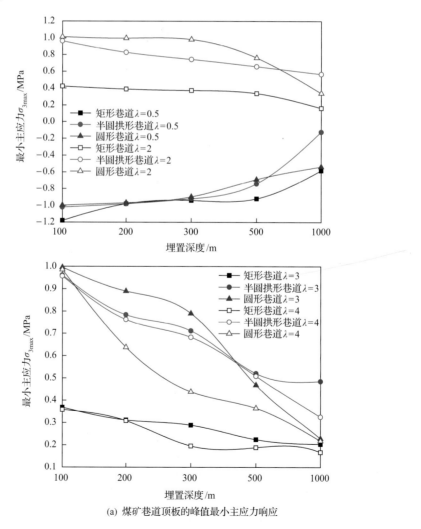

(a) 煤矿巷道顶板的峰值最小主应力响应

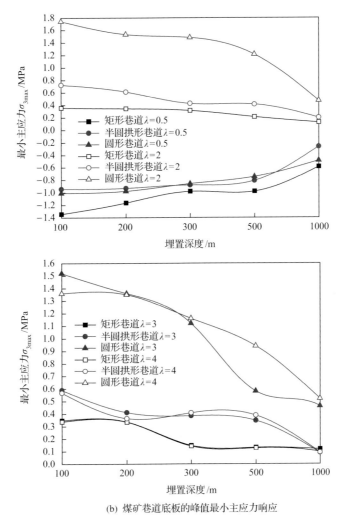

(b) 煤矿巷道底板的峰值最小主应力响应

图 5.18　地震荷载作用下不同截面形式的煤矿巷道峰值最小主应力响应

5.4.3　地震作用下煤矿巷道结构的应力分布

通过分析图 5.19 地震作用下不同深度不同截面形式的煤矿巷道结构的应力分布可知,在煤矿巷道的埋置深度较浅时,煤矿巷道结构的底板、顶板和帮部均出现了高应力集中现象,并且以拉应力为主(红色区域和橙黄色区域),其中矩形煤矿巷道的高应力集中现象的面积所占的比例最大,说明此时矩形煤矿巷道处于极其不稳定状态,容易发生动力失稳现象;半圆拱形巷道的高应力集中现象分布的面积比例次之,且主要集中在巷道的底板及两帮;圆形巷道的高应力集中现象分布的面积最小,主要对称分布于巷道的帮部、顶板与底板。埋置深度较浅的煤矿巷道应力分布主要以正应力为主,说明浅埋煤矿巷道的地震动力响应所发生的破坏主要以张拉破坏为主,张拉破坏可能会造成煤矿巷道的顶板坍塌破坏、底板鼓起开裂,由于煤矿巷道的应力为正的剪切应力,所以,煤浅埋矿巷道结构的地震动力破坏以张拉引起的剪切破坏为主要特征。

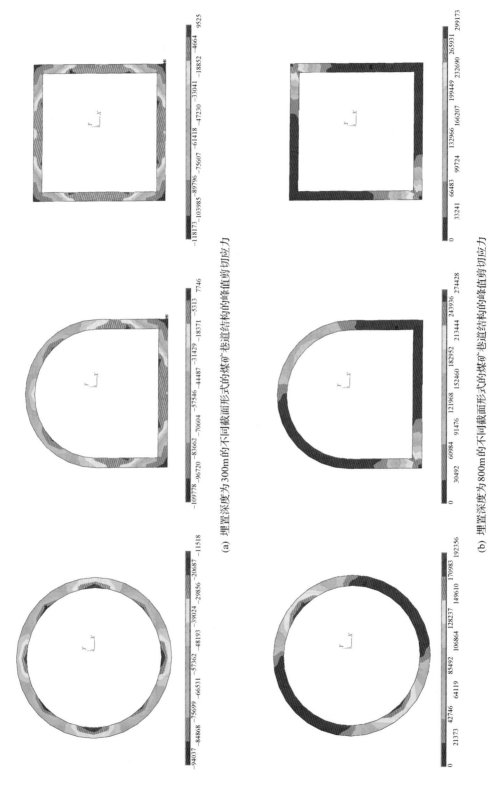

(a) 埋置深度为300m的不同截面形式的煤矿巷道结构的峰值剪切应力

(b) 埋置深度为800m的不同截面形式的煤矿巷道结构的峰值剪切应力

图 5.19 不同深度不同截面形式的煤矿巷道结构的应力分布

　　当煤矿巷道结构的埋置深度增加时,地震作用下,煤矿巷道的应力环境由大面积的拉应力转换为压应力(蓝色区域),并且三种截面形式的煤矿巷道结构所出现的压应力位置基本相同,均为顶板与左侧帮部交汇处、底板与右侧帮部交汇处(图 5.19),其余部位则以小范围的拉应力为主。地震作用下,三种截面形式的煤矿巷道结构的应力分布范围大体一致,说明埋置深度较深时,煤矿巷道的截面形式对其地震动力响应的影响远远小于埋置深度及地应力的影响。在这种以压应力为主、局部拉应力的高应力集中环境下,煤矿巷道容易出现大范围的剪切破坏,并且其表现形式可能为帮部煤块弹射、底板鼓出、顶板下沉等剧烈的动态失稳破坏现象。

5.5　地震荷载对煤矿巷道结构动力响应的影响分析

　　为了清楚地了解煤矿巷道结构的地震动力破坏特征与破坏机理,为煤矿采动区的场地地震稳定性评价提供理论支持[138],有必要探讨地震动特性对煤矿巷道结构的地震动力响应的影响[119],基于结构动力学、工程结构波动理论及《建筑抗震设计规范》(GB50011—2010)可知,地震波可以视为由相位角、频率和幅值均不相同的正弦波叠加组成,在研究地震波作用下巷道结构的动力响应规律前,首先探讨扰动荷载(正弦波)作用下的巷道结构动力响应就显得尤为重要,可以较好地为煤矿巷道结构的地震动力响应的分析研究提供参考和依据。本节主要分析了扰动荷载的不同影响因素(频率、振幅和持续时间)下的煤矿巷道结构的地震动力响应,为研究煤矿地下巷道结构的地震安全性提供参考。

　　基于《中国地震烈度表》(GB/T17742—2008)、《建筑抗震设计规范》(GB50011—2010)可以知道,当地震的地震烈度分别为Ⅷ级、Ⅶ级、Ⅵ级、Ⅴ级时,所对应的设计基本地震加速度值的对应关系见表 5.4。

表 5.4　地震动的基本参数

基本参数	抗震设防烈度			
	Ⅴ	Ⅵ	Ⅶ	Ⅷ
设计基本地震加速度幅值/g	0.125	0.25	0.05	0.10
设计基本地震速度幅值/(cm/s)	3	6	13	25
频率/Hz	0.5,1,2,5,10			
入射角度/(°)	0,15,30,45,60,75,90			
持续时间/s	0.5,1,2,5,10			

　　根据胡聿贤院士的著作《地震工程学》[23]以及王光远院士等编译的著作《结构动力学》[31]可知,地震波通过傅里叶转换可以分解为若干条正弦波,无阻尼体系受到振幅为 p_0、圆频率为 $\bar{\omega}$ 的正弦谐振荷载 $p(t)$ 作用,其运动方程为:$m\ddot{v}(t) + c\dot{v}(t) + kv(t) = p_0\sin\bar{\omega}t$,其特解为:$v_p(t) = C\sin\bar{\omega}t$,式中,$C$ 为振幅;m 为建筑结构的质量;$v(t)$ 为建筑结构的动力位移响应;k 为结构的刚度;$v_p(t)$ 为建筑结构的位移。

5.5.1　地震荷载的峰值速度对煤矿巷道结构动力响应的影响分析

　　一般情况下,地震波的幅值主要以其峰值速度 V_s 的形式来体现,扰动荷载的峰值速

度 V_s 的不同,所引起的煤矿巷道结构的动力响应也不相同,本章主要探讨了在地应力的侧压系数 $\lambda=2$ 的工况下,扰动荷载的峰值速度 V_s 分别为 0.03m/s(Ⅴ 级地震)图 5.20、0.06m/s(Ⅵ 级地震)、0.13m/s(Ⅶ 级地震)、0.25m/s(Ⅷ 级地震)对巷道结构动力响应的影响。

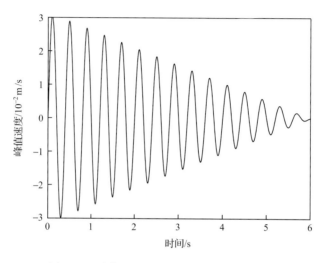

图 5.20　峰值速度为 0.03m/s 的扰动简谐波

分析图 5.21 不同峰值速度(振幅)的地震荷载对煤矿巷道结构位移响应的影响可以发现:

(1) 随着扰动荷载峰值速度(振幅)的增加,煤矿巷道结构的顶板和底板的位移响应随之增大。埋置深度不大于 300m 的煤矿巷道位移响应呈现出"平缓增加—剧烈增加"的变化趋势,说明峰值速度 $V_s \geqslant 0.13$m/s(Ⅶ 级地震)的扰动荷载,可能会导致浅埋煤矿巷道结构(埋置深度不大于 300m)发生动力破坏;当巷道埋深大于 300m 时,煤矿巷道的位移响应呈现出缓慢增加的趋势,其位移响应没有明显突增现象。埋深导致巷道地震动力响应改变的原因与地表土层对地震动力破坏的放大效应以及围岩介质对巷道的约束作用有关。

(2) 随着煤矿巷道埋置深度的增加,其位移动力响应呈现出降低的趋势。在相同峰值速度的扰动荷载影响下,浅埋煤矿巷道的位移响应要大于深埋巷道的位移响应。当煤矿巷道的埋置深度超过某一深度以后(该深度为 300~500m),煤矿巷道的地震动力位移响应相差不大,说明此时巷道的埋置深度对其动力荷载响应的影响相对较弱。

(3) 在埋置深度和扰动荷载的峰值速度相同的情况下,矩形巷道的位移响应要高于圆形巷道和半圆拱形巷道,说明矩形巷道的抗震性能要比圆形巷道和半圆拱形巷道稍差,三种截面形式的煤矿巷道的抗震性能为:圆形巷道>半圆拱形巷道>矩形巷道。

(4) 综合前两节 5.3 及 5.4 煤矿巷道结构的地震动力响应分析发现,随着埋置深度的增加,煤矿巷道的地震动力响应(位移响应、应力响应)减小,即在相同的扰动荷载(地震动)作用下,埋深较小的巷道的动力响应明显要高于埋深较大的煤矿巷道,但是,当巷道的埋置深度大于 300m 时,其动力响应随埋置深度的增加变化较小。由于煤矿巷道结构的稳定性受地应力(地应力的大小与埋深成正比)影响较大,埋深越深巷道所承受的地应力

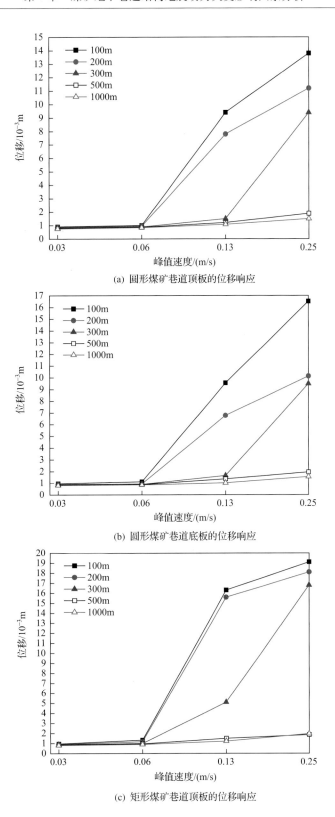

(a) 圆形煤矿巷道顶板的位移响应

(b) 圆形煤矿巷道底板的位移响应

(c) 矩形煤矿巷道顶板的位移响应

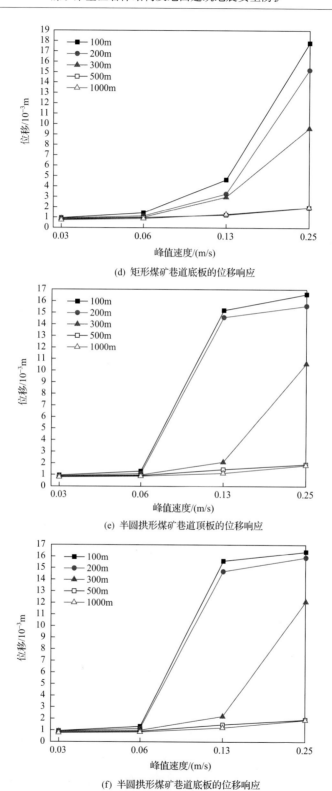

(d) 矩形煤矿巷道底板的位移响应

(e) 半圆拱形煤矿巷道顶板的位移响应

(f) 半圆拱形煤矿巷道底板的位移响应

图 5.21　地震荷载的峰值速度对煤矿巷道结构位移响应的影响

就越大,受到外界扰动荷载的影响,其安全稳定性能就不容易保证,所以,深埋煤矿巷道的抗震性能不一定优于浅埋煤矿巷道的抗震性能。

对于煤矿巷道埋深较浅的(一般指埋深不大于100m),由于其上覆岩(土)层中含有一定厚度的土层,降低了围岩的力学性能,加之土层低频放大、高频滤波效应,所以,此类近地表浅埋煤矿巷道的抗震性能比较差,比埋深在200m和300m左右的煤矿巷道的抗震性能要差很多。通过文献[244]调研及勘察地下洞室的地震破坏现场发现[244]:大部分地下洞室(比例大约为58%)地震破坏的埋深均在50m以下,也较好地验证了上述结论。

5.5.2　地震荷载的频率对煤矿巷道结构动力响应的影响分析

地震波的频率、振幅、持续时间是其三个基本要素[23]。由《建筑抗震设计规范》(GB50011—2010)可知,地震波可以分解为不同振幅、持续时间、频率以及相位角的正弦波。通过分析不同频率的扰动荷载对煤矿巷道结构的动力学响应,有助于了解和确定煤矿巷道-围岩结构体系的动力性能,为煤矿巷道的动力安全性能提供参考和借鉴。

本节主要探讨了不同地震峰值速度 V_s 分别为 0.03m/s(V 级地震),0.06m/s(Ⅵ 级地震)、0.13m/s(Ⅶ 级地震)、0.25m/s(Ⅷ 级地震)影响下的地震荷载频率(0.5Hz、1Hz、5Hz、8Hz、10Hz、20Hz、30Hz、40Hz)的改变,对煤矿巷道结构(其截面形式为圆形,埋深为200m)的位移响应、加速度响应、内力响应等的影响。

分析图 5.22 地震荷载的频率对圆形巷道峰值位移的影响可以发现,在同一地震峰值速度下,随着地震荷载频率的增加,煤矿巷道顶板和帮部的峰值位移整体上呈现出"先增加后减小"的变化趋势。在低频率扰动荷载的影响($f \leqslant 10 \mathrm{Hz}$)下,巷道的峰值位移均高于高频率扰动荷载($f > 10 \mathrm{Hz}$)的位移响应,同时,根据其峰值位移响应变化的趋势以及"共振效应",可以判断出围岩的自振频率处于低频范围内。同时在低频率的范围内,当地震荷载的频率 f 为 1~5 时,煤矿巷道的位移响应明显高于频率 f 为 5~10 时扰动荷载的位移响应,说明低频率的地震荷载的破坏效应较大。当频率 $f = 5 \mathrm{Hz}$ 时,顶板和帮部的峰值位移响应处于局部最大的极值位置,并且顶板的位移响应要强于帮部的位移响应,这与前人的研究结论"煤矿巷道围岩的自振频率为 5~6Hz"[245]相吻合。

扰动荷载的峰值速度对煤矿巷道结构的位移影响较大,当扰动荷载的峰值为 0.03m/s 和 0.06m/s 时,巷道的顶板和帮部的峰值位移响应曲线变化趋势较为平缓,由此可以判断,在地震的震级为 Ⅴ 级和 Ⅵ 级的时候,单纯由于地震能量所引起的巷道动力响应较小,巷道围岩破坏可能多由岩层发生共振效应破坏而导致。

综上可知,低频率的扰动荷载(地震动)对煤矿巷道-围岩结构体系的影响较大,当扰动荷载的频率达到煤矿巷道-围岩结构体系的自振频率时,产生共振破坏效应,此时,煤矿巷道围岩的位移响应达到最大,之后随着扰动荷载频率的持续增加,煤矿巷道的位移响应呈现出降低的趋势,并最终呈现出"平缓变化"的趋势,此现象可以较好地解释低频率的冲击地压(矿震)、摆型波作用下煤矿巷道发生较大冲击破坏现象的原因(低频共振破坏,高震级能量冲击破坏)。扰动荷载的峰值速度较小时,巷道围岩的位移响应相对较低;当扰动荷载的峰值速度增大时,巷道围岩的位移响应迅速增大。

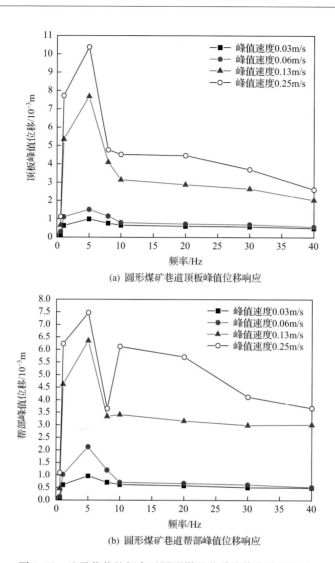

(a) 圆形煤矿巷道顶板峰值位移响应

(b) 圆形煤矿巷道帮部峰值位移响应

图 5.22　地震荷载的频率对圆形煤矿巷道峰值位移的影响

　　通过分析图 5.23 地震荷载的频率对圆形巷道峰值速度的影响可知,随着地震荷载频率的增加,受低频扰动($V_s=0.03\text{m/s},0.06\text{m/s}$)的煤矿巷道的峰值速度响度呈现出"缓慢线性增加"的趋势,高频扰动($V_s=0.13\text{m/s},0.25\text{m/s}$)影响下的煤矿巷道结构的峰值速度则呈现出"先增加后减少,再缓慢增加"的变化趋势,并在 $f=1\text{Hz}$ 处达到地震荷载下本峰值速度的局部最大的极值位置,比峰值位移曲线的局部最大极值出现的早,与煤矿巷道-围岩结构体系的位移共振现象不一致,出现这种现象的原因是在数值计算过程中,煤矿巷道-围岩结构体系(围岩介质)阻尼效应的存在,导致其位移共振和速度共振曲线不完全相同(对于考虑阻尼效应的结构振动系统,结构体系速度达到共振而位移没有达到的原因是:当结构在做受迫振动的过程在其平衡点位置出现速度峰值,此时,振动过程中受到的阻尼力也最大,所以在平衡点位置上,振动系统的最大动能并没有完全转化为系统振动回转点上的势能,即峰值速度的最大值与其位移最大值并不完全吻合)。

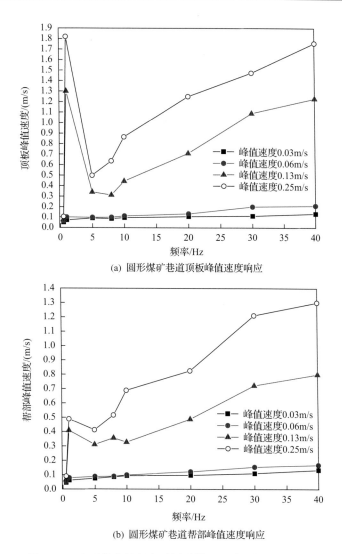

(a) 圆形煤矿巷道顶板峰值速度响应

(b) 圆形煤矿巷道帮部峰值速度响应

图 5.23　地震荷载的频率对圆形煤矿巷道峰值速度的影响

　　扰动荷载的峰值速度对煤矿巷道结构的峰值速度响应影响较大,低频扰动(V_s＝ 0.03m/s,0.06m/s)巷道的顶板和帮部的峰值速度响应曲线的增加变化趋势较为平缓,高频扰动(V_s＝0.13m/s,0.25m/s)巷道的顶板和帮部的峰值速度响应曲线则呈现出"迅猛增加"的演化趋势,由此可以初步判断,在地震的震级为Ⅴ级和Ⅵ级的时候,巷道围岩的破坏多为共振效应引起的。当发生强震时,除了发生共振效应破坏外,地震的巨大灾害能量发生运移,所产生的扰动荷载超过了岩层的抗压(拉)强度,导致岩层破断巷道失稳破坏。

　　在动力荷载作用下,煤矿巷道的混凝土衬砌结构需要承受上覆岩层的压力,在有限元数值计算中,采用 BEAM 单元来实现对混凝土衬砌结构的模拟,在计算分析过程中所承受的峰值轴力如图 5.24 所示。

　　分析图 5.24 地震荷载的频率对圆形煤矿巷道结构的衬砌峰值轴力的影响可知,随着扰动荷载频率的增加,受低频扰动(V_s＝0.03m/s,0.06m/s)的煤矿巷道顶板衬砌的峰值轴力响应呈现出"缓慢线性增加"的趋势,高频扰动($V_s=0.13\text{m/s},0.25\text{m/s}$)影响下的煤矿巷道顶板衬砌的峰值轴力则呈现出"迅速增加—急剧下降—缓慢增加"的变化趋势,顶板峰值轴力的动力响应与其速度响应一致,在 $f=1\text{Hz}$ 处巷道顶板和帮部峰值轴力达到扰动荷载下的局部最大的极值位置。帮部的峰值轴力响应与顶板轴力响应的在高频扰动($V_s=0.13\text{m/s},0.25\text{m/s}$)效应下的变化趋势比较吻合,但是在低频扰动($V_s=0.03\text{m/s},0.06\text{m/s}$)下差别较大:顶板衬砌的峰值轴力随着扰动荷载频率的增加而增加,而底板帮部衬砌的峰值轴力则几乎没有变化,其轴力维持在 0.1MN 以下,说明在低频扰动荷载($V_s=0.03\text{m/s},0.06\text{m/s}$)作用下,煤矿巷道的衬砌结构的主要受力部位为顶板,而其底板帮部的衬砌结构的受力则相对较弱。在高频扰动荷载作用下,顶板和帮部的衬砌受力均随着扰动荷载频率的增加而迅速增大,所以,需要对煤矿巷道的衬砌结构的力学性能予以足够重视,以保证煤矿巷道的动力安全性能。

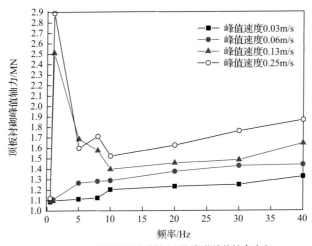

(a) 圆形煤矿巷道衬砌顶板部位峰值轴力响应

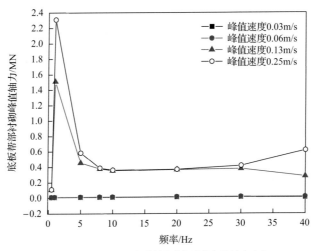

(b) 圆形煤矿巷道衬砌底板峰值部位轴力响应

图 5.24　地震荷载的频率对圆形煤矿巷道衬砌峰值轴力的影响

5.5.3　地震荷载的持续时间对煤矿巷道结构动力响应的影响分析

通过分析图5.25侧压系数λ＝2时不同持续时间的地震荷载对煤矿巷道结构位移响应的影响可以发现。

（1）随着扰动荷载持续时间的增加，浅埋煤矿巷道结构（埋深小于300m）呈现出"平缓增加—迅猛增加"的两阶段增加趋势，长持时（20s）扰动荷载影响下的浅埋圆形巷道顶板（埋深等于200m）峰值位移响应（3.23mm）为短持时（1s）扰动荷载影响下的浅埋圆形巷道峰值位移响应（0.18mm）的17.9倍。深埋煤矿结构（埋深不小于300m）则为平缓的线性增加趋势，长持时（20s）扰动荷载影响下的圆形浅埋圆形巷道峰值位移响应为短持时（1s）扰动荷载影响下的浅埋圆形巷道峰值位移响应的3～4倍。由此可以判断，仅考虑扰动荷载作用下（暂不考虑地应力），浅埋煤矿巷道结构的动力响应要远远高于埋深巷道的动力响应。此类现象出现的原因主要是：①扰动荷载所产生的扰动波（地震波）在地表的放大效应，加剧了近地表浅埋煤矿巷道的动力响应；②煤矿巷道的埋置深度较深时，岩

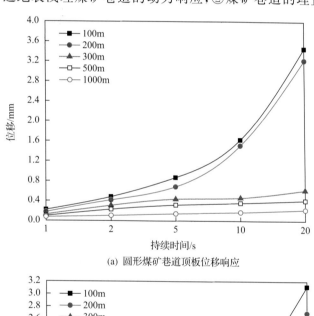

(a) 圆形煤矿巷道顶板位移响应

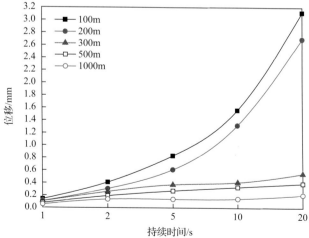

(b) 圆形煤矿巷道底板位移响应

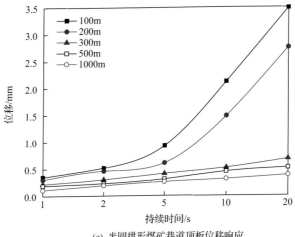

(c) 半圆拱形煤矿巷道顶板位移响应

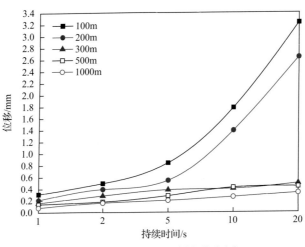

(d) 半圆拱形煤矿巷道底板位移响应

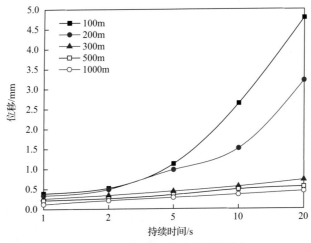

(e) 半圆拱形煤矿巷道顶板位移响应

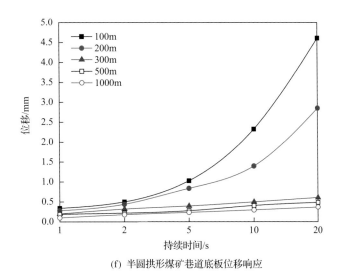

(f) 半圆拱形煤矿巷道底板位移响应

图 5.25　不同持续时间的地震荷载对煤矿巷道结构位移响应的影响 ($\lambda = 2$)

(土)层介质对煤矿巷道结构具有较强的约束作用,可以降低煤矿巷道结构的地震动力响应。以上两方面是深埋煤矿巷道的地震动力响应小于浅埋巷道结构的动力响应的原因,但并不能代表深埋巷道的地震破坏效应一定小于浅埋煤矿巷道的地震震害。

(2) 对比三种截面形式的煤矿巷道结构的动力响应发现,对于深埋煤矿巷道,其峰值位移响应差别不大,说明煤矿巷道的截面形式对于深部煤矿巷道的动力响应的影响较小;而对于浅埋煤矿巷道而言,三种截面形式煤矿巷道的位移响应大小为:矩形巷道>半圆拱形巷道>圆形巷道,说明浅埋巷道中圆形截面的巷道的抗震性能较好。

(3) 对于同一深度、同一截面形式的煤矿巷道而言,煤矿巷道的顶板位移响应要稍高于底板的位移响应,说明在扰动荷载的作用下顶板容易发生失稳破坏,需要对顶板进行加固支护,以保证煤矿巷道的动力稳定安全性能。

5.6　本 章 小 结

本章通过有限元数值计算分析,研究了煤矿巷道结构的地震动力响应,探讨了不同截面形状的煤矿地下巷道结构的地震动力破坏特征及影响因素。主要研究了地震作用下煤矿巷道结构的埋置深度、截面形式、地应力、地震波(峰值速度、频率、持续时间)对煤矿巷道结构的动力响应(位移、应力)的影响,初步得到了以下研究成果。

(1) 与深埋煤矿巷道相比,近地表浅埋煤矿巷道的抗震性能相对较差,随着埋置深度的增加,煤矿巷道的地震动力响应(位移响应、应力响应)减小;当巷道的埋置深度大于300m 时,其动力响应随埋置深度的增加变化减小。由于煤矿巷道结构的稳定性受地应力影响较大,埋深越深煤矿巷道所承受的地应力就越大,受外界扰动荷载的影响,其安全稳定性能就不容易保证,所以,深埋煤矿巷道的抗震性能不一定优于浅埋煤矿巷道的抗震性能。

（2）圆形截面的煤矿巷道的抗震性能相对较好，半圆拱形巷道次之，矩形巷道的抗震性能最弱。随着埋置深度的增加，巷道的截面形状对其动力响应的影响减小，不同截面形式的巷道的位移响应趋于一致。

（3）随着地应力的侧压系数的增加，相同埋置深度下的煤矿巷道结构的地震动力位移响应随之减小，综合对比不同截面形式、不同埋置深度的煤矿巷道结构的地震动力峰值位移响应发现，在地应力起控制作用时，地应力对煤矿巷道结构地震动力响应的影响高于埋置深度与截面形状的影响，即煤矿巷道结构的稳定性受地应力（地应力的大小与埋深成正比）影响较大，埋深越深巷道所承受的地应力就越大，受外界扰动荷载的影响，其安全稳定性能就不容易保证。

（4）随着地震荷载峰值速度（振幅）的增加，煤矿巷道结构的顶板和底板的位移响应随之增大。在相同峰值速度的地震荷载影响下，浅埋煤矿巷道的动力响应要大于深埋煤矿巷道的动力响应。当煤矿巷道的埋置深度超过某一深度以后（该深度为 300～500m），不同埋深的煤矿巷道的地震动力响应相差不大。

（5）随着地震荷载频率的增加，煤矿巷道顶板和顶板的峰值位移响应上呈现出"先增大后减小，再缓慢增大"的变化趋势。低频率的扰动荷载（地震动）对巷道-围岩结构体系的影响较大，当扰动荷载的频率达到巷道-围岩结构体系的自振频率时，产生共振效应，此时，巷道围岩的位移响应达到最大，之后随着扰动荷载频率的持续增加，煤矿巷道的动力响应呈现出降低的趋势，并最终呈现出平缓变化的趋势，此现象可以较好地解释低频率的冲击地压（矿震）、摆型波作用下煤矿巷道发生较大冲击破坏现象的原因（低频共振破坏，高震级能量破坏）。

（6）随着地震荷载持续时间的增加，浅埋煤矿巷道结构的动力响应呈现出"平缓增加—迅猛增加"的两阶段增加趋势，当煤矿巷道的埋置深度加深时，其动力响应越来越平缓，出现以上现象的原因主要是：①扰动荷载所产生的扰动波（地震波）在地表的放大效应，加剧了近地表浅埋煤矿巷道的动力响应；②煤矿巷道的埋置深度较深时，岩（土）层介质对煤矿巷道结构具有较强的约束作用，可以降低煤矿巷道结构的地震动力响应。

第 6 章　考虑围岩损伤效应的煤矿巷道结构地震灾变分析

6.1　引　　言

煤矿巷道所处的地下岩层环境,大部分岩层介质均具有初始缺陷或者结构弱面,如果不考虑岩(土)层介质的结构弱面,将其完全视为均质、弹性介质,所建立的分析模型不能较好地反映实际的力学环境,并且地下煤炭的开采活动,破坏了岩层的应力平衡状态,会发生应力重新分布现象。煤炭开采后形成的煤矿采空区及巷道结构附近的围岩,不可避免地要发生移动变形、破断塌落现象,此时,如果还停留在将岩(土)层介质视为均质、弹性介质,则其结果会有一定的误差。

在煤矿开采扰动活动的影响下,岩层介质的初始缺陷或者结构弱面在外力荷载作用下会发展演化,微小裂纹会发展成较大的裂缝,导致岩体发生严重的损伤劣化现象。在前人研究的基础上[246]发现岩层的损伤劣化主要体现在岩体的强度降低、刚度劣化两个方面,岩体发生损伤劣化后,会导致其发生一系列的物理力学性能的变化,所以非常有必要研究外力扰动作用下煤矿巷道围岩介质损伤后其动力响应的变化。本章基于损伤力学的基本理论,通过分析计算岩体损伤后的强度降低、刚度劣化所引起的损伤区域的应力场分布,重点研究地震作用下煤矿巷道-围岩结构体系不同位置的动力学响应差异,考虑损伤效应的围岩介质的动力性能,以期为煤矿巷道的地震动力安全提供参考。

6.2　扰动荷载作用下煤矿巷道结构围岩介质的损伤分析

煤矿开采过程中不可避免地要引起岩层发生移动变形,导致岩层发生损伤劣化现象。扰动荷载作用下岩层的物理力学性能发生变化,主要体现在其强度降低、刚度劣化等方面[247]。

为了分析岩体的损伤劣化,需要分别对其强度降低劣化和刚度劣化分别进行研究探讨。假设岩体为各向同性的均匀介质,此时定义岩体的刚度劣化系数[246]为

$$\omega = \frac{\Delta E}{E} = \frac{E - E_\mathrm{p}}{E} \tag{6.1}$$

式中,E 为岩体弹性变化区域内的刚度;E_p 为岩体损伤劣化区域内的刚度,并假设 E 和 E_p 满足 $E_\mathrm{p} = E(1-\omega)$。

扰动荷载作用下,岩体发生损伤劣化时,其强度满足

$$\sigma = \sigma_\mathrm{c} - \lambda_\mathrm{s}(\varepsilon - \varepsilon_\mathrm{c}) \tag{6.2}$$

式中，σ 为岩体损伤劣化区域内的强度；σ_c 为岩体未发生损伤劣化时的强度；ε_c 为岩体强度为 σ_c 时所对应的应变；ε 为岩体损伤劣化区域内的强度 σ 所对应的应变；λ_s 为岩体损伤劣化区域内的劣化模量。

基于 Lemitre 等效应力原理[229]可以知道

$$\sigma = E(1-\omega)\varepsilon \tag{6.3}$$

对式(6.3)进行等量代换可得

$$\omega = \left(1+\frac{\lambda_s}{E}\right)\left(1-\frac{\varepsilon_c}{\varepsilon}\right) \tag{6.4}$$

通过分析式(6.4)可以发现，外界扰动荷载影响下，随着岩体应变的持续增加，此时，岩体损伤区域内的刚度劣化系数也随之逐渐增大。由于岩体一般多处于三向应力的环境中，此时，用等效应力 ε_{cr} 来等量代换 ε，可得

$$\varepsilon_{cr} = \frac{\sqrt{2}}{3}\sqrt{(\varepsilon_1-\varepsilon_2)^2+(\varepsilon_2-\varepsilon_3)^2+(\varepsilon_3-\varepsilon_1)^2} \tag{6.5}$$

式中，ε_{cr} 为等效应变；ε_1 为 x 方向上的应变；ε_2 为 y 方向上的应变；ε_3 为 z 方向上的应变。

假设在岩体的损伤劣化区域会产生一定的扩容现象[1,246]，此时设岩体的梯度为 Θ_p，此时，外力扰动作用下，岩层的塑性区所发生的应变需要满足

$$\varepsilon_r^p = -\Theta_p\varepsilon_\theta^p \tag{6.6}$$

式中，ε_r^p 为岩层塑性损伤区域发生的径向应变；ε_θ^p 为岩层塑性损伤区域发生的切向应变。

基于弹性力学的相关理论可以知道，其满足几何变形协调方程 $\varepsilon_r = \frac{du}{dr}$ 和 $\varepsilon_\theta = \frac{u}{r}$，其中，$\varepsilon_r$ 为岩层损伤区域的径向应变；ε_θ 为岩层损伤区域的切向应变。此时，可以得到，岩层塑性损伤区域的几何方程为

$$\frac{du}{dr} + \Theta_p\frac{u}{r} = 0 \tag{6.7}$$

式中，u 为岩层发生塑性损伤前后半径的变化率，m；r 为发生塑性损伤的半径，m。

由于岩层的弹性区域与塑性损伤区域满足方程 $\varepsilon_{cr} = \varepsilon_c$，所以，通过求解式(16.7)可以得到，岩体发生损伤后，其刚度劣化系数的计算公式为

$$\omega = \left(1+\frac{\lambda_s}{E}\right)\left(1-\frac{r^2}{R_p^2}\right) \tag{6.8}$$

式中，R_p 为岩体发生塑性损伤的区域的半径，m。

由于岩体不可避免地存在各种结构弱面(节理、微小裂纹、裂隙等)[246]，所以对式(6.8)进行修正，以保证其尽可能地满足实际条件，此时可得

$$\omega = \left(1+\frac{\lambda_s}{E}\right)\left(1-\alpha\frac{r^2}{R_p^2}\right) \quad (0<\alpha<1) \tag{6.9}$$

式中，α 为岩体损伤劣化后的残余强度的调整系数。

式(6.9)即为岩体发生损伤后的刚度劣化计算系数。

外界扰动荷载作用下,岩体发生损伤后不仅体现在其刚度发生劣化,同时岩体也会出现强度降低劣化的现象,此时岩体强度降低的本质主要是因为岩体发生损伤后黏聚力 C 变小,由于岩体的内摩擦角一般变化较小,此时,假设岩体发生损伤后岩层的塑性损伤区的内摩擦角满足 $\varphi = \varphi_0$,定义 φ_0 为岩体没有发生损伤现象时的摩擦角,C_0 为岩体没有发生损伤现象时的黏聚力,要求岩体在发生塑性损伤后其黏聚力的变化满足以下计算公式[1,246]

$$C_{\mathrm{p}} = C_0 \left(1 - \xi \frac{R_{\mathrm{p}} - r}{\Delta R} \right) \tag{6.10}$$

由式(6.10)可以发现,岩体在塑性损伤区域的黏聚力 $C_{\mathrm{s}} = C_0(1 - \xi)$;

式中,C_{p} 为岩体发生塑性损伤后的黏聚力;R_{s} 为岩体塑性损伤区域的半径,要求岩体的塑性损伤区域满足 $\Delta R = R_{\mathrm{p}} - R_{\mathrm{s}}$ 关系;ξ 为岩体的塑性损伤区域的强度衰减系数。

通过第 5 章的分析可以知道,圆形煤矿巷道的抗震能力较为理想,所以,设在矿区垂直地应力为 σ_0、水平地应力为 $\lambda\sigma_0$(λ 为侧压力系数)的应力环境作用下,半径为 R_0 的圆形煤矿巷道结构所发生的初始损伤为:$D_0 = 1 - \omega_0$,岩层弹性区与塑性区交界的径向应力为 $\sigma_{\mathrm{r}}^{\mathrm{pe}}$,基于 Lemitre 等效应力原理[229]进行求解,可以得到岩层塑性损伤区域的径向应力为

$$\sigma_{\mathrm{r}}^{\mathrm{e}} = \frac{(1+\lambda)\sigma_0}{2D_0} \left(1 - \frac{R_{\mathrm{p}}^2}{r^2} \right) - \frac{(1-\lambda)\sigma_0}{2D_0} \left(1 - \frac{4R_{\mathrm{p}}^2}{r^2} + \frac{3R_{\mathrm{p}}^4}{r^4} \right)\cos 2\theta + \frac{\sigma_{\mathrm{r}}^{\mathrm{pe}}}{D_0}\frac{R_{\mathrm{p}}^2}{r^2} \tag{6.11}$$

岩层塑性损伤区域的切向应力为

$$\sigma_{\theta}^{\mathrm{e}} = \frac{(1+\lambda)\sigma_0}{2D_0} \left(1 + \frac{R_{\mathrm{p}}^2}{r^2} \right) + \frac{(1-\lambda)\sigma_0}{2D_0} \left(1 + 3\frac{R_{\mathrm{p}}^4}{r^4} \right)\cos 2\theta - \frac{\sigma_{\mathrm{r}}^{\mathrm{pe}}}{D_0}\frac{R_{\mathrm{p}}^2}{r^2} \tag{6.12}$$

令 $\sigma_{\mathrm{r}}^{\mathrm{pe}} = p_0$($p_0$ 为考虑煤矿巷道支护时的支护力),$R_{\mathrm{p}} = R_0$,$r = R_0$,基于摩尔-库仑强度破坏准则,可得

$$\eta \frac{\sigma_{\mathrm{r}}^{\mathrm{p}}}{1-\omega} + C_{\mathrm{P}}\kappa = \frac{\sigma_{\theta}^{\mathrm{p}}}{1-\omega} \tag{6.13}$$

式中,$\sigma_{\theta}^{\mathrm{p}}$ 为岩层塑性损伤区域的切向应力,MPa;$\sigma_{\mathrm{r}}^{\mathrm{p}}$ 为岩层塑性损伤区域的径向应力,MPa;$\eta = \dfrac{1+\sin\varphi}{1-\sin\varphi}$,$\kappa = \dfrac{2\cos\varphi}{1-\sin\varphi}$,对公式进行求解可以得到

$$\sigma_0 = \sigma_{\mathrm{cr}}^{\mathrm{p}} = \frac{(1+\eta)p_0 + C_0\kappa D_0^2}{(1+\lambda) + 2(1-\lambda)\cos 2\theta} \tag{6.14}$$

由式(6.14)可以得到,扰动荷载作用下,当岩层中的初始应力 $\sigma_0 \leqslant \sigma_{\mathrm{cr}}^{\mathrm{p}}$ 时,煤矿巷道结构周围的岩层将不会出现塑性损伤区域。

基于弹性力学的几何变形协调方程及岩层中的未发生损伤的区域的切向应变可得

$$\varepsilon_{\theta} = (1-\mu^2)\frac{\sigma_{\theta}^{\mathrm{e}} - \mu\sigma_{\mathrm{r}}^{\mathrm{e}}}{E} \tag{6.15}$$

式中,μ 为弹性变形协调方程中的调整系数。

由此可以得到,扰动荷载作用下岩层损伤时所发生的位移为

$$u^e = \frac{1+\mu}{ED_0^2}\left(\left[1-\mu(1+\lambda)\right]\sigma_0 r + \left[\frac{(1+\lambda)\sigma_0}{2} - \sigma_r^{pe} - 2\mu(1-\lambda)\sigma_0\cos2\theta\right]\frac{R_p^2}{r} + \frac{3(1-\lambda)\sigma_0}{2}\right)$$

(6.16)

假设煤矿巷道的围岩介质只是出现塑性损伤区域,而不发生塑性流动现象时,则可以知道以下平衡关系:$R_s = R_0$,令 $\sigma_{c0} = C_0\kappa$,联立式(6.7)、式(6.10)及岩层的应力平衡方程 $\frac{d\sigma_r^p}{dr} + \frac{\sigma_r^p - \sigma_\theta^p}{r} = 0$,同时考虑到岩层发生塑性损伤时的边界条件满足 $\sigma_r^p(R_0) = p_0$,可以得到,岩层的塑性损伤区域的应力为

$$\sigma_r^p = \sigma_{c0} \times \left[\begin{array}{c} \frac{1}{2-\eta}\left(1+\frac{\lambda_s}{E}\right)\frac{\alpha}{R_p^2}\left(1-\zeta\frac{R_p}{R_p-R_0}\right)r + \frac{\zeta}{(3-\eta)(R_p-R_0)}\left(1+\frac{\lambda_s}{E}\right) \\ -\frac{\zeta}{(1-\eta)(R_p-R_0)}\times\frac{\lambda_s}{E} + \frac{1}{\eta}\left(1-\zeta\frac{R_p}{R_p-R_0}\right)\times\frac{\lambda_s}{E}\times\frac{1}{r} \end{array}\right] + \psi_p r^{n-1}$$

(6.17)

其中

$$\psi_p = p_0 R_0^{1-n} - \sigma_{c0} \times \left[\begin{array}{c} \frac{1}{2-\eta}\left(1+\frac{\lambda_s}{E}\right)\frac{\alpha}{R_p^2}\left(1-\zeta\frac{R_p}{R_p-R_0}\right)R_0 + \frac{\zeta}{(3-\eta)(R_p-R_0)}\left(1+\frac{\lambda_s}{E}\right) \\ \frac{\alpha}{R_p^2}R_0^2 - \frac{\zeta}{(1-\eta)(R_p-R_0)}\times\frac{\lambda_s}{E} + \frac{1}{\eta}\left(1-\zeta\frac{R_p}{R_p-R_0}\right)\times\frac{\lambda_s}{E}\times\frac{1}{R_0} \end{array}\right]$$

(6.18)

联立式(6.6)、式(6.7)、式(6.10)可得

$$\sigma_\theta^p = \eta\sigma_r^p + C_0\kappa\left(1-\zeta\frac{R_p-r}{R_p-R_0}\right)\left[\left(1+\frac{\lambda_s}{E}\right)\times\alpha\times\frac{r^2}{R_0^2} - \frac{\lambda_s}{E}\right]$$

(6.19)

将 $r = R_p$ 代入式(6.8)~式(6.10)可以得到,岩层弹性区域与塑性损伤区域的交界面上的径向应力

$$\sigma_r^{pe} = \frac{1}{1+\eta}\left[(1+\beta)\sigma_0 + 2(1-\beta)\sigma_0\cos2\theta - C_0\kappa D_0^2\right]$$

(6.20)

式中,ζ 为岩层损伤区域的强度衰减系数;$y = \frac{1+\sin\varphi}{1-\sin\varphi}$ 为支护强度的调整系数;ψ_p 为岩层损伤劣化区域的强度。

假设煤矿巷道的围岩介质在塑性损伤处发生塑性流动破坏现象时,需要满足

$$\omega = \omega_c = \left(1+\frac{\lambda_s}{E}\right)\left(1-\alpha\times\frac{R_0^2}{R_p^2}\right)$$

(6.21)

由此可以得到

$$R_p = R_0\sqrt{\frac{\alpha(E+\lambda_s)}{\lambda_s+(1-\omega_c)E}} = \Phi R_0$$

(6.22)

式中,ω_c 为岩体发生塑性流动时的刚度劣化系数;Φ 为岩体损伤劣化半径的调整系数。

根据式的边界条件 $\sigma_r^p(R_p) = \sigma_r^{pe}$，结合式(6.22)进行求解，可以计算得到岩层所发生的塑性损伤流动的条件为

$$\sigma_0 = \sigma_{cr}^s = \frac{\Delta + C_0 \kappa D_0^2}{(1+\beta) + 2(1-\beta)\cos 2\theta} \tag{6.23}$$

$$\Delta = (1+\eta)\left\{ p_0 \Phi^{r-1} + \frac{\sigma_{c0}}{R_0}\left[(a_1 + a_4)\Phi^{-1} + (a_3 - a_4)\Phi^{r-1} - (a_1 + a_2)\Phi^{r-3} + a_2 - a_3 \right] \right\} \tag{6.24}$$

式中，$a_1 = \dfrac{\alpha}{2-\eta}\left(1 + \dfrac{\lambda_s}{E}\right)\left(1 - \dfrac{\Phi\zeta}{\Phi-1}\right)$，$a_2 = \dfrac{\alpha\zeta}{(3-\eta)(\Phi-1)}\left(1 + \dfrac{\lambda_s}{E}\right)$，$a_3 = \dfrac{\zeta}{(1-\eta)(\Phi-1)}\dfrac{\lambda_s}{E}$，$a_4 = \dfrac{1}{\eta}\left(1 - \dfrac{\Phi\zeta}{\Phi-1}\right)\dfrac{\lambda_s}{E}$。

当岩层中的应力条件为 $\sigma_{cr}^p < \sigma_0 < \sigma_{cr}^s$ 时，煤矿巷道围岩发生弹塑性软化损伤现象。

根据岩层塑性损伤软化的位移变形协调方程 $u^e = u^p$，可以得到，岩层发生塑性损伤软化现象时，塑性软化区的位移为

$$u^p = A_p R_p^{1+\Theta_p} r^{-\Theta_p} \tag{6.25}$$

式中，令 $A_p = \dfrac{1+\mu}{ED_0}(A_1 + A_2 + A_3)$，$A_p$ 为岩层塑性软化区的位移调整系数；A_1、A_2、A_3 分别为 x、y、z 方向上的位移调整系数。

根据前面的计算可知，当 $\sigma_0 > \sigma_{cr}^s$ 时，煤矿巷道的围岩介质将发生塑性损伤现象，并且会产生塑性损伤流动区域。此时，假设岩层发生塑性损伤流动后所产生的扩容梯度为 Θ_s，此时，岩层所产生的塑性应变需要满足为

$$\varepsilon_r^s = -\Theta_s \varepsilon_\theta^s \tag{6.26a}$$

式中，ε_r^s 为岩层发生塑性损伤后，其塑性损伤流动区域的径向应变；ε_θ^s 为岩层发生塑性损伤后，其塑性损伤流动区域的切向应变。

并且岩层的塑性损伤流动区域满足方程

$$\frac{\mathrm{d}u}{\mathrm{d}r} + \frac{\Theta_s u}{r} = 0 \tag{6.26b}$$

对上式进行求解，可以得到岩层发生塑性损伤后，其软化区域与流动区域的界面需要满足位移连续性条件 $u^s = u^p$，对该式进行求解可以得到，岩层塑性流动区位移为

$$u^s = A_p R_p^{1+\Theta_p} R_s^{\Theta_s - \Theta_p} r^{-\Theta_s} \tag{6.27}$$

煤矿巷道结构表面所发生的位移为

$$u^s(R) = A_p R_p^{1+\Theta_p} R_s^{\Theta_s - \Theta_p} R_0^{-\Theta_s} \tag{6.28}$$

要求岩层在产生塑性损伤时满足摩尔-库仑准则，可以得到

$$\sigma_\theta^s = \eta \sigma_r^s + C_s \kappa (1 - \omega_c) \tag{6.29}$$

式中，σ_θ^s 为岩层塑性损伤切向应力，MPa；σ_r^s 为岩层塑性损伤径向应力，MPa。

利用边界条件 $\sigma_{\mathrm{r}}^{\mathrm{s}}(R_0) = p_0$ 进行求解,可以得到

$$\sigma_{\mathrm{r}}^{\mathrm{s}} = \frac{C_{\mathrm{s}}\kappa(1-\omega_{\mathrm{c}})}{1-\eta} + \left[p_0 - \frac{C_{\mathrm{s}}\kappa(1-\omega_{\mathrm{c}})}{1-\eta} \right] R_0^{1-n} r^{n-1} \tag{6.30}$$

$$\sigma_{\theta}^{\mathrm{s}} = \frac{C_{\mathrm{s}}\kappa(1-\omega_{\mathrm{c}})}{1-\eta} + \eta \left[p_0 - \frac{C_{\mathrm{s}}\kappa(1-\omega_{\mathrm{c}})}{1-\eta} \right] R_0^{1-n} r^{n-1} \tag{6.31}$$

由此可以得到,岩层发生塑性损伤后,其软化区域与流动区域的界面上的径向应力为

$$\sigma_{\mathrm{r}}^{\mathrm{ps}} = \frac{C_{\mathrm{s}}\kappa(1-\omega_{\mathrm{c}})}{1-\eta} + \left[p_0 - \frac{C_{\mathrm{s}}\kappa(1-\omega_{\mathrm{c}})}{1-\eta} \right] R_0^{1-n} r^{n-1} \tag{6.32}$$

6.3　地震作用下煤矿巷道动力响应分析

6.3.1　有限元数值计算分析模型

在前文 6.2 节理论分析的基础上,建立了煤矿巷道及围岩介质的整体有限元数值计

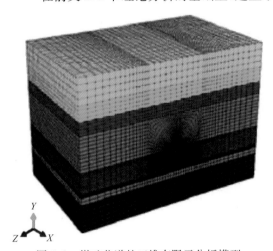

算分析模型如图 6.1 所示。考虑圆形截面的煤矿巷道的抗震性能相对较好,在第 5 章数值的基础上,选用了半径 $r=4\mathrm{m}$ 的煤矿巷道,整个计算区域的为 $120\mathrm{m} \times 100\mathrm{m} \times 50\mathrm{m}$。岩层用 PLANE42 四节点平面单元,煤矿巷道混凝土结构采用 BEAM3 梁单元,人工黏弹性边界用 COMBINE14 弹簧阻尼单元。岩层材料采用理想弹塑性摩尔-库仑本构模型,巷道的衬砌结构采用 C50 混凝土,弹性模量 $E=3.15 \times 10^9 \mathrm{Pa}$、泊松比 $\nu=0.26$、密度 $\rho=2493\mathrm{kg/m^3}$,所选用的岩层的基本物理力学性能参数见第 5 章表 5.2 及表 5.3。

图 6.1　煤矿巷道的三维有限元分析模型

6.3.2　地震作用下平面巷道的安全性分析

在对煤矿巷道结构(三维立体巷道)进行地震动力灾变分析前,有必要对平面煤矿巷道结构的动力响应进行分析探讨,通过对煤矿巷道同一截面不同位置的动力响应研究,为下一节 6.3.3 进行煤矿巷道结构(三维立体巷道)重点部位(危险位置)的地震动力响应提供参考和借鉴。

煤矿采空区岩层在其自重荷载的作用下会发生移动变形破断,所以岩层的自重荷载对煤矿巷道结构的动力响应有较大影响[248-251],有必要探讨煤矿巷道结构在自重荷载作用下的应力场分布,以便为下一步进行煤矿巷道的地震动力学分析提供依据。

图 6.2、图 6.3、图 6.5 分别为岩层自重荷载作用下圆形煤矿巷道结构的内力、应力、第一应力分布。

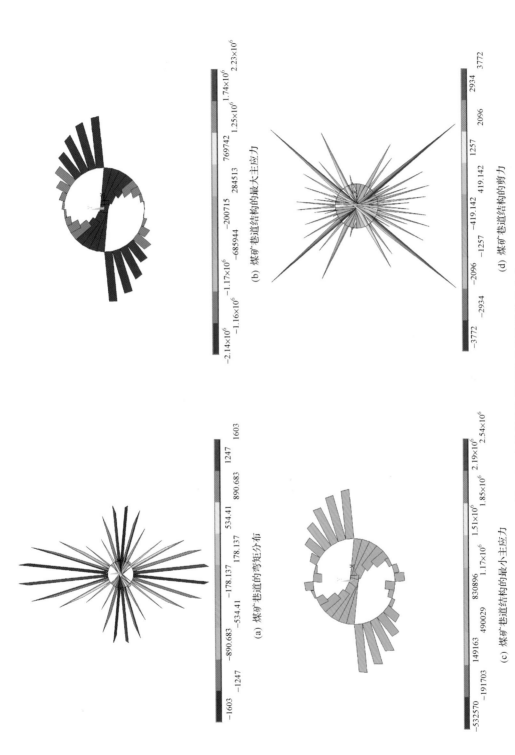

(a) 煤矿巷道的弯矩分布

(b) 煤矿巷道结构的最大主应力

(c) 煤矿巷道结构的最小主应力

(d) 煤矿巷道结构的剪力

图 6.2　自重荷载作用下煤矿巷道结构的内力

通过分析图 6.2 岩层自重荷载作用下煤矿巷道结构的内力(弯矩、剪力、最大主应力和最小主应力)分布可知,在煤矿巷道结构的顶板、底板和帮部出现了峰值弯矩;主应力在煤矿巷道结构上的分布由其腰部逐渐向水平方向发展,并不断靠拢增大;煤矿巷道结构的峰值剪力的分布呈现出明显的"X 形",并呈对称分布。

通过分析图 6.3 煤矿巷道-围岩结构体系的第一主应力及剪应力可知,煤矿巷道附近的围岩介质的第一主应力在煤矿巷道结构的帮部对称的出现高应力集中现象,剪应力则以"猫耳朵"形状分布在煤矿巷道结构肩部和底板左侧帮部的围岩区域,并且煤矿巷道肩部围岩的剪应力明显高于底板左侧帮部的围岩区域。

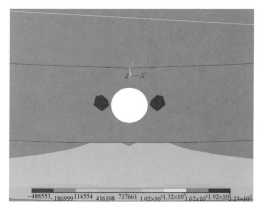

(a) 巷道围岩第一主应力　　　　　　　　(b) 巷道围岩 XY 平面的剪应力

图 6.3　煤矿巷道-围岩结构体系的应力分布

在查阅相关文献的基础上[246-252],通过分析图 6.2 和图 6.3 可知,在岩层自重荷载作用下,煤矿巷道及围岩的应力基本呈现对称分布,并且在顶板、底板和帮部及其附近的围岩介质容易出现高应力集中现象,也是容易发生损伤破坏部位,属于危险位置,需要重点关注,所以对煤矿巷道结构所选取的重点观测区域如图 6.4 所示。

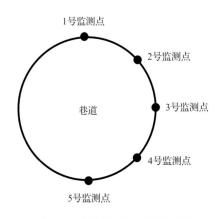

图 6.4　煤矿巷道的监测点布置

通过分析图 6.5 和图 6.6 煤矿巷道-围岩结构体系的应力场分布可知,地震作用下,煤矿巷道结构的高应力集中现象多发生于监测点 2 和监测点 4 及其对称位置,第一主应力的应力场分布在巷道附近呈现出"猫耳朵"形状的高应力集中现象,围岩介质的应力场不断向远方蔓延拓展;切应力的应力场分布在煤矿巷道监测点 2 和监测点 4 附近出现三种应力场交替出现,煤矿巷道的高应力集中区域明显,在围岩介质中,应力在向外发展的同时产生相互贯通的现象,在远离巷道的围岩切应力呈"十字状"分布。

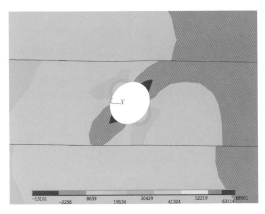
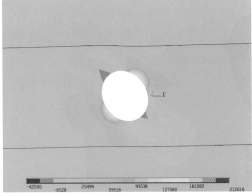

(a) $t=1\mathrm{s}$　　　　　　　　　　　　　(b) $t=1.72\mathrm{s}$

图 6.5　煤矿巷道围岩第一主应力分布

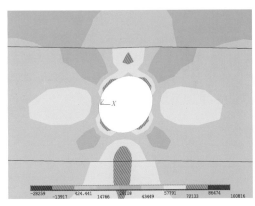

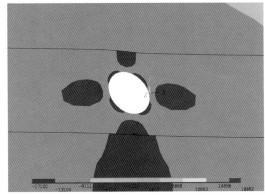

(a) $t=2.08\mathrm{s}$　　　　　　　　　　　　　(b) $t=2.78\mathrm{s}$

图 6.6　煤矿巷道围岩 XY 面剪切应力分布

　　煤矿巷道-围岩结构体系的应力场的分布形态会随着地震波的加载时间呈周期交替出现,煤矿巷道的监测点 2 和监测点 4 及其对称位置交替性出现拉应力及压应力,并且拉(压)应力交替出现的周期明显长于其应力场形态交替分布周期。地震作用下,煤矿巷道-围岩结构体系应力场中"猫耳朵""十字状"形态的高应力集中区域周期性出现的原因主要是:地震波在岩层中传播的过程中,其周期性变化的特点,导致煤矿巷道及其围岩介质需要承受周期性的拉伸和压缩动荷载,由于岩石为脆性材料,在周期性的拉伸和压缩荷载作用下,岩体非常容易发生失稳破坏。根据煤矿巷道围岩介质出现的高应力集中现象,为了分析煤矿巷道结构内力的变化规律,分别提取了煤矿巷道结构监测点的应力时程曲线,以便分析探讨地震对煤矿巷道的动力破坏作用。

　　通过分析图 6.7 煤矿巷道结构不同观测点的主应力时程曲线可知,在整个地震过程中,监测点 2 和监测点 4 的第一主应力均远远大于监测点 1、监测点 3 和监测点 5;同一时刻监测点 2(煤矿巷道顶侧部)和监测点 4(煤矿巷道底侧部)第一主应力的方向刚好相反,地震发生的前 5s 监测点 2(煤矿巷道顶侧部)的峰值第一主应力明显大于监测点 4(煤矿巷道底侧部)的峰值第一主应力,说明在地震初期煤矿巷道结构顶板和顶帮所承受的地震动力荷载要远远高于巷道的底板和底帮,此时容易发生巷道顶板下沉破断坍塌现象;5s之后监测点 2(煤矿巷道顶侧部)的峰值第一主应力开始小于监测点 4(煤矿巷道底侧部)的峰值第一主应力,说明此时高应力集中现象发生转移,转向巷道的底板和底帮,由于地震波持续时间较长且第一主应力高峰值是正值,容易导致煤矿巷道结构的底板和底帮的岩层巷道结构的内部空间发生底鼓现象。

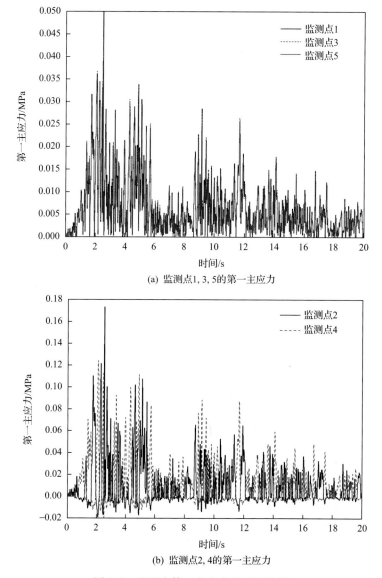

(a) 监测点1,3,5的第一主应力

(b) 监测点2,4的第一主应力

图 6.7　监测点第一主应力的时程曲线

　　通过分析图 6.8 煤矿巷道结构不同观测点的剪切应力时程曲线可知,地震作用下,煤矿巷道结构的剪切应力时程曲线与原激励震源(地震波)加速度时程曲线的变化相近,监测点 2 和监测点 4 的峰值剪切应力明显高于监测点 1、监测点 3 和监测点 5,并且在地震

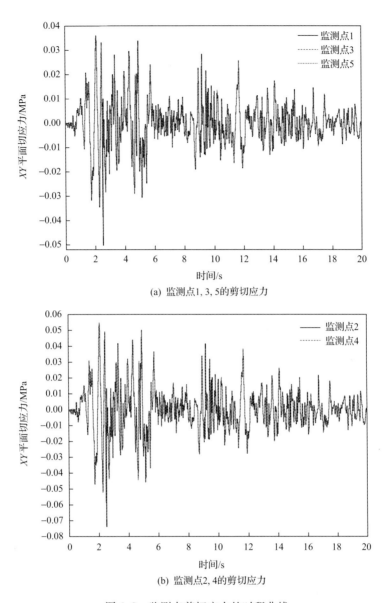

(a) 监测点1, 3, 5的剪切应力

(b) 监测点2, 4的剪切应力

图 6.8　监测点剪切应力的时程曲线

发生 2.5s 时,煤矿巷道结构各个监测点的剪切应力均达到其峰值(地震波 2.5s 时,并未达到其峰值加速度,其峰值加速度出现在 2s 左右),说明此时煤矿巷道结构处于危险时刻,需要对其内力响应予以关注,同时,煤矿巷道结构动力响应的滞后效应也应该引起重视。综合以上分析发现,地震作用下煤矿巷道结构的顶侧部和帮部是高应力集中区域,在外界灾害荷载的扰动作用下最容易发生失稳破坏。

由于地震作用下煤矿巷道结构各个监测点的峰值剪切应力出现在 2.5s,有必要对 2.5s 时刻煤矿巷道结构的内力变化予以关注,所得到的煤矿巷道结构的内力分布如图 6.9 所示。

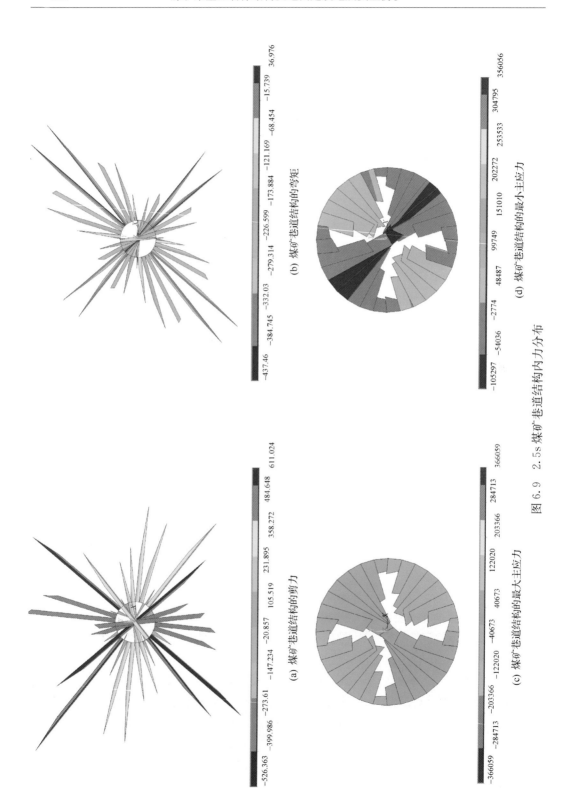

(a) 煤矿巷道结构的剪力

(b) 煤矿巷道结构的弯矩

(c) 煤矿巷道结构的最大主应力

(d) 煤矿巷道结构的最小主应力

图 6.9　2.5 s 煤矿巷道结构内力分布

通过分析图 6.9 地震作用下煤矿巷道结构 2.5s 的内力分布图(剪力、弯矩、最大主应力和最小主应力)发现:地震发生 2.5s 时,煤矿巷道结构的峰值剪力、峰值弯矩及峰值最大主应力均出现在煤矿巷道结构的监测点 2(煤矿巷道顶侧部)和监测点 4(煤矿巷道帮部)(或者是以上两个监测点的对称位置),其中最大主应力和最小主应力的应力分布图围成了"蝴蝶状",其中在监测点 2(煤矿巷道顶侧部)和监测点 4(煤矿巷道帮部)的对称位置,最大主应力的峰值最大,而在监测点 2(煤矿巷道顶侧部)的对称位置和监测点 4(巷道帮部)最小主应力的峰值最大,说明此时煤矿巷道结构的顶板侧部和帮部属于危险位置,容易发生地震动力破坏现象(当地震动荷载在岩体所引起的应力超过其抗拉强度或抗压强度时,容易发生岩体弹射、层裂挤出等破坏失稳现象)。

综上可知:①在围岩介质自重荷载作用下,煤矿巷道及围岩的应力场呈对称分布,并且在顶板、底板、帮部及其附近的围岩介质容易出现高应力集中现象,属于危险位置,需要重点关注;②地震作用下,煤矿巷道结构会出现周期性高应力集中区域,其周期变化的过程与原激励震源(地震波)加速度时程曲线相近,地震作用下煤矿巷道结构的顶侧部和帮部是高应力集中区域,地震发生初期煤矿巷道顶板的内力响应较大,容易发生顶板下沉坍塌,地震发生后期,煤矿巷道容易发生底鼓现象,导致巷道产生整体失稳破坏;③与地震波相比,煤矿巷道-围岩体系的内力响应存在滞后效应,在判断其危险截面时,需要根据其动力(加速度和位移)响应、高应力集中区域进行综合判断,以便为提高煤矿巷道结构的抗震能力提供参考。

6.4　地震作用下煤矿巷道-围岩结构体系的损伤演化分析

通过分析地震作用下平面巷道结构的动力响应及应力分布,初步确定煤矿巷道结构的高应力集中点及动力失稳位置,为研究三维巷道结构的地震动力响应提供参考和借鉴,本节主要进行地震作用下煤矿巷道围岩的动力响应分析。

6.4.1　地震作用下煤矿巷道-围岩结构体系的损伤演化分析

(1)煤矿巷道-围岩结构体系的塑性区分布。

岩层塑性区主要是指外界荷载所产生的破坏应力超过岩体的极限承载能力,使得岩体的局部产生了不可恢复的屈服区域[229],因此岩层的塑性区分布情况及面积大小能够直接反映岩层的稳定性能[252-255],图 6.10 为地震作用下煤矿巷道-围岩结构体系的塑性区的演化趋势。

通过分析图 6.10 可知,地震发生后,煤矿巷道围岩的塑性区的分布区域(面积)在逐渐增加,考虑强度降低、刚度劣化的损伤效应的煤矿巷道-围岩结构体系的岩层塑性破坏区域明显低于不考虑损伤的巷道围岩的塑性破坏区域,并且其分布区域面积的差异随着时间的增加而扩大。基于不同颜色的塑性区分布情况可以发现,煤矿巷道围岩的塑性区分布主要以三种颜色的分布区域为主:黄褐色的剪切屈服区域、粉红色的剪切破坏区域以及青色的剪切拉伸屈服区域。青色区域的剪切拉伸屈服多发生在煤矿巷道壁,这与岩石属于典型的抗压不抗拉的脆性材料相吻合;不考虑损伤效应的煤矿巷道的剪切屈服区域

（黄褐色）中大范围出现了剪切破坏区域（粉红色）；而考虑损伤效应的煤矿巷道的剪切屈服区域（黄褐色）中所出现的剪切破坏区域则相对较少，在扰动荷载的作用下，以扩大塑性区的面积（黄褐色的剪切屈服区域）来实现荷载的传递和承受，说明不考虑损伤效应的煤矿巷道围岩在发生塑性变形时，即发生破坏退出工作（认为围岩介质发生屈服时即发生破坏），忽略了损伤后的岩体仍然具有一定的承载能力[229]，所以，考虑损伤效应的煤矿巷道围岩介质更加符合实际的岩体力学性能。

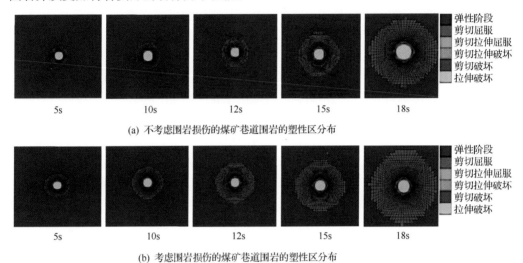

（a）不考虑围岩损伤的煤矿巷道围岩的塑性区分布

（b）考虑围岩损伤的煤矿巷道围岩的塑性区分布

图 6.10　不同荷载工况的煤矿巷道围岩的塑性区分布

（2）煤矿巷道-围岩结构体系的内力（应力、位移）演化。

为了可以清晰地看到巷道-围岩体系的内力演化规律，取有限元分析计算模型煤矿巷道附近区域岩层的中心区域的一半（以对称轴为中心取其剖面），这样可以清晰地看到每个巷道-围岩单元格的内力变化规律，如图 6.11 所示。通过分析图 6.11 煤层开采前煤矿巷道-围岩结构体系的自重应力分布可以发现，岩层的自重应力符合其基本分布规律：随着岩层埋置深度的增加，自重应力也随之增加[1]。当对煤层进行开采后，整个围岩体系产生应力重分布，在煤矿巷道结构的帮部及底板部位出现了高应力集中现象。

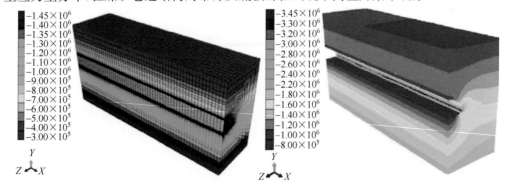

（a）煤矿巷道围岩结构体系的自重应力　　　（b）煤层开采后巷道围岩的垂直应力分布

图 6.11　煤矿巷道结构的自重荷载

　　通过分析图 6.12 地震作用下煤矿巷道-围岩结构体系的应力变化云图可以发现,地震波在岩层的传播过程中所引起的应力分布从基岩部分(有限元分析模型的底部)向地表呈现出层状分布,地震发生初期,主要是煤矿巷道的底部产生的最大主应力较大,并不断波及地表;地震波在向上传播的过程中,当遇到煤矿巷道时,最大主应力会产生明显的扩散现象,并迅速在巷道周围出现最大主应力峰值(10~16s),在煤矿巷道的顶板和底板出现正、负最大主应力。地震波对煤矿巷道结构的波动效应明显,地震作用对煤矿巷道不同部位所引起的总体激励(振动)破坏形式为:对煤矿底板产生向上的激励(振动)作用,巷道的顶板产生向下的激励(振动)作用,巷道的两帮部则产生向内侧的激励(振动)作用,容易引起煤矿巷道结构发生动力失稳。

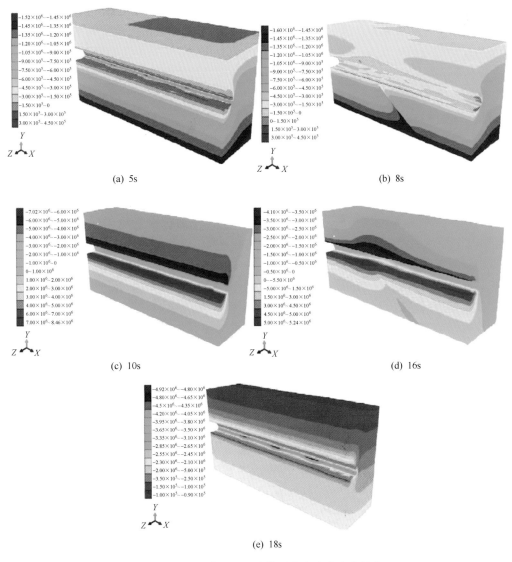

(a) 5s　　　　　　　　　　　　　　　　(b) 8s

(c) 10s　　　　　　　　　　　　　　　(d) 16s

(e) 18s

图 6.12　地震作用下围岩体系的主应力变化趋势

由煤矿巷道-围岩结构体系的自重应力分布图可以发现:地震作用下,煤矿巷道-围岩体系的最大主应力有较大提高,说明在地震波传播过程中,其能量在被岩层消耗、吸收和转(迁)移的过程中,同时也在煤矿巷道-围岩结构体系产生了一定的附加荷载(应力)。如果附加荷载超过了岩层的抗拉(压)强度,岩层就容易发生破裂(断)现象(岩层破裂现象主要体现在岩层裂纹的产生),地震波在引起岩层破裂(断)的过程中,会继续在岩层中传播、反射、消耗能量。地震波反复传播、震荡过程中,会在岩层中重新产生新的附加荷载(应力),这样就容易导致岩层产生新的裂纹(或者原来的裂纹会发展扩大),导致岩体劣化现象加剧。地震引起岩层劣化现象的反复持续进行,最终会导致岩层(体)产生失稳现象;此外,地震波在不同岩层间传播时,会导致不同岩层产生滑动失稳现象。如果煤矿道结构的底板和顶板以及侧帮滑移现象明显,则容易引起岩层发生大范围、大规模的失稳破坏。

结合煤矿巷道围岩塑性区分布及应力场图可知,基于考虑损伤效应的摩尔-库仑本构模型所建立的煤矿采动损伤巷道在地震荷载的动力作用下,其强度降低和刚度劣化区域(对应于实际围岩中的节理、弱面、裂纹、裂隙等结构弱面)的抗拉强度虽然高于地震荷载产生的拉应力,但是高应力集中现象明显,由此导致塑性损伤区发生剪切拉伸屈服现象明显(对于实际围岩的节理错动、弱面分离使围岩产生裂缝并产生冒落现象),容易产生岩层大规模、大范围的动力失稳破坏现象。对于煤矿巷道的损伤区域(强度降低、刚度劣化区域),在进行设计时需要对其加强支护,其初步支护措施为"锚杆+锚网+喷射钢纤维混凝土"的耦合支护措施,并要求锚杆的长度必须能够贯穿岩层的劣化区域,喷射钢纤维混凝土的抗拉性能必须要好,以此来保证煤矿巷道结构的安全性及稳定性。

通过分析地震荷载作用下煤矿巷道-围岩结构体系的位移变化图(图6.13)可以发现:煤矿巷道-围岩结构体系的位移响应以煤矿巷道的中心轴线为中心,从巷道内壁往外呈现出辐射状态分布。在地震发生的整个过程中,煤矿巷道附近的围岩的位移响应明显高于其他区域的岩层,随着地震荷载作用时间的增加,巷道顶板、底板和帮部的位移响应也随之增加,其分布区域在不断增加并且逐渐贯穿于整个煤矿巷道。在远离煤矿巷道有限元分析模型的其他区域的位移响应为0,煤矿巷道与其他区域围岩的位移差过大,进而导致相邻岩层的变形过大。由于相近岩体(层)变形不协调所产生的附加拉应力(剪切应力)较大,此时,如果岩体所承受的总应力超过其屈服破坏强度,导致岩层破裂(断),进而发生大量岩石涌入巷道的整体失稳破坏现象。

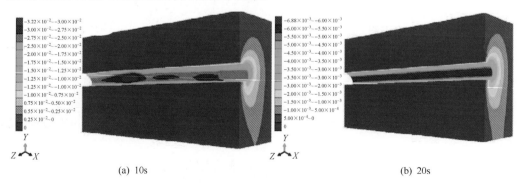

(a) 10s　　　　　　　　　　　　　　　　　　(b) 20s

图 6.13　地震作用下围岩体系的位移变化趋势

6.4.2　地震作用下考虑围岩损伤效应的煤矿巷道动力响应分析

通过分析图 6.14 地震作用下煤矿巷道的加速度响应发现,地震作用下煤矿巷道及围岩的受迫振动形式与地震波的基本振动形式接近,其差异主要体现在峰值的出现时间、幅值不同。EL Centro 地震横波(图 6.15)作用下,煤矿巷道结构的峰值加速度为 1.34m/s^2(EL Centro 地震波的峰值加速度为 1.52m/s^2),煤矿巷道结构的峰值加速度出现的时间稍微滞后于 EL Centro 地震波,出现以上差异的原因主要由岩层的耗能能力及地震波的传播时间效应所引起的,即煤矿巷道-围岩结构体系的振动频谱特性接近于地震波的频谱特性,但还存在着一定的差异。

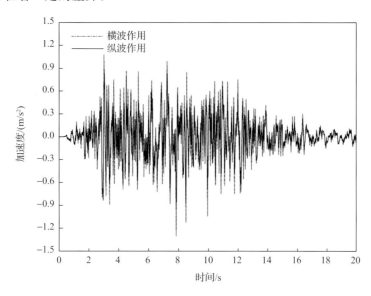

图 6.14　地震作用下煤矿巷道的加速度响应

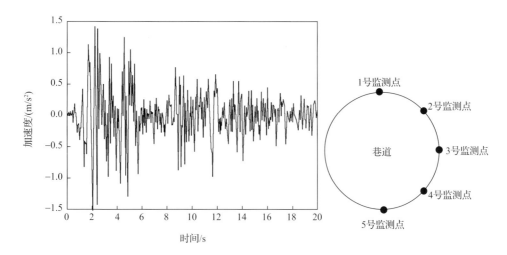

图 6.15　EL Centro 地震波及煤矿巷道监测点

对比横波和纵波作用下煤矿巷道结构的动力响应可知,横波作用下,煤矿巷道结构的加速度与位移响应均高于纵波作用所引起的煤矿巷道结构的地震动力响应,尤其是煤矿巷道的位移(图 6.16)响应差异更大。横波作用下,煤矿巷道的位移响应时程曲线变化趋势明显,峰值位移可以达到 1.96×10^{-2} m,而纵波作用下,煤矿巷道结构的峰值位移仅为 6.7×10^{-3} m,其时程曲线变化位移差相差不大,并且较为集中密集。以上数据说明横向地震作用(横波作用)下煤矿巷道结构容易发生动力失稳现象,这主要是因为横波对煤矿巷道结构的动力破坏主要体现在水平剪切作用,而煤矿巷道上覆岩层的自重荷载对横波和纵波的地震动力作用机制也影响较大。上覆岩层的自重对煤矿巷道产生了压应力,可以视为上覆岩层的"预压应力"(类似于预应力混凝土结构的基本原理),地震发生后上覆岩层的"预压应力"在一定程度上可以有效地抵消一部分地震荷载在竖直方向所产生的拉应力。纵波对煤矿巷道结构的破坏作用主要以拉伸压缩的形式进行,但是上覆岩层的"预压应力"可以抵消纵波产生的拉应力,而横波更容易导致围岩介质产生较大的拉应力,所以其破坏作用要稍大于纵波。

考虑损伤效应的围岩 1 号监测点的地震动力响应规律(图 6.17)为:其加速度响应有所降低,内力响应明显升高。围岩介质发生塑性损伤后(损伤岩体承载能力和稳定性要高于破裂岩体[1]),宏观上围岩发生裂纹(微裂隙),细小裂纹的增加提高了围岩介质的耗能能力,并且发生损伤的围岩介质的刚度降低、阻尼增大,此时考虑损伤效应的围岩介质由于耗能能力增加、刚度降低(柔度增加)和阻尼增大(符合减震的基本性质),类似围岩中多了一道"减隔震层"[256],导致其内力响应增加。由于考虑损伤效应的围岩介质的耗能能力提高,有效降低了地震的传播能量以及围岩的变形量,考虑损伤效应的煤矿巷道围岩介质的"减隔震层"效应可以减缓和协调岩层的变形,使其变形的对称性得到提高。

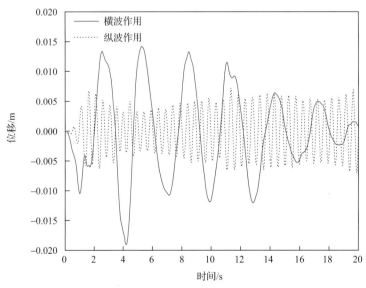

图 6.16　地震作用下煤矿巷道的位移响应

地震作用下,考虑损伤效应的煤矿围岩介质的应力有了一定的提高(图 6.18)(与不考虑损伤效应的煤矿巷道地震动力响应相比较),部分围岩出现了高应力集中现象,这说

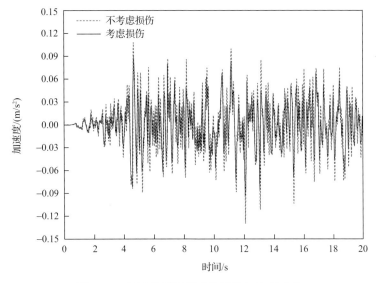

图 6.17　地震作用下煤矿巷道的加速度响应

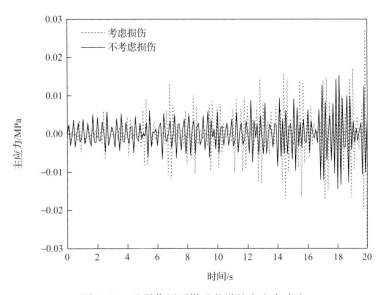

图 6.18　地震作用下煤矿巷道的主应力响应

明考虑损伤效应的围岩介质吸收耗能能力增强,此种现象与介质的"吸收频散效应"有关[257](频散效应是指地震波在介质传播过程中,介质出现弹性滞后、塑性流动的现象,并且地震波的波速主要依赖于其频率[257])。围岩介质发生损伤后,微观角度其强度降低、刚度劣化及孔隙率相对增大,导致容易发生频散现象,同时介质的内摩擦和热传导现象也明显增加,进而吸收大量的地震波的灾害能量,提高围岩介质的消波吸能的能力,从而降低对煤矿巷道结构的冲击破坏,保证煤矿巷道处于相对安全的应力环境中。但是围岩介质发生损伤后,仅能在一定的损伤范围内保证煤矿巷道结构的安全性,如果围岩的损伤破坏过大,围岩介质容易发生移动破断,其稳定性无法保证同样会引起煤矿巷道的失稳破坏。

通过分析图 6.19 和图 6.20 地震作用下,煤矿巷道衬砌结构的地震动力响应可以发现,考虑围岩的损伤效应后,煤矿巷道的衬砌结构的加速度时程曲线与不考虑损伤的衬砌结构的加速度时程差别不大,其基本振动形式基本一致,但是有明显减小的趋势,说明围岩介质考虑损伤效应后,降低了地震波输入到煤矿巷道的衬砌结构的能量,起到了保护煤矿巷道结构的作用。通过分析其位移响应时程曲线发现煤矿巷道的衬砌结构的位移响应则变化明显:不考虑围岩介质损伤效应的峰值位移响应可以达到 1.96×10^{-2} m,并且其位移响应时程曲线整体趋势比较陡峭,考虑损伤效应后,其位移响应曲线幅值明显降低,其

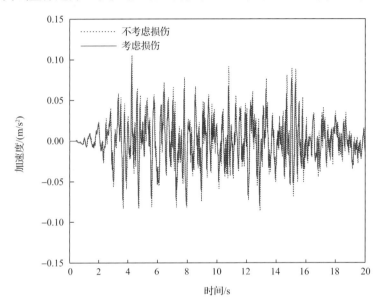

图 6.19　煤矿巷道衬砌结构的加速度动力响应

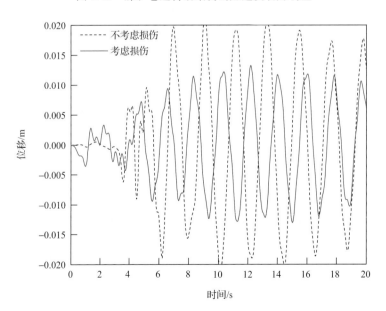

图 6.20　煤矿巷道衬砌结构的位移响应

峰值位移仅为 1.38×10^{-2} m，下降比例达到 29.6%，说明了围岩介质发生损伤后，可以有效地降低传向煤矿巷道结构的地震能量。

考虑损伤效应后，煤矿巷道结构的加速度及位移响应均有不同程度的降低，说明考虑损伤效应后，围岩的刚度降低、阻尼增大（对应于宏观方面岩石出现裂纹、微小裂缝），提高了其对地震波能量的有效耗散能力，有利于维持煤矿巷道结构的稳定性。但是，围岩的损伤效应仅在一定范围内对煤矿巷道的抗震安全性有较好的保护性：围岩介质初期损伤对煤矿巷道抗震有利，围岩介质的破裂程度增大，但不出现坍塌现象，其耗能能力增加则继续对煤矿巷道的动力稳定性有利，如果围岩发生整体失稳，则会严重危及煤矿巷道的稳定性。

通过分析图 6.21 煤矿巷道同一截面不同部位的地震动力响应可以发现，不考虑围岩损伤效应的煤矿巷道结构的加速度时程曲线的基本形式与地震波的基本形式相近，巷道截面不同位置的加速度位移响应差异较大，其峰值加速度大小的顺序为：顶板＞帮部＞底板，说明地震作用下，煤矿巷道顶板的加速度响应最为明显。地震作用下，煤矿巷道结构不同位置的位移响应时程曲线中的顶板振荡比较激烈，其峰值位移达到 0.022m，帮部和底板位置的位移响应明显低于顶板的位移响应，并且均出现位移突变、跳跃现象（帮部出现在 6s 左右，底板出现在 9s、15s 左右），说明此时位移跳跃较大，极易发生帮部煤块弹射、底板鼓出等破坏现象。

考虑围岩介质损伤效应的煤矿巷道结构地震动力响应与不考虑损伤效应相比差异较大，主要体现在：其峰值加速度下降较多，最大值仅为 0.298 m/s^2，不考虑损伤效应的为 1.498 m/s^2，并且其加速度较大值出现的时间相对滞后，说明围岩介质发生损伤后有效降低了地震波的传播速度，地震波的能量消耗较大，因此导致煤矿巷道同一截面不同部位的加速度响应降低较多，但是地震波引起煤矿巷道不同部位动力响应的基本规律不变，顶板的动力响应最大，帮部次之，底板最小。分析其位移响应可以发现，考虑围岩介质的损伤效应后，煤矿巷道结构的位移响应的规律性更加明显：顶板的位移响应曲线振荡不再明显，位移时程曲线与帮部、底板的振动形式基本一致，其峰值位移的最大值仅为 1.67×10^{-2} m（不考虑损伤效应的煤矿巷道顶板的位移响应最大值为 2.42×10^{-2} m），说明地震波经过损伤的围岩介质后，对煤矿巷道结构有害的地震波能量被围岩介质吸收，考虑损伤效应的围岩介质的耗能能力得到提高，有效降低了地震的传播能量以及围岩介质的变形量，考虑损伤效应的煤矿巷道围岩介质的"减隔震层"效应可以减缓和协调岩层的变形，使其变形的对称性得到了提高。

6.4.3　小结

通过分析煤矿巷道-围岩结构体体系的地震动力响应时程曲线可以得出如下结论。

（1）地震作用下，煤矿巷道及围岩介质的受迫振动形式与地震波的基本振动形式接近，其差异性主要体现在峰值的出现时间、幅值不同，即煤矿巷道-围岩结构体体系的振动频谱特性与地震波相接近，而有所差异。这主要是由于地震波作用于煤矿巷道结构的动力效应主要通过巷道围岩介质来进行传递和实现的，围岩介质的主要作用是传播效应、能量吸收与迁移、动力荷载的减弱（放大）效用。

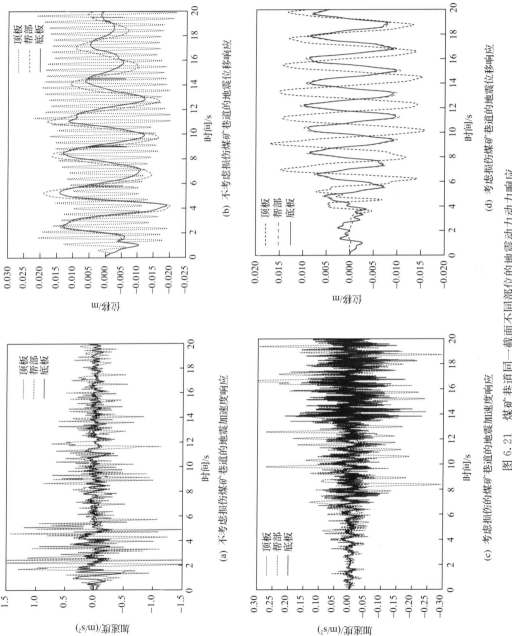

(a) 不考虑损伤的煤矿巷道的地震加速度响应

(b) 不考虑损伤煤矿巷道的地震位移响应

(c) 考虑损伤的煤矿巷道的地震加速度响应

(d) 考虑损伤煤矿巷道的地震位移动力响应

图 6.21 煤矿巷道同一截面不同部位的地震动力响应

（2）由于煤矿巷道结构处于围岩介质中,故地震作用下煤矿巷道-围岩结构体系的整体振动特性受煤矿巷道结构自身的振动特性影响较小,所以围岩的地震动力响应(振动形式、振动规律)比较接近于输入地震波的运动规律。由于围岩介质的特性对煤矿巷道-围岩结构体系的影响较大,所以当煤矿巷道结构所处于岩(土)层环境一旦得到确定,煤矿巷道结构的地震动力响应主要受岩(土)层介质特性、地震荷载的自身特性(振幅、频谱和持续时间等)控制。

相同时刻下,如果煤矿巷道与围岩的相邻质点的相对位移差别越大,此时,在该区域容易产生较大的附加应力,容易引起岩层的屈服破坏,引发岩层大规模的失稳破坏。

（3）由于围岩介质的存在,改变了煤矿巷道结构的自振频率。考虑到岩土层具有“低频放大、高频滤波”的特性,以及地震波低频率占据较大比例,所以围岩介质对煤矿巷道结构的地震动力响应影响较大,地震波中的低频部分对煤矿巷道结构的损伤破坏程度更大。

（4）地震作用下,考虑损伤效应的煤矿巷道结构的应力有了一定的提高(与不考虑损伤效应的煤矿巷道地震动力响应相比较),尤其是煤矿巷道的帮部出现了高应力集中现象,这说明了损伤后的围岩介质仍然具有将地震的动力荷载向煤矿巷道内部传递(或能量迁移)的效应,并且围岩介质发生塑性损伤后,宏观上围岩发生裂纹(微裂隙),细小裂纹的增加提高了围岩介质的耗能能力,并且发生损伤的围岩介质的刚度降低、阻尼增大,此时考虑损伤效应的围岩介质由于耗能能力增加、刚度降低(柔度增加)和阻尼增大(符合减震的基本性质),类似围岩中多了一道“减隔震层”。

考虑损伤效应的煤矿巷道结构的地震动力响应规律为:煤矿巷道结构同一截面不同部位的加速度响应有所降低,衬砌结构(巷道内壁)的峰值位移响应有明显的降低,内力响应明显降低,但是其变形的对称性较好;这主要是由于考虑损伤效应的围岩介质的耗能能力得到提高,有效降低了地震的传播能量以及围岩的变形量,考虑损伤效应的煤矿巷道围岩介质的“减隔震层”效应可以减缓和协调岩层的变形,使得其变形的对称性得到了提高。

（5）对比横波与纵波作用下煤矿巷道结构的地震动力响应发现,横波作用下煤矿巷道结构的动力响应较大,更容易发生失稳破坏。这主要是由于:①横波对煤矿巷道结构的动力破坏主要体现在水平剪切作用,纵波对煤矿巷道结构的破坏作用主要以拉伸压缩的形式进行,在一定程度了增加巷道结构的荷载;②巷道上覆岩层的自重对其动力响应影响较大,上覆岩层的自重对煤矿巷道产生了压应力,可以视为上覆岩层的“预压应力”(类似于预应力混凝土结构的基本原理),地震发生后上覆岩层的“预压应力”在一定程度上可以有效地抵消一部分地震荷载所产生的拉应力。

（6）煤矿巷道围岩发生损伤效应后,宏观上岩体产生了一定的裂隙,此时其耗能作用增强,这主要是因为煤矿开采扰动作用导致岩体中的结构弱面及微小裂缝发展形成宏观裂缝,岩层发生移动变形破断后破坏了岩层的完整性,形成了弯曲带、裂隙带和冒落带,岩层的整体结构被破坏,增加了岩体的碎胀现象(即破碎度和松散度增加),使其强度降低刚度劣化,阻尼和耗能能力得到增加;使得裂隙岩体具有了一定的阻尼性能和耗能能力,可以有效地吸收地震波的灾害能量,起到保护地下煤矿巷道结构和地面建筑的作用。

（7）通过研究煤矿采动损伤巷道的地震动力灾变过程发现,地震作用下煤矿巷道及围岩介质的动力失稳破坏分为持续循环的四阶段变化过程:①煤矿巷道及围岩介质的承载能力调整降低阶段,煤矿开采扰动作用导致岩体中的结构弱面及微小裂缝发展形成宏观裂缝,此时岩层的承载能力会降低;②煤矿巷道及围岩介质的刚度弱(退)化阶段,煤矿采动荷载作用下,巷道结构及围岩介质承载能力下降的同时,结构体系的整体刚度也发生了弱化,结构体系抵抗变形的能力降低;地震发生后,煤矿巷道及围岩介质的承载能力及刚度进行新一轮的调整,即承载能力持续调整下降,刚度不断弱(退)化;③煤矿巷道及围岩介质的应力调整,在煤矿巷道及围岩介质结构体系的承载能力持续调整下降以及刚度不断弱(退)化的过程中,均伴随应力的集中与迁移的调整过程;④煤矿巷道及围岩介质的失稳破坏过程,外界扰动荷载作用下,煤矿巷道及围岩介质的应力集中与迁移的现象持续进行,在此过程中结构体系会发生失稳破坏直至退出工作。综上,外界扰动荷载(煤矿采动及地震)作用下,煤矿巷道及围岩介质的失稳破坏可以总结为以下四个过程持续循环发生:承载能力降低←→刚度弱(退)化←→应力集中与迁移←→失稳破坏。

6.5　考虑损伤效应的煤矿采动裂隙岩体的卸压耗能减震性能分析

在查阅国内相关专家学者的研究成果以及本章研究成果基础上[256-265],可以发现煤矿采动裂隙围岩介质(破碎岩体)具有"卸压—耗能—减震"的效应(作用)。

煤矿采动裂隙岩体的卸压作用是指岩体中含有较高的弹性变形势能,在煤炭开采过程中,岩体中的弹性能会及时释放,并沿着采煤工作面形成了 3 个应力集中(演化)区域"原岩应力区—应力降低区—应力升高区",既及时释放了岩体的灾害能量,避免了冲击地压、岩爆等动力现象的发生,又可以起到降低岩层的矿山压力、保护矿山巷道结构的作用。

煤矿采动裂隙岩体的耗能作用是指煤矿开采扰动作用导致岩体中的结构弱面及微小裂缝发展形成宏观裂缝,岩层发生移动变形破断后破坏了岩层的完整性,形成了弯曲带、裂隙带和冒落带,岩层整体结构的完整性被破坏,增加了岩体的碎胀现象(即破碎度和松散度增加),使其强度降低、刚度劣化,提高了煤矿采动裂隙岩体的阻尼和耗能能力,可以有效地吸收地震的灾害能量,起到耗散地震灾变能量、保护地下巷道结构和地面建筑作用。

煤矿采动裂隙岩体的减震作用是指煤矿开采工作面的上覆岩层结构发生了损伤破坏,上覆岩层发生移动破断现象后,顶板的冒落坍塌会形成大量的岩石松散体,岩体在失稳破坏的过程中会释放大量的弹性能,并且岩石松散体由于破碎度和松散度较高,不利于地震波的传播,相当于在岩层中增加了"减隔震层",增加了裂隙岩体的地震波的衰减系数,起到了减小地震动的功效,保护了煤矿巷道和地面建筑。

由于煤矿采动裂隙岩体的卸压、耗能与减震效应是一体化的,即煤矿采动荷载作用下,岩体发生移动变形破断后,岩体的弹性能得到了释放,此时也是矿山岩体卸压的过程,岩层的结构的完整性会被破坏,增加了岩体的碎胀现象(即破碎度和松散度增加),使其强度降低、刚度劣化,提高了煤矿采动裂隙岩体的阻尼性能和耗能能力。

6.6　本章小结

本章针对煤矿采空区岩层的初始损伤效应在地震作用下会继续发展演化的问题,基于损伤力学的基本理论,分析探讨了岩体损伤后考虑强度降低、刚度劣化的损伤区域应力场分布,通过分析地震作用下考虑围岩损伤的煤矿巷道结构同一截面不同位置的动力响应,对比分析了损伤效应对煤矿地下巷道结构的地震动力灾变的影响,得到了以下结论。

(1) 地震发生时,煤矿巷道结构的失稳破坏主要是由于地震波在煤(岩)层的传播过程中,地震波的冲击作用在引起煤(岩)层发生振动的同时,又增加了巷道围岩的附加荷载,导致岩体的弱结构面损伤演化发展产生裂纹(隙),同时又促使煤(岩)层之间发生相对的摩擦滑动,严重降低了巷道围岩的承载能力,进而使煤矿巷道-围岩结构体系产生失稳破坏。

(2) 在围岩介质自重荷载作用下,煤矿巷道及围岩的应力场分析呈对称分布,并且在顶板、底板和帮部及其附近的围岩介质容易出现高应力集中现象,属于危险位置,需要重点关注。地震作用下,煤矿巷道结构会出现周期性高应力集中区域,其周期变化的过程与原激励震源(地震波)加速度时程曲线相近,地震作用下,煤矿巷道结构的顶侧部和帮部是高应力集中区域。地震发生初期,煤矿巷道顶板的内力响应较大,容易发生顶板下沉坍塌的现象;地震发生后期,煤矿巷道容易发生底鼓现象,导致巷道产生整体失稳破坏。

(3) 地震发生后,煤矿巷道围岩的塑性区的分布区域(面积)在逐渐增加,并且考虑强度降低、刚度劣化的损伤效应的煤矿巷道-围岩结构体系的岩层塑性破坏区域明显低于不考虑损伤的巷道围岩的塑性破坏区域,说明了不考虑损伤效应的煤矿巷道围岩在发生塑性变形时即退出工作,忽略了损伤后的岩体仍然具有一定的承载能力,所以考虑损伤的煤矿巷道围岩介质更加符合实际的岩体力学性能。

(4) 地震作用下,煤矿巷道及围岩的受迫振动形式与地震波的基本振动形式接近,其差异主要体现在峰值的出现时间、幅值不同,这主要是由于煤矿巷道结构处于围岩介质中,煤矿巷道-围岩结构体系的整体振动特性受煤矿巷道结构自身的振动特性影响较小,地震波作用于煤矿巷道结构的动力效应主要通过巷道围岩介质来进行传递和实现的,围岩介质的主要作用是传播效应、能量吸收与迁移效应。相同时刻下,如果煤矿巷道与围岩的相邻质点的相对位移差别越大,此时,在该区域容易产生较大的附加应力,如果出现高附加应力,则容易引起岩层的屈服破坏。

(5) 考虑损伤效应的煤矿巷道结构的地震动力响应规律为:煤矿巷道结构同一截面、不同部位的加速度响应有所降低,衬砌结构(巷道内壁)的峰值位移响应和内力响应有明显的降低,且其变形的对称性较好,这主要是由于考虑损伤效应的围岩介质的耗能能力得到提高,有效降低了地震的传播能量以及围岩的变形量,考虑损伤效应的煤矿巷道围岩介质的“减震层”效应可以减缓和协调岩层的变形,使其变形的对称性得到了提高。

(6) 地震波横波作用下煤矿巷道结构的动力响应较大,更容易发生失稳破坏。这主要是由于:横波对煤矿巷道结构的动力破坏主要体现在水平剪切作用,纵波对煤矿巷道结构的破坏作用主要以拉伸压缩的形式进行,在一定程度上增加巷道结构的荷载。巷道上覆岩层的自重对其动力响应影响较大：上覆岩层的自重对煤矿巷道产生了压应力，可以视为上覆岩层的"预压应力"，地震发生后上，覆岩层的"预压应力"在一定程度上可以有效地抵消一部分地震荷载所产生的拉应力。

（7）地震作用下，煤矿巷道及围岩介质的动力失稳破坏分为持续循环的四阶段演化过程：①煤矿巷道及围岩介质的承载能力调整降低阶段；②煤矿巷道及围岩介质的刚度弱（退）化阶段；③煤矿巷道及围岩介质的应力调整过程；④煤矿巷道及围岩介质的失稳破坏过程。综上，外界扰动荷载（煤矿采动及地震）作用下，煤矿巷道及围岩介质的失稳破坏发生的关键特征为：承载能力降低←→刚度弱（退）化←→应力集中与迁移←→失稳破坏。

（8）初步探讨了煤矿采动裂隙围岩介质（破碎岩体）的"卸压—耗能—减震"的原理：裂隙岩体的卸压作用是指岩体中含有较高的弹性变形势能，在煤炭开采过程中，弹性能会及时释放，岩体的灾害能量的及时释放可以避免冲击地压、岩爆等矿山动力灾害现象的发生，又起到降低岩体的矿山压力、保护巷道结构的作用；裂隙岩体的耗能减震效应是指煤矿开采扰动作用导致岩体中的结构弱面及微小裂缝发展形成宏观裂缝，岩层发生移动变形破断后破坏了岩层的完整性，形成了弯曲带、裂隙带和冒落带，岩层的整体结构被破坏，增加了岩体的碎胀现象（即破碎度和松散度增加），使其强度降低、刚度劣化，提高了煤矿采动裂隙岩体的阻尼和耗能能力；煤矿采动裂隙岩体的阻尼性能和耗能能力的提高，相当于在岩层中增加了"减隔震层"，增加了裂隙岩体地震波的衰减系数，可以有效地吸收地震波的灾害能量，起到保护地下巷道结构和地面建筑的作用。

第7章　地震作用下煤矿采空区的动力稳定性分析

7.1　前　　言

我国的矿区煤田多处于抗震设防区域,而目前对于煤矿地下工程结构却没有相应的抗震设计规范,并且土木工程领域的《建筑抗震设计规范》(GB50011—2010)也没有针对于煤矿地下巷道结构专门的条款。煤矿采空区的存在,对于地面建筑是一个极大的潜在威胁:由于煤矿开采引起的地表移动变形,不仅会严重降低和破坏建筑物的抗震性能,而且发生地震时地面极容易出现裂缝和塌陷。为了最大限度地保证地震发生时煤矿巷道结构和地面建筑的安全,有必要对煤矿采空区的地震安全性开展研究,矿区工程场地的地震安全性是一个亟待解决的工程问题和科学问题。

自 1976 年唐山发生里氏 7.8 级大地震以来,我国的学者和科研人员就开始关注地震作用下煤矿采空区的安全问题[266]。在调查分析煤矿采动区的地震灾害的基础上,专家学者[260-269]发现,由于煤矿地下巷道结构的存在,地震波的传播在发生改变的同时,会严重影响煤矿巷道的应力场分布演化。在前人研究的基础上发现[260-269],由于地面建筑物的结构形式、强度储备等诸多随机模糊因素的存在,目前,尚不能对煤矿采空区对建筑物的抗震性能的扰动规律进行定量分析判断。因此,开展煤矿采动区的地震稳定性研究,对于煤矿采空区的工程建设场地的规划选择、建筑物的抗震性能具有十分重要的现实意义。

煤矿采空区的结构体系涉及煤柱、巷道结构、顶板、底板、围岩介质以及整体结构体系等,煤矿采空区与其他地下结构都面临着地震破坏的威胁[267,268]。并且在煤层开采过程中,不可避免地面临各种扰动荷载(岩爆、矿震、爆破、煤与瓦斯突出、地震、重载车辆等)的动力破坏效应,但前期的矿山建设设计中,较少考虑地震等各种动力灾害荷载对矿区地下工程结构的破坏影响[260-269]。基于此,通过对矿区巷道-围岩结构体系地震动力响应的理论研究,分析地震灾害荷载作用下煤矿采空区的内力响应、应力场演化规律,探讨地震灾害荷载对煤矿采空区地下结构的安全性能的影响。

7.2　地震作用下煤矿采空区动力响应的理论分析

7.2.1　地震作用下煤矿地下巷道围岩结构动力响应分析

在分析煤矿巷道结构时,可以将其视为平面应变问题[113],当煤炭资源开采完成后,若不考虑支护结构,煤矿巷道结构围岩介质会出现应力重分布现象[113]。煤层中的原有应力会向采空区的围岩介质转移,应力重分布现象导致围岩介质在外力作用下产生向采空区的移动变形,如果应力过大时,容易导致采空区围岩发生移动变形破断,严重的可能发生冒顶破坏或者崩塌。

地震发生前,煤矿采空区主要承受静力荷载作用,假设围岩介质水平方向(x方向)上在静力荷载作用下所发生的应力为σ_0,应变为ε_0,位移为u_0,围岩的密度为ρ。

地震发生后,煤矿采空区围岩介质处于动荷载和静荷载联合作用下的力学环境中,此时,结构体系的动力学响应方程为

$$m\ddot{x} + C\dot{x} + R(x) = F + F(t) \tag{7.1}$$

式中,m为围岩介质计算单元的质量;x为煤矿采空区围岩介质在水平方向上发生的位移;C为围岩介质计算单元的阻尼;F为煤矿采空区围岩介质所承受的静力荷载外力的合力(上覆岩层的重力等);$F(t)$为地震荷载,$R(x)$为煤矿采空区围岩介质的抗力。

令K为煤矿采空区围岩介质的弹性抗力系数,在外力扰动作用下,当围岩介质处于弹性变化阶段,$R(x) = Kx$。

由图7.1可知,在地震波作用下,煤矿采空区围岩介质在水平方向(x方向)上会发生一定的位移,假设在地震波作用下煤矿采空区围岩所产生的应力为σ,应变为ε,位移为u。

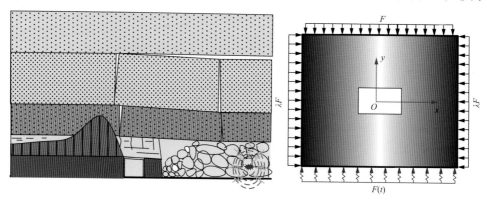

图7.1　煤矿采空区的力学分析模型

在围岩介质发生弹性变形阶段,岩体内纵向地震波传播的波动方程为

$$\frac{\partial^2 u'}{\partial t^2} = c_0^2 \frac{\partial^2 u'}{\partial x^2} \tag{7.2}$$

式中,$u' = u - u_0$为地震波引起围岩介质发生的位移;c_0为地震波在岩体中的传播速度。

由工程结构波动理论可知[230],在围岩介质的岩体中$c_0^2 = \dfrac{\lambda + 2\mu}{\rho}$,$\lambda$、$\mu$均为拉梅常数[229],由此可以判断,地震波的传播速度与岩体的材料性质密切相关。

对公式(7.2)进行求解可以得到

$$u'(x,t) = f(x - c_0 t) + g(x + c_0 t) \tag{7.3}$$

式中,$f(x - c_0 t)$为地震波入射纵波的波动方程,$g(x + c_0 t)$为地震波反射纵波的波动方程。

地震作用下,在围岩介质的弹性变形阶段,分别求解地震波作用下煤矿采空区围岩在

水平方向上所产生的应力 σ，应变 ε，位移 u 的数值解。

$$\begin{cases} \varepsilon = \varepsilon_0 + \dfrac{\partial u'_x}{\partial x} = \varepsilon_0 + \dfrac{\partial f(x-c_0 t)}{\partial x} + \dfrac{\partial g(x+c_0 t)}{\partial x} \\[3mm] \sigma = E\varepsilon = E\varepsilon_0 + E\dfrac{\partial u'_x}{\partial x} = E\varepsilon_0 + E\dfrac{\partial f(x-c_0 t)}{\partial x} + E\dfrac{\partial g(x+c_0 t)}{\partial x} \\[3mm] u = \dfrac{-\partial u'_x}{\partial t} = -\left[c_0 \dfrac{\partial f(x-c_0 t)}{\partial x} + c_0 \dfrac{\partial g(x+c_0 t)}{\partial x} \right] \end{cases} \tag{7.4}$$

式中，E 为岩体的弹性模量。

对式(7.4)进行积分求解，可以得到，地震作用下煤矿采空区围岩结构体系的应变能为

$$U = \int_0^A \int_0^{\varepsilon_t} \sigma \, \mathrm{d}\varepsilon \, \mathrm{d}A \tag{7.5}$$

式中，A 为岩体的计算面积。

由于部分煤矿巷道的埋置深度较深，此时，煤矿巷道及采空区的围岩介质所承受的矿山岩层压力增大。在外界动力荷载的扰动下，即使是较小的扰动荷载，围岩介质所承受的应力都有可能超过自身的屈服应力，导致围岩进入塑性损伤状态，此时，围岩发生失稳破坏的可能性较大[113]。

地震发生波在岩层的传播过程中，假设在岩层的自由面 $x=l$ 处发生反射现象，此时，围岩介质内水平方向上的应力

$$\sigma = 0, \ \text{即} \ \sigma_x = \sigma_I + \sigma_R = 0 \tag{7.6}$$

式中，σ_I 代表地震波入射波(incidence wave)在围岩介质岩层中所产生的应力，MPa；σ_R 代表地震波反射波(reflection wave)在围岩介质岩层中所产生的应力，MPa。

由材料力学可知 $\sigma = E\varepsilon = E\dfrac{\partial u}{\partial x}$，联立式(7.3)，可以求得地震波在围岩介质岩层的自由面 $x=l$ 处的入射波与反射波的波动方程的关系为

$$f(x-c_0 t) + g(x+c_0 t) = 0, \ \text{即} \ f(x-c_0 t) = -g(x+c_0 t) \tag{7.7}$$

在岩层自由面 $x=l$ 处，可以得到

$$f(l-c_0 t) = -g(l+c_0 t)$$

自由面 $x=l$ 处的质点速度为

$$\begin{aligned} v_l &= v_I + v_R = \frac{\partial u_I}{\partial t} + \frac{\partial u_R}{\partial t} = \frac{\partial f(x-c_0 t)}{\partial t} + \frac{\partial g(x+c_0 t)}{\partial t} = -c_0 f(x-c_0 t) + c_0 g(x+c_0 t) \\ &= -c_0 [f(x-c_0 t) + g(x+c_0 t)] = -2c_0 f(x-c_0 t) = 2c_0 g(x+c_0 t) \end{aligned} \tag{7.8}$$

综上可知

$$v_l = -2v_I = 2v_R \tag{7.9}$$

由式(7.9)可以知道,地震波作用于围岩介质岩体时,其自由面的振动速度为围岩介质内部质点的 2 倍。由其正负值可以知道,地震波在入射前为压缩应力波,发生反射后则变为拉伸波。由于岩体属于抗压不抗拉的脆性材料,所以反射后的应力波对岩体的破坏效应比较大。

结合 4.4 节的研究成果可知,地震波对岩体(煤柱)的动力破坏效应主要体现在以下 3 个方面:①地震波对岩体的冲击破坏效应;②入射波的压缩破坏效应与拉伸波的拉伸破坏效应;③共振破坏效应。

7.2.2 地震作用下考虑充填效应的煤矿采空区稳定性分析

在煤炭资源开采的过程中,如果及时对煤矿采空区进行充填,就可以有效地控制岩层的移动变形破断[4]。充填材料在煤矿采空区的作用主要体现在[4]:①传递上覆岩层的自重荷载,并为破碎岩体提供支撑力,防止破碎岩体的崩落;②为煤矿采空区围岩提供侧限压力,约束围岩的自由面;③在一定程度上可以抵抗煤矿采空区围岩介质闭合现象。对煤矿采空区进行充填后,改变了煤矿采空区围岩结构体系的受力状态,围岩介质由开采后的双向承受压力状态转变为三向受压状态[113],此时,煤矿采空区充填材料为围岩所提供的侧限压力 σ_a 的计算公式为

$$\sigma_a = \sigma_v \frac{(1+\lambda)(1-\lambda)}{2(1+2\lambda)} \tag{7.10}$$

式中,λ 为围岩介质的侧压力系数,无量纲;σ_v 为围岩介质垂直方向上的应力,MPa。

由《混凝土结构设计理论(第五版)》关于混凝土的环箍效应理论[233]可以知道,当研究对象处于三面受压状态时,在一定程度上可以提高强度。由此可以判断,在充填材料提供的侧限压力 σ_a 的作用下,煤矿采空区围岩介质的强度得到了提高,此时岩体强度 σ 为

$$\sigma = k\sigma_a + \sigma_c \tag{7.11}$$

式中,系数 $k = \frac{1+\sin\alpha}{1-\sin\alpha} > 1$,$\alpha$ 为采空区岩体的内摩擦角,(°);σ_c 是围岩的单轴抗压强度,MPa。

通过分析式(7.11)可以发现,$\sigma = k\sigma_a + \sigma_c > \sigma_c$,说明煤矿采空区充填材料的存在,在一定程度上提高了围岩介质的抗压强度,同时也可以有效地改变上覆岩层的自重荷载以及地应力的传播途径,有效地转移了作用在煤矿采空附近围岩上应力。

令煤矿采空区充填材料所转移的应力为 σ_b,地震发生时,地震波在岩体传播过程中,在岩体中所增加的围岩应力为 $\sigma' = \rho c_0 v$。

假设 $\sigma_b + k\sigma_a \geqslant \sigma'$,则此时岩体处于稳定状态。由此可知,煤矿采空区在开采过程中其稳定性较好,则在采用充填材料进行充填后,发生地震时充填岩体的强度只要在一定的应力范围满足 $\sigma_b + k\sigma_a \geqslant \sigma'$ 的条件,就可以保持煤矿采空区的地震动力稳定性;所以在对煤矿采空区进行充填时,需要选择抗压强度高的充填材料,以尽可能地提高煤矿采空区的地震动力稳定性。

当地震波在充填材料与围岩介质之间传播时,由于介质的差异性,容易发生反射与现

象。在充填材料与围岩介质之间的交界面上,假设运动速度与应力满足协同变形,二者需要保持一致,此时可以知道

$$\begin{cases} \sigma_T = \sigma_I + \sigma_R \\ v_T = v_I - v_R \end{cases} \tag{7.12}$$

由 $\sigma = \rho c v$ 可以得到

$$\begin{cases} \sigma_T = \dfrac{2\rho_2 c_2}{\rho_1 c_1 + \rho_2 c_2} \sigma_I \\ \sigma_R = \dfrac{\rho_2 c_2 - \rho_1 c_1}{\rho_1 c_1 + \rho_2 c_2} \sigma_I \end{cases} \tag{7.13}$$

由于岩体的密度 ρ_1 和波速 c_1 要远远大于充填材料的密度 ρ_2 和波速 c_2,即 $\rho_1 c_1$ 远远大于 $\rho_2 c_2$,由此可以知道 $\sigma_T < \sigma_I$。即地震波在围岩与充填材料的交界面上传播时,产生的透射地震波 σ_T(transmission wave)会小于入射波 σ_I,透射地震波所产生的应力 σ_t 的减小,有利于保护强度相对较低的填充材料。

由于反射波 $\sigma_R = \dfrac{\rho_2 c_2 - \rho_1 c_1}{\rho_1 c_1 + \rho_2 c_2} \sigma_I$,因此可以判断,$-1 < \sigma_R < 0$,该公式表明地震波发生反射后,反射波由压缩波变成拉伸波,与入射波(压缩波)相互叠加抵消部分地震能量,在一定程度上可以有效地减小作用在煤矿采空区围岩介质上的应力,降低围岩介质发生破坏的概率。综上可知,地震波在围岩介质与充填材料之间传播时,透射波的衰减效应、反射波性质的改变导致地震波的能量在围岩及充填材料之间发生迁移、耗散,大大降低了地震波的灾害能量,有利于保证煤矿采空区巷道及围岩的稳定性。

7.3　煤矿浅埋采空区的地震动力稳定性分析模型

在有限元数值计算中,模型基本尺寸的选择决定了其数值计算结果的精度和可靠度[110]。计算模型过小,无法真实地反映地下工程结构的地震动力响应规律,与实际结果偏差较大;计算模型过大,虽然可以保证计算结果的准确性,但是浪费了太多的计算时间成本,同时也为数据的提取造成麻烦。根据国内相关的研究成果[110,267]可知:在对地下工程结构进行数值分析时,模型的横向长度大于地下结构截面的长度尺寸 8~10 倍时,就可以满足计算精度和准确度的要求。在对地下工程结构模型进行网格划分的时候,模型的网格尺寸决定了地震波传播的数值精度,一般要求[110]有限元数值计算分析模型的网格尺寸 Δl 需要小于地震波的峰值频率所对应的地震波长的 $\dfrac{1}{8} \sim \dfrac{1}{10}$,即 $\Delta l \leqslant \left(\dfrac{1}{8} - \dfrac{1}{10}\right)\lambda$,$\lambda$ 为地震波的峰值频率所对应的波长。根据所选用的地震波的峰值频率、岩土的动力参数以及计算精度的要求,在计算模型上所确定的网格尺寸为 $1m \times 1m$,重点关注区域的网格尺寸为 $0.5m \times 0.5m$,以保证数值计算结果的可靠性及计算时间的合理性。

某煤矿采空区的埋置深度为 105m,所选取的场地计算模型的基本尺寸为长×宽×深$=300m \times 150m \times 130m$,煤矿采空区的截面尺寸为 $90m \times 5m$,为了对比分析煤矿采空

区场地与普通自由场地的地震动力响应的差别,分别建立了不同的分析计算模型见图 7.2。场地的工程地质情况(即有限元分析模型岩层的物理力学参数)[73]见表 7.1,模型的破坏准则为摩尔-库仑屈服准则,边界设为可透射性边界。

在有限元数值计算分析过程中,要求计算模型满足以下假设条件:①暂不考虑煤矿采空区地下水的静水压力、渗流效应及动力压力对岩体的动力响应的影响,地震作用下,岩体与水体所产生的流固耦合效应也不考虑;②同一岩(土)层介质视为各向同性均质连续性的材料,暂不考虑离散介质对岩体动力响应的影响;③由于计算模型尺寸的限制,暂不考虑地震波行波效应的影响;④要求不同岩层间的界面位满足移协调变形,以保证地震波在岩层中能够适时传播。

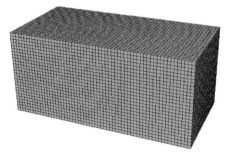 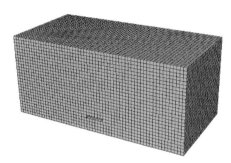

(a) 不存在煤矿采空区的场地模型　　　　　(b) 存在煤矿采空区的场地模型

图 7.2　煤矿采空区场地模型

表 7.1　有限元分析模型岩层的物理力学参数

岩体名称	弹性模量/MPa	泊松比	密度/(kg/m³)	厚度/m	黏聚力/MPa	内摩擦角/(°)
砂土	20	0.29	1920	45	0.25	30
粉砂岩 1	2010	0.184	2650	40	1.35	35
中粗砂岩	3830	0.226	2790	10	1.7	30
泥岩 1	2060	0.226	2600	10	2	28
煤	1800	0.272	1400	5	0.65	28
泥岩 2	2100	0.226	2600	10	2.1	28
粉砂岩 2	2690	0.184	2450	10	2.45	35

为了重点分析煤矿采空区地表不同位置的动力响应,分别设置 5 个监测点如图 7.3 所示。其中,监测点 A 处于整体模型的对称轴位置(煤矿采空区正上方),监测点 B 在监测点 A 正下方 45m 处,监测点 C 在监测点 B 正下方 40m 处,监测点 A、D、E 在同一水平线上,监测点 D 距离监测点 A 45m,监测点 E 距离监测点 D 40m。

在前文 4.2.2 小节关于地震波选取原则的基础上,基于《建筑抗震设计规范》(GB50011—2010)选取 Taft 地震波和人工地震波,通过调整地震波的峰值加速度来实现地震的不同烈度,所设定的峰值地震加速度为 0.1g(荷载工况一)、0.15g(荷载工况二)和 0.2g(荷载工况三),所选取的地震波的加速度时程曲线如图 4.2 及图 4.3 所示。

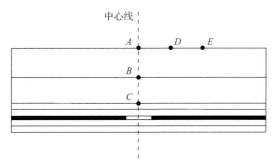

图 7.3　煤矿采空区的监测点位置

7.3.1　煤矿浅埋采空区地表的地震动力响应分析

　　为了分析地震波作用下煤矿浅埋采空区上方地表的动力响应,重点考查不同地震波作用下煤矿浅埋采空区的存在对地层(含地表)不同位置动力响应(加速度响应、位移响应)的影响见图 7.4 及表 7.2。

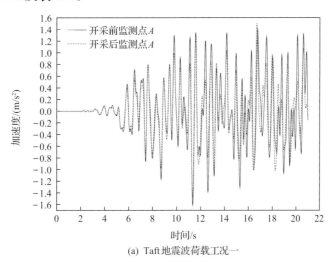

(a) Taft 地震波荷载工况一

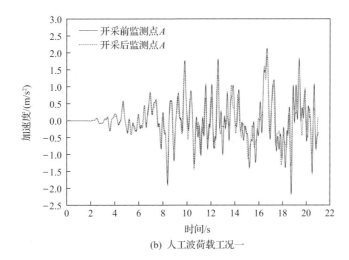

(b) 人工波荷载工况一

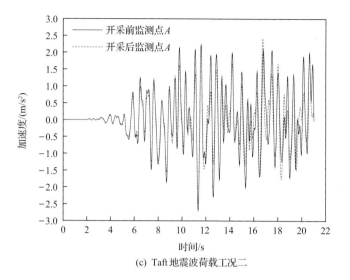

(c) Taft地震波荷载工况二

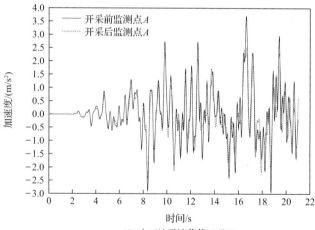

(d) 人工地震波荷载工况二

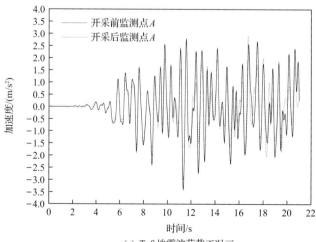

(e) Taft地震波荷载工况三

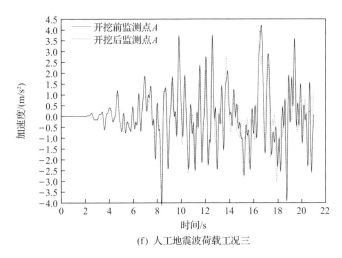

(f) 人工地震波荷载工况三

图 7.4　煤矿采空区对地表加速度动力响应的影响

表 7.2　地震作用下地表监测点 A 峰值加速度

监测点 A 的不同开采工况	不同工况下最大加速度/g					
	工况一(0.1g)		工况二(0.15g)		工况三(0.2g)	
	Taft 地震波	人工地震波	Taft 地震波	人工地震波	Taft 地震波	人工地震波
开采前	0.16	0.22	0.27	0.38	0.34	0.44
开采后	0.15	0.20	0.25	0.26	0.32	0.40
差值	0.01	0.02	0.02	0.12	0.02	0.04

（1）地震作用下煤矿浅埋采空区的加速度动力响应分析。

通过分析处于煤矿采空区正上方监测点 A 的地震加速度动力响应发现：煤层开采前后地表加速响应的时程曲线的形式与原激励震源（地震波）相近，但存在振动形式滞后、时间有所延长的特点；随着地震波峰值加速度的增加，地表峰值加速度响应也随之增大，煤矿浅埋采空区的地表加速度响应明显小于普通场地的地表加速度响应，说明在一定范围内煤矿浅埋采空区的存在降低了地表的加速度响应。人工地震波由于其地震烈度稍大于 Taft 地震波，所以，人工地震波所引起的地表加速度动力响应的差值要大于 Taft 地震波，并且随着地震波峰值加速的增大，其差值也越来越大，说明地震波的特性与煤矿浅埋采空区的存在对地表动力响应的贡献中，地震波特性占主导作用，即强震作用下，无论是否存在煤矿浅部采空区，地表加速度响应都比较大，但是煤矿采空区的存在可以减弱地表的动力响应。

（2）地震作用下煤矿浅埋采空区的位移动力响应分析。

通过分析处于煤矿采空区正上方监测点 A 的地震位移动力响应（表 7.3 及图 7.5）发现，煤层开采前后地表位移响应的时程曲线的形势相近而又有所差异，其差异性主要体现在峰值位移的大小；煤矿浅埋采空区的地表位移响应普遍小于普通场地的地表加速度响应，说明在一定程度上，煤矿浅埋采空区的存在可以减小场地的地震位移响应；与地震波引起的地表加速度响应不同，随着地震波峰值加速度的增加，地表位移响应在煤炭资源开采前后虽然在峰值位移响应上递增,但是煤炭开采前后的差异却越来越接小,说明在强震作用下,地表的位移响应较大,尽管煤矿采空区的存在可以减缓地表的地震动力响应,但是如果强震作用下地表出现裂缝坍塌现象,煤矿采空区则成为加剧地表大面积坍塌、动力失稳的隐患。

表 7.3　煤矿采空区对地表位移动力响应的影响

监测点 A 的不同开采工况	不同工况下位移/m					
	工况一(0.1g)		工况二(0.15g)		工况三(0.2g)	
	Taft 地震波	人工地震波	Taft 地震波	人工地震波	Taft 地震波	人工地震波
开采前	0.098	0.257	0.168	0.383	0.211	0.484
开采后	0.077	0.233	0.132	0.344	0.165	0.437
差值	0.021	0.024	0.036	0.039	0.046	0.047

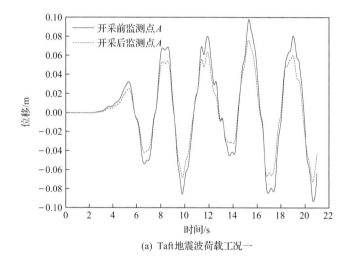

(a) Taft 地震波荷载工况一

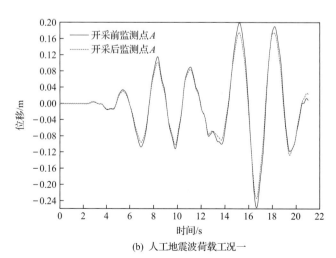

(b) 人工地震波荷载工况一

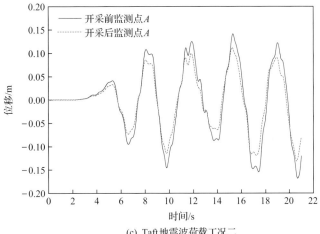

(c) Taft地震波荷载工况二

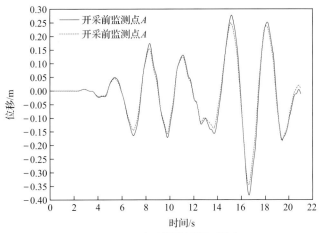

(d) 人工地震波荷载工况二

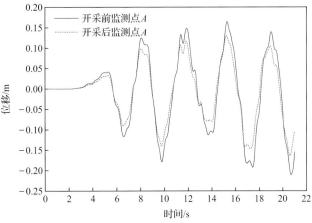

(e) Taft地震波荷载工况三

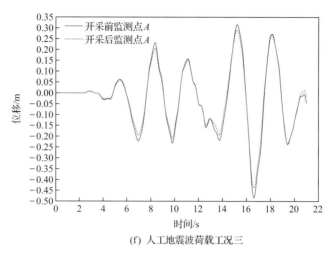

(f) 人工地震波荷载工况三

图7.5　煤矿浅埋采空区对地表位移动力响应的影响

7.3.2　煤矿浅埋采空区地表不同位置的地震动力响应分析

虽然煤矿浅埋采空区可以减弱地表的地震动力响应,但是所研究的地表监测点在煤矿采空区正上方位置,而距离煤矿采空区不同距离地震动力响应可能差别较大,所以有必要探讨煤矿浅埋采空区地表不同位置的地震动力响应的差异,为煤矿采空区场地稳定性研究提供参考。

通过分析地震作用下煤矿浅埋采空区地表不同位置的加速度响应(表7.4及图7.6)可知:地震作用下煤矿浅埋采空区上方地表不同位置的加速度响应差异较大,虽然加速度响应时程曲线的形势与原激励震源(地震波)相近,但是峰值加速度差异较大。通过分析表7.4可知,煤矿浅埋采空区地表不同位置的峰值加速度的大小为:煤矿采空区边缘<煤矿采空区正上方<煤矿采空区远处,结合其应力云图可以发现:煤矿采空区边缘附近形成的塑性区面积较大,地震波传递到煤矿采空区岩层的塑性区域[该塑性区域对应于宏观上岩层出现裂缝、空洞等损伤破坏现象,导致岩土层的破碎度和松散度增加,破坏了岩层的完整性,使其强度降低、刚度劣化的区域],该区域耗散了较多的地震能量,严重影响了地震波的传递,所以煤矿采空区区域的地表的动力响应要小于煤矿采空区远处。在实际工程中,由于煤矿采煤沉陷区边缘岩层的损伤破坏也比煤矿采空区其他位置要大,所以,煤矿采空区边缘的地震动力响应要小于煤矿采空区正上方位置的地震动力响应。

表7.4　煤矿采空区地表监测点位移动力响应

监测点	不同工况下位移/m					
	工况一(0.1g)		工况二(0.15g)		工况三(0.2g)	
	Taft地震波	人工地震波	Taft地震波	人工地震波	Taft地震波	人工地震波
A	0.15	0.20	0.25	0.26	0.31	0.40
D	0.14	0.18	0.23	0.25	0.28	0.39
E	0.17	0.30	0.27	0.46	0.33	0.62

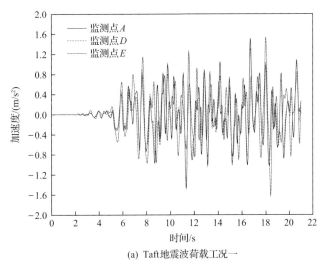

(a) Taft地震波荷载工况一

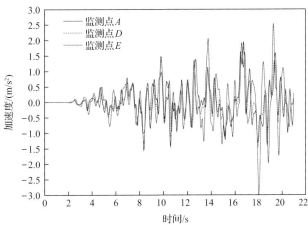

(b) 人工地震波荷载工况一

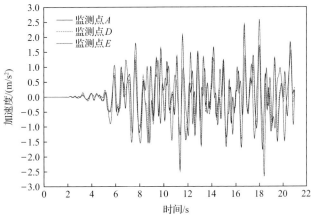

(c) Taft地震波荷载工况二

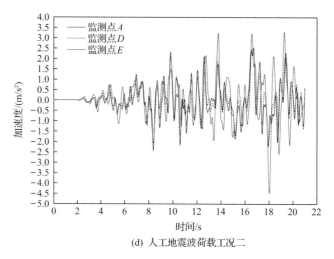

(d) 人工地震波荷载工况二

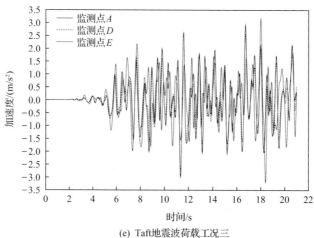

(e) Taft地震波荷载工况三

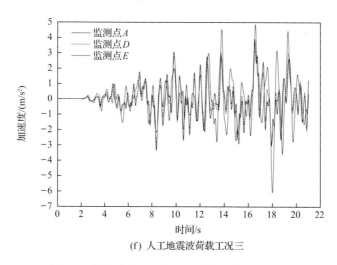

(f) 人工地震波荷载工况三

图 7.6　煤矿采空区地表监测点加速度动力响应

7.4　地震作用下煤矿采空区场地条件对地表峰值加速度的影响

　　场地条件的改变对地表的地震动力响应影响较大,尤其是对煤矿采空区而言,岩层移动破断等现象不可避免,场地条件复杂多变,所以非常有必要探讨煤矿采空区场地条件的改变对地表动力响应的影响。在 7.3 研究的基础上,分别改变煤矿采空区的深度、场地刚度条件(主要改变第一层场地土层的刚度)和是否使用充填材料进行填充等不同因素来分析地表动力响应的变化,为了分析煤矿采空区场地不同位置的地表峰值加速度响应,分别选取煤矿采空区正上方(1 点处),煤矿采空区边缘处 75m(2 点处),煤矿采空区的 3 点距离 1 点为 150m,4 点距离 1 点的距离为 250m,其具体分布见图 7.7。

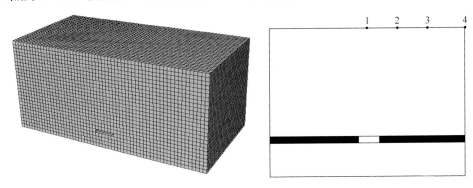

图 7.7　煤矿采空区计算模型及监测点

7.4.1　煤矿采空区的深度对地表峰值加速度的影响

　　通过分析图 7.8 不同深度的煤矿采空区对地表峰值加速度变化可以发现,地震作用下,随着煤矿采空区深度的增加,地表同一监测点的峰值加速度呈现整体增加的趋势,说明煤矿采空区对地表的地震动力响应的影响在减小;同一深度下距离煤矿采空区距离越远的监测点,其峰值加速度越大,与上节分析结果相吻合(说明煤矿浅埋采空区的存在可以减弱地表峰值加速度响应)。但是当煤矿采空区的深度超过 300m 时,随着煤矿采空区深度的增加,地表同一监测点的峰值加速度变化较小(增加较小),煤矿采空区地表不同监测点的峰值加速度的差值逐渐减小,说明煤矿浅埋采空区对地表峰值加速度影响较大,煤矿深埋采空区由于深度较大,对地表的地震动力响应的影响逐渐减弱。

7.4.2　煤矿采空区场地岩层刚度对地表峰值加速度的影响

　　由于煤矿采空区的岩层不可避免地要发生移动变形破断,所以岩层的力学性能改变较大。本节通过改变煤矿采空区上覆岩层的刚度来使岩层发生不同程度的损伤,并以此来探讨地震作用下煤矿采空区地震动力响应与岩体力学性能的内部联系。通过改变煤矿采空区上覆岩层第一层岩层的刚度分别为 $G_1=2060\text{MPa}$、$G_2=2690\text{MPa}$、$G_3=3830\text{MPa}$,煤矿采空区的埋深深度为 300m,在有限元分析计算中,所选用的地震波的峰值加速度为 $0.2g$,此时可以得到,地震作用下煤矿采空区地表的峰值加速度响应与岩层物理力学的

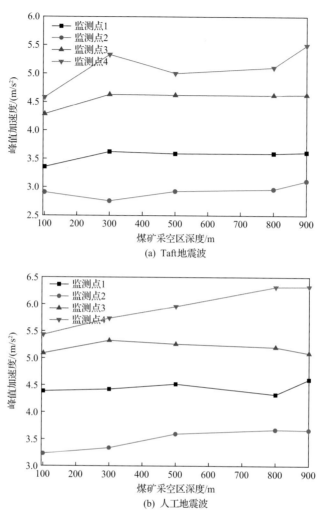

图 7.8　煤矿采空区深度对地表峰值加速度影响

变化关系如图 7.9 所示。

通过分析图 7.9 地震作用下煤矿采空区岩层刚度的变化与地表动力加速度响应的关系可以初步发现:随着岩层刚度的增加,地震作用下煤矿采空区地表同一监测点的峰值加速度也随之增加,并且不同位置的地震动力峰值加速度变化趋势基本一致。煤矿采空区地表不同区域的动力加速度响应的变化规律相同,说明岩层的刚度较大,岩体抵抗变形的能力就较强,并且其内部材料完整性相对较好,地震波在刚度较大的岩层中传播时,其能量发生迁移、耗散相对较少,由于地震波在岩层中的灾害能量衰减相对较少,因此地表的地震动力加速度响应就呈现出增大的趋势。由此可以判断,煤矿采空区岩层介质的刚度直接决定了地震波在岩层中能量耗散及岩层变形的大小,最终直接影响煤矿采空区内地面建筑抗震性能,所以,煤矿开采区域内岩(土)层的物理力学性能对于研究煤矿采空区、巷道及围岩的地震动力破坏机理具有直接的决定作用。

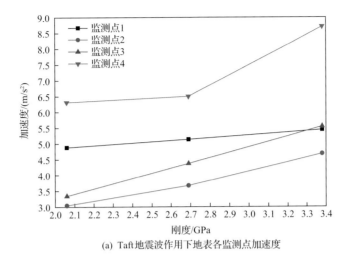

(a) Taft 地震波作用下地表各监测点加速度

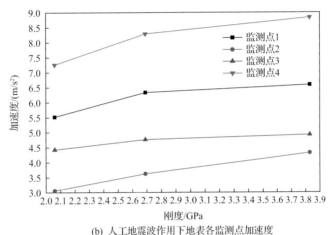

(b) 人工地震波作用下地表各监测点加速度

图 7.9　岩层刚度对地表各监测点峰值加速度值的影响

7.4.3　煤矿采空区充填材料对地表峰值加速度的影响

为了控制煤矿采空区岩层的移动变形破断,多在煤炭资源开采的过程中采用充填开采的方法控制岩层的移动变形。充填材料的性质对煤矿采空区场地的地震稳定性影响较大,为了探讨地震作用下考虑充填效应的煤矿采空区地表的动力响应,本节采用了三种不同破碎度及密实度的煤矸石材料[98]来对煤矿采空区进行充填(表 7.5),其中煤矿采空区的埋置深度为 300m,重点分析研究充填后的煤矿采空区的地表峰值加速度响应如表 7.6 及图 7.10 所示。

表 7.5　充填材料的物理力学参数

名称	密度/(kg/m³)	堆积密度/(kg/m³)	泊松比	弹性模量/MPa	内摩擦角/(°)	黏聚力/MPa
煤矸石 1	1960	1210	0.3	78	30	0.78
煤矸石 2	2100	1430	0.3	208	30	1.00
煤矸石 3	2380	1612	0.3	468	30	1.16

表 7.6　地震作用下充填后煤矿采空区的地表峰值加速度响应

| 监测点 | 不同填充材料下最大加速度/(m/s²) | | | | | |
| | 煤矸石 1 | | 煤矸石 2 | | 煤矸石 3 | |
	Taft 地震波	人工地震波	Taft 地震波	人工地震波	Taft 地震波	人工地震波
1	4.205	5.566	4.547	6.447	4.346	6.722
2	2.793	3.302	3.089	3.490	3.548	3.589
3	3.444	2.941	3.552	3.741	3.968	3.655
4	5.526	6.261	5.575	6.434	5.691	6.459

　　通过分析图 7.10 考虑充填效应的煤矿采空区地表峰值加速度响应发现：对煤矿采空区进行充填后，煤矿采空区正上方地表的峰值加速度响应依然小于远处地表的峰值加速度，说明充填后的煤矿采空区仍然能减弱地表的加速度响应。通过分析不同力学性能的充填材料，发现存在以下规律：①充填材料的刚度越大，煤矿采空区地表的峰值加速度越大，越接近于煤矿采空区远处（开采沉陷变形范围之外的区域）的峰值加速度；②随着煤矿

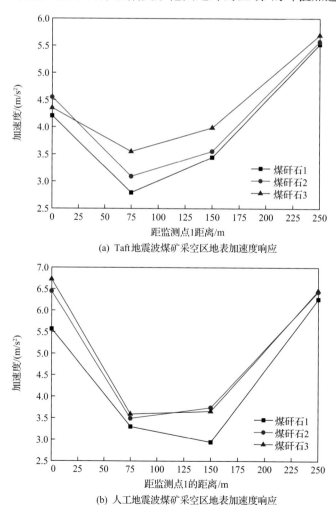

(a) Taft 地震波煤矿采空区地表加速度响应

(b) 人工地震波煤矿采空区地表加速度响应

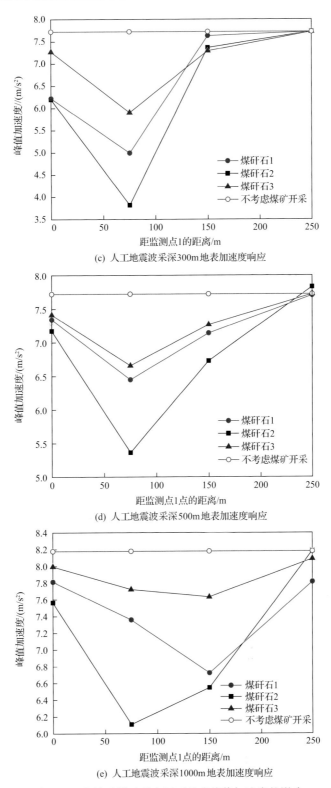

(c) 人工地震波采深300m地表加速度响应

(d) 人工地震波采深500m地表加速度响应

(e) 人工地震波采深1000m地表加速度响应

图 7.10　充填后煤矿采空区对地表峰值加速度的影响

采空区深度的增加,充填后煤矿采空区对地表的地震动力响应的影响也在减弱;③当煤矿采空区的深度达到 1000m 时,充填后煤矿采空区的地震动力加速度响应峰值为普通地表的地震动力加速度响应的 75% 左右,由此可以判断,地震发生后,煤矿采空区地表的地震动力破坏程度相对较小,此时,对煤矿采空区地面建筑物的损伤评价时需要引起注意。

对煤矿采空区进行充填后,距离煤矿采空区较远处的地表峰值加速度要大于其正上方地表的峰值加速度响应,说明对煤矿采空区进行充填后,地震波的灾害能量经过煤矿采空区后消耗较多,充填后的煤矿采空区的耗能能力依然比较理想。这主要是因为煤矿采空区充填材料后虽然可以控制岩层的移动变形,但是不能完全遏制岩层的移动,只是减缓岩层的移动变形破断,所形成的具有一定裂隙的岩层的强度降低、刚度劣化、阻尼和耗能能力得到增加,并且煤矸石作为充填材料,在充填过程中不可能达到完全密实的程度,煤矸石与煤矿采动裂隙岩体(破碎岩体)所组成的"煤矸石＋裂隙岩体复合体"可以有效地吸收地震波的灾害能量,充填材料与煤矿采空区岩层所形成的阻尼性能和耗能能力类似"减隔震层"(煤矸石＋裂隙岩体复合减隔震层),既可以降低传播到地面的地震能量,又可以维持煤矿采空区的动力稳定性,同时还起到保护地面建筑结构的作用,这与 1976 年唐山地震中煤矿采空区上方的建筑物的地震震害小于普通场地上的建筑物的地震震害基本吻合[266,267],并且充填后的煤矿采空区岩层的稳定性得到了增强,耗散了较多的地震能量,再加上煤矿采空区充填材料的支撑作用,岩层的地震动力稳定性得到了保证,与前文的理论分析基本吻合。

在以上分析的基础上,初步得到了"煤矸石充填＋裂隙岩体复合减隔震层"保证煤矿采空区地震动力稳定性及地面建筑抗震安全的理念:煤矿采空区充填材料煤矸石与矿山采动裂隙(破碎)岩体所形成的"煤矸石充填＋裂隙岩体复合减隔震层",具有比较理想的耗能减震作用。煤矿采场的岩体由于卸压作用,导致岩层发生移动变形破断后在采场形成了大范围的煤矿采动裂隙岩体,煤矿采动裂隙岩体在移动破断的过程中,其整体强度降低、刚度劣化,但是其阻尼和耗能能力却相应地得到了增加,与充填材料煤矸石所形成的具有阻尼特性及耗能能力类似与建筑结构中的"隔震减震层"(本书中定义为"煤矸石充填＋裂隙岩体复合减隔震层")。在地震发生时,煤矸中充填＋裂隙岩体复合减隔震层可以有效地吸收地震波的灾害能量,在起到保护煤矿采空区地面建筑物作用的同时,又实现了煤矿采空区的静力稳定性及动力稳定性。可以最大限度地保证煤矿采空区的地震动力稳定性及控制采煤沉陷对煤矿采动区地面建筑物所带来的危害。

7.5　煤矿采空区群的地震动力稳定性分析

实际的煤矿采空区往往不是独立存在的,并且煤矿采空区的大量存在对地表动力影响较大。为了深入研究煤矿采空区群的地震动力稳定性,在前文 7.3 及 7.4 节分析的基础上,建立了同时存在 3 处煤矿采空区的有限元数值计算模型如图 7.11 所示,该力学模型的基本尺寸为长×宽×深＝300m×150m×130m,煤层厚度为 5m,预留煤柱(宽度为 30m)两侧的煤矿采空区宽度均为 60m,输入的地震波峰值加速度为 0.1g。为了研究煤矿采空区煤柱的地震动力响应,重点选择如图 7.11 所示的煤柱进行分析探讨。

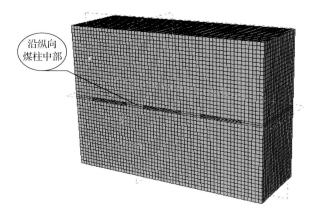

图 7.11　煤矿采空区群的有限元计算模型

7.5.1　煤矿采空区群对地表地震波加速度响应的影响

通过对比分析不同地震波作用下煤矿采空区群的地表加速度响应(图 7.12)发现,煤矿采空区的地表加速响应的时程曲线与原激励震源(地震波)相近,但存在着在时间上振动形式滞后并有所延长的现象[煤矿采空区(群)地表加速度响应时程曲线的时间接近于22s,而所加载的地震波的时间仅为 20s]。除了地震波在岩层中传播需要时间外,另外主要是地震波在岩(土)层介质传播过程中,岩层存在着"弹性滞后、塑性流动"的现象(弹性滞后效应、塑性流动[23]主要是指地震作用下岩层发生弹性变形要消耗能量,而岩层间错动时会释放一定的弹性变形能,由于材料弹性滞后效应与松弛效应的存在,导致释放的能量要小于弹性变形能,两者之间的能量差就是岩层错动所消耗的能量,岩层的黏弹性越大,其弹性滞后效应就越大)。

煤矿采空区群的地表地震动力加速度响应整体上小于单独煤矿采空区地表地震动力加速度响应(Taft 地震波作用下,煤矿采空区群地表的峰值加速度为 5.32m/s²,发生时刻为 10.4s,单独煤矿采空区地表的峰值加速度为 7.27m/s²,发生时刻为 16s,煤矿采空区群加速度响应比单独采空区下降 26.8%;人工地震波作用下,煤矿采空区群地表的峰值加速度为 8.30m/s²,发生时刻为 16.8s,单独煤矿采空区地表的峰值加速度为 8.82m/s²,发生时刻为 16.6s,煤矿采空区群加速度响应比单独采空区下降 5.9%),说明煤矿采空区较多时,不同采空区之间相互影响,导致岩石松动圈的范围扩大,进一步降低岩(土)层的完整性,使得岩层继续损伤破坏,降低岩层的强度和刚度的同时却提高其阻尼力(宏观上对应岩层中的结构弱面不断由微小裂纹向宏观裂隙发展,岩层介质的破碎度和松散度增大)。地震波在采空区岩层传播的过程中,会导致岩层发生更多的岩体碎胀,并且更多的灾害能量在岩层中消耗掉,所以,煤矿采空区群的地表加速度响应要小于单一煤矿采空区的地表地震动力加速度响应。虽然煤矿采空区群岩层的地震加速度动力响应得到了降低,但是由于地震波大量的能量被损伤岩层耗散掉,此时,极易导致岩层内部应力超过其抗拉(压)强度,岩层发生移动、破断、坍塌现象的可能性较高,引起煤矿采空区的整体失稳现象发生。

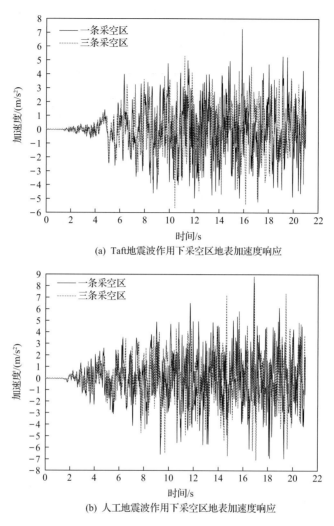

(a) Taft地震波作用下采空区地表加速度响应

(b) 人工地震波作用下采空区地表加速度响应

图 7.12　煤矿采空区群对地表地震波加速度响应的影响

7.5.2　煤矿采空区群对地表地震波位移响应的影响

通过对比分析图 7.13 不同地震波作用下煤矿采空区群的地表位移响应发现,煤矿采空区的地表位移响应的振动形式以及振动持续时间与加速度响应的变化规律相近,振动形式相近、持续时间延长。煤矿采空区群的地表位移响应整体上小于单独煤矿采空区地表的位移响应(Taft 地震波作用下,煤矿采空区群地表的峰值位移为 0.133m,发生时刻为 13.1s,单独煤矿采空区地表的峰值位移为 0.181m,发生时刻为 14.8s,煤矿采空区群位移响应比单独煤矿采空区下降 26.5%;人工地震波作用下,煤矿采空区群地表的峰值位移为 0.175m,发生时刻为 12.1s,单独煤矿采空区地表的峰值位移为 0.180m,发生时刻为 12.4s,煤矿采空区群位移响应比单独煤矿采空区下降 2.8%)。仅从地震波能量消耗角度来分析:由于煤矿采空区群岩体碎胀现象比单独煤矿采空区的严重,更多的灾害能量在岩层传播过程中消耗掉,所以,煤矿采空区群的地表位移响应要小于单一煤矿采空区的地表地震动力位移响应。但是由于煤矿采空区群岩层消耗的能量过多,并且煤矿采空区群场地整体上的稳定性要小于单一煤矿采空区的场地;由于二者的位移差值较小,并且地震能量耗散的差异,所以,地震作用下煤矿采空区群场地的危险性要高于单一煤矿采空区的场地。

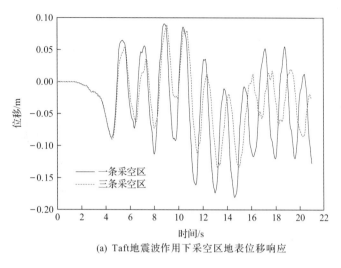

(a) Taft地震波作用下采空区地表位移响应

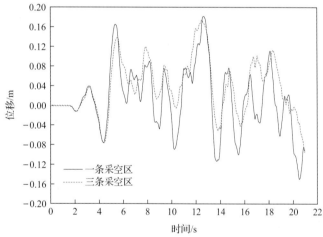

(b) 人工地震波作用下采空区地表位移响应

图 7.13　煤矿采空区群对地表地震位移动力响应的影响

　　对比以上两种地震波作用下煤矿采空区地表加速度和位移响应发现,随着地震波的峰值加速度的增大,煤矿采空区地表的动力响应更加迅速和剧烈,其发生失稳破坏的可能性也增大。

7.5.3　多遇地震作用下煤矿采空区群应力场演化分析

　　为了清晰地了解地震作用下煤矿采空区群不同岩层的应力场分布情况,在 7.5.1 及 7.5.2 小节分析研究的基础上,重点对煤矿采空区群岩层的应力场的分布演化、煤矿采空区间煤柱的应力场分布演化进行了重点探讨。

（1）煤矿采空区群应力场的演化分析。

为了更好、更清楚地了解地震能量在煤矿采空区群岩层的耗散过程，需要对煤矿采空区群的应力场演化过程进行分析。通过分析图 7.14Taft 地震波作用下煤矿采空区群岩层应力演化可以发现：随着 Taft 地震波在岩层中传播时间的增加，岩层的应力场从煤矿采空区群的底部逐渐向地表蔓延，在地震发生的整个过程中应力场的分布呈对称分布。地震发生 2s 后应力场主要出现在煤矿采空区群附近的岩层，并且呈"蝴蝶状"分布，其中在相邻采空区中间的煤（岩）柱出现了高应力集中现象，在中间采空区巷道帮部也对称地

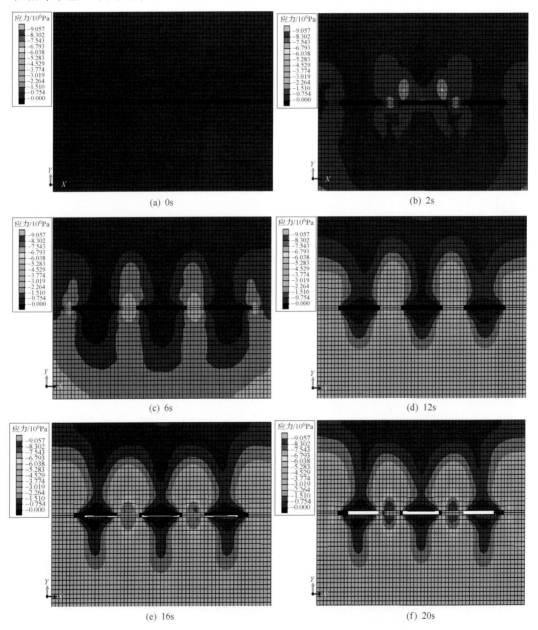

(a) 0s　　　　　　　　　　　　　　(b) 2s

(c) 6s　　　　　　　　　　　　　　(d) 12s

(e) 16s　　　　　　　　　　　　　　(f) 20s

图 7.14　Taft 地震波作用下煤矿采空区群岩层应力演化

出现了高应力集中现象,两煤矿采空区之间的煤柱的应力峰值明显高于煤矿采空区另一侧的应力峰值。

地震发生 6～16s 内应力场呈现出向上演化发展的趋势,在煤(岩)柱及巷道帮部的高应力集中现象更加明显,煤矿采空区的应力场呈现出以煤(岩)柱及巷道帮部为主的高应力集中中心,并向外辐射,煤矿采空区巷道的顶板和底板的应力相对较小,研究对象的高应力场随着地震波的传播,绕过煤矿采空区不断向上传播;地震发生 20s 时,在煤(岩)柱出现类似“双耳状”的高应力集中区域,并且在煤(岩)柱始终处于“双耳状”高应力集中区域夹击作用下,煤(岩)柱上部峰值应力为 8.17MPa,下部峰值应力为 9.06MPa(煤岩的抗拉强度一般为 0.25～1.73MPa,抗压强度一般为 40～60MPa);说明此时煤柱在长时间地震波的冲击作用下处于高应力的环境中,极易发生冲击失稳、破坏现象,进而引发岩层的连续破断坍塌现象,导致整个采空区发生大规模的失稳破坏。

分析图 7.15 人工地震波作用下煤矿采空区群的应力场分布可知:由于人工地震波的烈度高于 Taft 地震波,所以,地震发生 2s 时,煤矿采空区群附近的岩层呈“蝴蝶状”分布的应力场的面积要明显高于 Taft 地震波,并且高应力集中区域面积明显增多;随着地震波在岩层中的传播,除了煤矿采空区群应力场的分布形态与 Taft 地震波相近外,其高应力集中现象的分布区域较大,但是其峰值应力分别为 6.99MPa(煤柱上部)和 9.57MPa

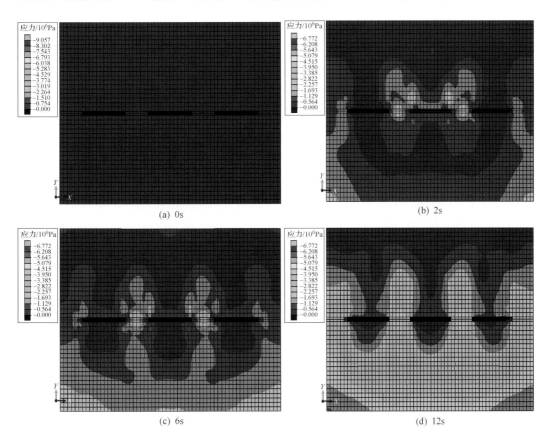

(a) 0s　　　　　　　(b) 2s

(c) 6s　　　　　　　(d) 12s

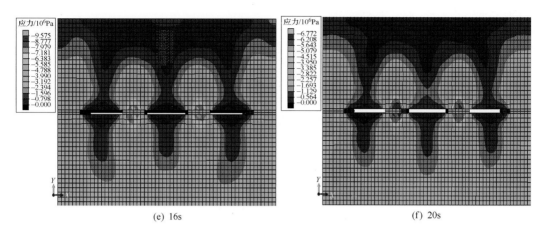

(e) 16s　　　　　　　　　　　　　　　　　　　(f) 20s

图 7.15　人工地震波作用下煤矿采空区群岩层应力演化

（煤柱下部），说明高烈度的地震波不仅增大了引起岩层高应力集中的分布面积，同时也大大提高了其峰值应力，此时，煤柱发生严重的冲击破坏现象，煤矿采空区会因为煤柱的失稳破坏退出工作后出现大范围的坍塌现象。

　　人工地震波作用下，煤矿采空区群的应力场分布与 Taft 地震波引起的应力场分布基本上相似：随着地震波在岩层中的传播，采空区岩层的应力场对称分布，并从煤矿采空区群的底部逐渐向地表蔓延，煤矿采空区的高应力集中区域出现在煤(岩)柱，高应力集中区域夹击作用下煤(岩)柱发生严重的冲击破坏现象，煤矿采空区会因为煤柱的失稳破坏退出工作后出现大范围的坍塌现象。

　　（2）煤矿采空区间煤柱应力场的演化分析。

　　由于煤矿采空区群的地震动力响应过程中，煤(岩)柱是高应力集中区域，为了更好地分析地震对煤矿采空区的动力破坏作用，截取采空区间煤柱为研究对象(沿煤柱纵向切面处位置)，重点探讨地震作用下煤柱的应力演化过程。

　　通过分析图 7.16 Taft 地震波作用下煤(岩)柱的应力响应发现：地震发生时，高应力集中现象首先出现在煤(岩)柱与采空区交界的区域，并随着时间的增加，应力不断增加。在地震发生 16s 时，可以清晰地看到，采空区高应力集中现象不断向附近的顶板和底板的岩层拓展，地震发生 20s 时，煤矿采空区与煤(岩)柱交界的上部(巷道顶板位置)的峰值应力为 8.17MPa，采空区与煤(岩)柱交界的下部(巷道底板位置)下部峰值应力为 9.06MPa；可以明显看到，计算单元的网格出现畸变现象，说明此时煤(岩)柱已经处于失稳破坏状态。

　　通过图 7.17 分析人工地震波作用下煤(岩)柱的应力响应与 Taft 地震波的应力响应基本相似，但是在地震发生 16s 时，可以看到，煤岩应力区域高应力集中现象尤为严重(灰褐色区域)，此时煤矿采空区与煤(岩)柱交界的上部(巷道顶板位置)的峰值应力为 6.99MPa(煤柱上部)，煤矿采空区与煤(岩)柱交界的下部(巷道底板位置)下部峰值应力为 9.57MPa(煤柱下部)，并且远远高于地震发生 20s 时的岩层应力峰值及分布区域，说明在高烈度地震作用下，煤(岩)柱提早进入屈服阶段，煤柱已经在 16s 时发生失稳破坏现象，由于煤柱的承载能力严重下降，极易导致煤矿采空区发生整体动力失稳现象。

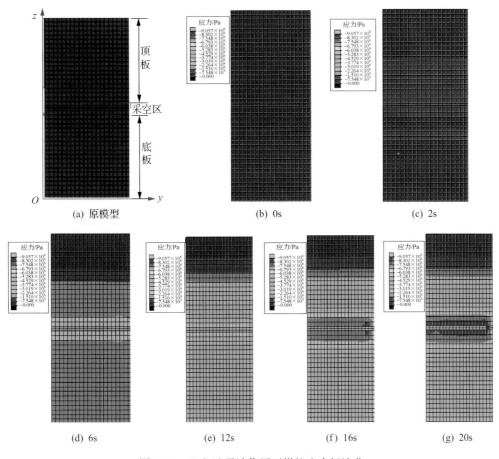

图 7.16　Taft 地震波作用下煤柱应力场演化

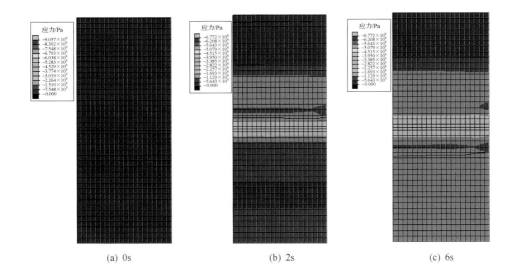

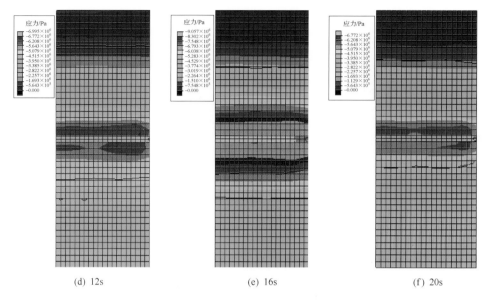

(d) 12s　　　　　　　　　(e) 16s　　　　　　　　　(f) 20s

图 7.17　人工地震波作用下煤柱应力场演化

7.5.4　罕遇地震作用下煤矿采空区群应力场演化分析

为了更好地分析在高烈度地震作用下煤矿采空区群及煤（岩）柱的动力稳定性及应力场分布情况,分别研究了高烈度地震作用下(峰值加速度 0.2g)煤矿采空区及煤（岩）柱应力场演化情况如图 7.18 所示。

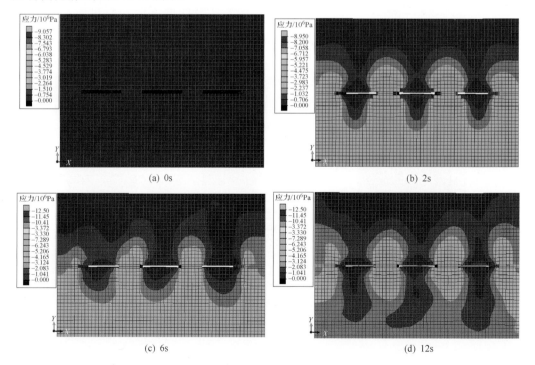

(a) 0s　　　　　　　　　　　　　　　　　　(b) 2s

(c) 6s　　　　　　　　　　　　　　　　　　(d) 12s

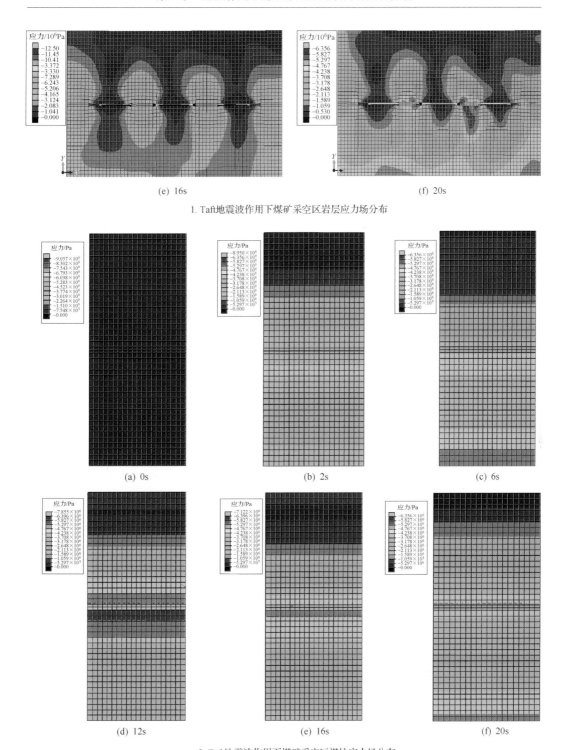

1. Taft地震波作用下煤矿采空区岩层应力场分布

2. Taft地震波作用下煤矿采空区煤柱应力场分布

图 7.18　Taft 地震波作用下煤矿采空区群围岩及煤柱的应力演化

　　通过分析图 7.19 高烈度地震作用下煤矿采空区群及煤(岩)柱的应力场分布情况可以发现,煤矿采空区群及煤(岩)柱的应力场与前文 7.5.3 节研究的分布规律基本相近。地震发生时,高应力集中现象首先出现在煤(岩)柱与采空区交界的区域,并随着时间的增加,应力不断增加,采空区高应力集中现象不断向附近的顶板和底板的岩层拓展演化,煤矿采空区与煤(岩)柱交界的上部(巷道顶板位置)和采空区与煤(岩)柱交界的下部(巷道底板位置)均出现了峰值应力,煤(岩)柱是发生地震动力破坏的关键部位。

　　但是也罕遇地震出现了与多遇地震作用下不一样的破坏形态:罕遇地震作用下,可以明显看出煤矿采空区煤(岩)柱的部分单元畸变现象明显,从整个研究对象可以明显看出岩层移动变形下沉挤压现象,煤矿采空区的岩层壁出现了明显的高应力集中现象;而单独分析煤(岩)柱的应力场分布时,却较少发现高应力集中现象。出现这种现象的原因是:在高烈度的地震作用下,煤矿采空区岩层吸收的地震灾害能量越多,地震灾害荷载对煤矿采

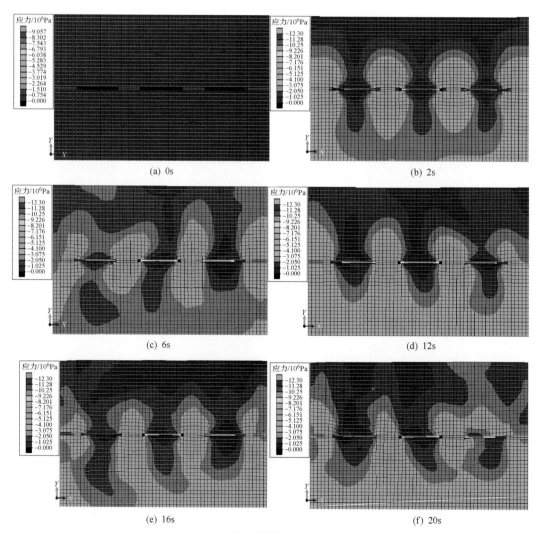

(a) 0s　　　　　　　　　　　　　　　(b) 2s

(c) 6s　　　　　　　　　　　　　　　(d) 12s

(e) 16s　　　　　　　　　　　　　　(f) 20s

1. 人工地震波作用下煤矿采空区岩层应力场分布

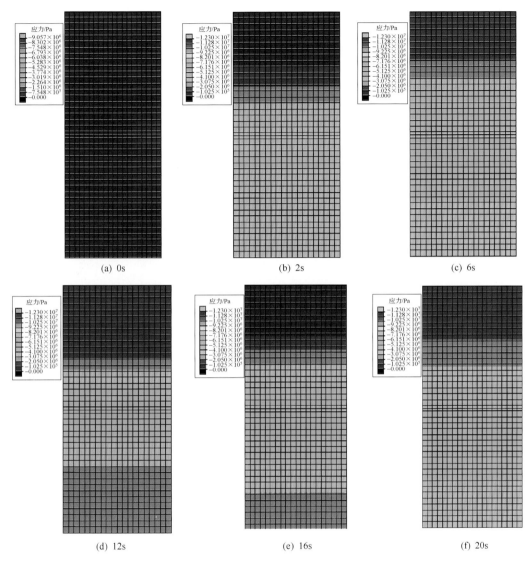

(a) 0s　　　　　　　　　　(b) 2s　　　　　　　　　　(c) 6s

(d) 12s　　　　　　　　　　(e) 16s　　　　　　　　　　(f) 20s

2. 人工地震波作用下煤矿采空区煤柱应力场分布

图 7.19　人工地震波作用下煤矿采空区群围岩及煤柱的应力演化

空区煤(岩)柱的动力破坏作用越大;进而导致煤(岩)柱两侧发生屈服现象明显(或增加了煤柱的屈服程度),岩层塑性区范围增加,进而降低了煤(岩)柱的应力集中,但扩大了岩层塑性变形破坏的面积,此时,容易引发煤矿采空区整体失稳现象的发生。

　　综合以上分析可以发现:①地震波作用下,煤矿采空区的加速响应时程曲线的振动形式与原激励震源(地震波)相近,存在在时间上振动形式滞后并有所延长的特点;②煤矿采空区群的地表地震动力加速度响应整体上小于单独煤矿采空区地表地震动力加速度响应,说明煤矿采空区较多时,不同采空区之间相互影响,导致岩石松动圈的范围扩大,降低了岩层的强度和刚度的同时却提高了其阻尼力;地震波会导致岩层发生更多的岩体碎胀现象,并且更多的灾害能量在岩层中消耗掉,所以,煤矿采空区群的地表加速度响应要小于单一煤矿采空区的地表地震动力加速度响应。由于地震波大量的能量被采空区群损伤岩层耗散掉,此时,极易导致岩层内部应力超过其抗拉(压)强度,引起煤矿采空区的整体失稳现象发生;③地震发生后,煤矿采空区群呈"蝴蝶状"分布的应力场不断发展演化,煤(岩)柱出现"双耳状"的高应力集中区域,在高应力集中区域夹击作用下,煤(岩)柱极易发生冲击、失稳、破坏现象,进而引发岩层的连续破断、坍塌现象,导致整个采空区发生大规模的失稳破坏现象;④在高烈度的地震作用下,地震灾害荷载对煤矿采空区煤(岩)柱的动力破坏作用大,导致煤(岩)柱两侧发生明显的屈服现象,岩层塑性区范围增加,进而降低了煤(岩)柱的高应力集中现象。

7.6　本章小结

　　本章基于工程结构波动理论与结构动力学,建立了地震作用下考虑扰动荷载效应的煤矿巷道结构的动力学方程及岩体内地震波传播的波动方程,探讨了地震波作用于岩体时应力波性质的改变;重点分析了地震波在考虑充填效应的煤矿采空区围岩介质与充填材料不同介质之间的传播衰减特性,指出了充填后煤矿采空区的地震动力稳定性的条件。在此基础上,通过有限元数值模拟分别研究了煤矿采空区的地震动力稳定性的影响因素、地表动力响应以及煤矿采空区应力场演化特性,初步得到以下结论。

　　(1)地震波作用于岩体时,其自由面的振动速度为围岩介质内部质点的2倍,在岩体发生反射后,地震波由压缩波变为拉伸波,此时对岩体的破坏效应更大。地震波对岩体(煤柱)的动力破坏效应主要体现在:①地震波对岩体的冲击破坏效应;②地震入射波的压缩破坏效应、拉伸波的拉伸破坏效应以及二者的耦合破坏效应;③共振破坏效应。地震作用下,岩体(煤柱)发生的失稳破坏由上述三种破坏形式的一种或者是几种的联合破坏效应导致的。

　　(2)对稳定性较好的煤矿采空区采用充填材料进行充填后,发生地震时,煤矿采空区岩体的强度满足$\sigma_b + k\sigma_a \geq \sigma'$条件,可以保持煤矿采空区的地震动力稳定性。地震波在围岩介质与充填材料之间传播时,透射波的衰减、反射波性质的改变导致地震波的能量在围岩及充填材料之间发生迁移、耗散,减小了作用在煤矿采空区围岩介质上的应力,降低了围岩介质发生破坏的概率,有利于保证煤矿采空区巷道及围岩的稳定性。

　　(3)煤矿采空区的存在可以减缓地表的地震动力响应,但是,如果强震作用下地表出现裂缝坍塌现象,煤矿采空区则成为加剧地表大面积坍塌、动力失稳的隐患。煤矿采空区边缘附近所形成的塑性区面积较大,地震波传递到煤矿采空区岩层的塑性区域[该塑性区域对应于宏观现象中岩层出现裂缝、空洞等损伤破坏现象,导致岩(土)层的破碎度和松散度增加,破坏了岩层的完整性,使其强度降低、刚度劣化],该区域耗散了较多的地震能量,严重影响了地震波的传递,所以,煤矿采空区的地表的动力响应要小于煤矿采空区远处。

　　(4)充填材料的刚度越大,煤矿采空区地表的峰值加速度越大;随着煤矿采空区深度的增加,充填后煤矿采空区对地表的地震动力响应的影响也在减弱;当煤矿采空区的深度超过800m后,充填后煤矿采空区区域的地震动力加速度响应峰值为普通地表的地震动力加速度响应的75%左右,由此可以判断,地震发生后,煤矿采空区地表的地震动力响应相对较小,充填后煤矿采空区充填材料以及发生移动破断的岩层的强度降低、刚度劣化、阻尼和耗能能力得到增加,有效地吸收了地震波的灾害能量,充填材料与煤矿采空区岩层所形成的阻尼性能和耗能能力类似"减隔震层",可以降低传播到地面的地震灾害能量,起到了保护地面建筑结构的功效。

(5) 地震作用下,煤矿采空区群岩体碎胀现象比单独煤矿采空区严重,地震波更多的灾害能量在岩层传播过程中消耗掉,所以,煤矿采空区群的地表位移响应要小于单一煤矿采空区的地表地震动力位移响应,但是由于煤矿采空区群岩层消耗的能量过多,并且煤矿采空区群场地整体上的稳定性要小于单一煤矿采空区的场地;由于二者的位移差值较小,并且地震能量耗散的差异,所以,地震作用下煤矿采空区群场地的危险性要高于单一煤矿采空区的场地。

(6) 地震作用下,煤矿采空区的加速响应的振动形式与原激励震源(地震波)相近,存在在时间上振动形式滞后并有所延长的特点。煤矿采空区群的地表地震动力加速度响应整体上小于单独煤矿采空区地表地震动力加速度响应,说明煤矿采空区较多时,不同的煤矿采空区之间相互影响,导致岩石松动圈的范围扩大,降低了岩层的强度和刚度的同时却提高了其阻尼力;地震波会导致岩层发生更多的岩体碎胀现象,并且更多的灾害能量在岩层中消耗掉,所以,煤矿采空区群的地表加速度响应要小于单一煤矿采空区的地表地震动力加速度响应。由于地震波大量的能量被采空区群损伤岩层耗散掉,此时,极易导致岩层内部应力超过其抗拉(压)强度,引起煤矿采空区的整体失稳现象发生。

(7) 地震发生后,煤矿采空区群呈"蝴蝶状"分布的应力场不断发展演化,煤(岩)柱出现"双耳状"的高应力集中区域,在高应力集中区域夹击作用下,煤(岩)柱极易发生冲击失稳、破坏现象,进而引发岩层的连续破断、坍塌现象,导致整个采空区发生大规模的失稳破坏现象。在高烈度的地震作用下,地震灾害荷载对煤矿采空区煤(岩)柱的动力破坏作用大,导致地震作用下煤(岩)柱两侧发生屈服明显的现象,岩层塑性区范围增加,进而降低了煤(岩)柱的应力集中现象。

(8) 煤矿采空区的破碎岩体的耗能能力得到了大幅提高,虽然可以有效地吸收地震的灾害能量,降低地震波的冲击破坏效应,但是由于岩体自身处于损伤的不稳定状态,此时,岩体容易发生失稳破坏,进而导致煤矿采空区岩层整体的大规模、大范围的失稳破坏现象发生。煤炭开采中的预留煤柱在一定程度上有利于维持岩层的稳定性、减缓地表移动变形,但是从长期来看还是不利的,预留煤柱可能成为煤矿采空区失稳破坏的隐患。对煤矿采空区进行充填后,由于较多的地震能量在充填材料中被消耗,所以要求充填材料的强度、刚度以及破碎度必须满足煤矿采场的静力稳定性及动力稳定性的要求,充填材料的强度、刚度以及破碎度的确定需要在后续的试验研究中进行分析确定。

(9) 考虑到煤矿采动裂隙岩体的"卸压、耗能、减震"特性,结合国内外专家学者以及本章的研究成果发现,选择煤矸石作为煤矿采空区的充填材料是非常理想的,除了其来源广泛、物美价廉以及实现废渣的资源化利用外,煤矿石的强度相对较高,而且采用煤矸石对煤矿采空区进行充填后,在保证煤矸石密实度的基础上,它与煤矿采动裂隙岩层形成了良好有效地阻断地震灾变能量传播的"煤矸石+裂隙岩体复合减隔震层",可以最大限度地保证煤矿采空区的地震动力稳定性及控制采煤沉陷对煤矿采动区地面建筑物所带来的危害。

第8章　矿区复杂环境下建筑物抗震性能劣化分析

8.1　引　　言

现行的《建筑抗震设计规范》(GB 50011—2010)[29]关于建筑物的抗震设计方法主要是基于自由场地来假设建筑周围的区域,但是对于矿区建筑而言,煤矿采空区的存在对地震动力响应的影响效应是不可忽略的。地震发生时,煤炭开采后形成的采空区的边界区域改变了地震波的传播过程,由此对地面建筑的动力响应影响较大,所以,地震作用下采空区的抗震安全问题、巷道结构与周围介质、采空区与地面建筑物动力响应的相互影响的互馈机制问题是保证研究采空区的地震安全不可回避的重要课题。

由于矿区煤炭开采生产过程中伴随着"三废"(废水、废渣、废气)的排放,导致矿区的自然环境(地面工业环境、地下生产环境)显得尤为特殊和复杂。矿区复杂自然环境主要体现在以下几个方面[8,9,270-274]:①地下生产环境多为高温、高湿、多粉尘、气体成分复杂、空气极不流通的半封闭环境,加之各种矿井动力灾害(冲击地压、矿震、煤与瓦斯突出、突水、粉尘爆炸、矿井顶板坍塌等)频繁发生,使地下生产环境成为多种环境污染因子和环境破坏因子等多因素耦合作用的复杂环境;②煤矿地面工业环境由于矿区排放出大量的废水、废渣、废气,改变了矿区的局部自然环境,使矿区的自然环境中固体介质(煤颗粒、煤矸石粉等)、气体介质(SO_2、SO_3、H_2S、Cl_2、CO_2等各种酸性气体)、液体介质(地下水的肆意排放煤矸石滤液、洗煤水)三种介质相互影响、相互耦合现象突出;③矿区的各种大型、重型生产设备(运输设备、采掘设备等)导致其生产工艺环境复杂,生产设备的自重较大,并且其生产过程中多为长期的大频率、动力扰动作用。矿区环境的复杂性不仅仅局限于自然环境、生产工艺环境及力学环境等单一环境的恶劣性,而往往是以上多种环境交叉在一起、同时(或者交替)出现的,即矿区的复杂环境往往为其自然环境、生产工艺环境和力学环境的多因素耦合作用下的复杂、恶劣环境,由此,导致矿区建(构)筑物的安全性、耐久性受到严重威胁,使其抗震性能劣化下降。

煤矿环境的复杂性、恶劣性,对建(构)筑物的安全性、耐久性等产生了严重威胁[270-274],针对煤矿采动损害影响下建筑抗震性能腐蚀劣化致灾的安全问题,笔者曾先后去黑龙江龙煤矿业控股集团有限责任公司的七台河矿业精煤(集团)有限责任公司(以下简称"七煤集团")、郑州煤炭工业(集团)有限责任公司(以下简称"郑煤集团")的超化煤矿矿区、裴沟煤矿矿区以及新郑煤电公司赵家寨煤矿进行调研,初步分析了矿区建筑物抗震性能劣化的基本特征。

本章主要采用现场调研与理论分析相结合的方法,根据建筑物所处的自然环境、生产环境和力学环境,从材料、构件和结构层次着手,探讨煤矿沉陷区复杂环境下建筑物抗震性能劣化的影响因素,分析复杂灾害因子耦合作用下建筑抗震性能的劣化机制,提出了

"不同矿区、不同结构形式、不同力学环境下矿区建筑的抗震性能劣化模式差异较大"的矿区建筑保护新观点,完善考虑地下采煤充填的基于隔震技术的抗开采沉陷变形、隔震保护的矿区建筑保护新理念。

8.2　矿区环境的特殊性、恶劣性与复杂性

据不完全统计[8,9],我国现有矿产资源城市(镇)将近 430 座,其中以煤炭资源为主的城市(镇)将近 150 座。在煤炭资源的开采过程中,总是不可避免地引起各种环境污染与生态破坏问题[270-274]:①土地损毁破坏与荒漠化;②岩层破断与塌陷;③水资源污染与流失;④气体污染;⑤煤矸石、矿渣随意排放;⑥露天矿衍生灾害。

1. 土地损毁破坏与荒漠化

矿区土地损毁破坏与荒漠化的主要表现形式为:地表出现裂缝、大规模的沉降塌陷现象,导致耕地损毁、山林草场破坏,严重的耕地、山林、草场根本不能使用,甚至已经出现荒漠化。目前,国内出现类似的土地破坏现象的地区已经近千处,我国由于矿产资源开采导致土地损毁破坏与荒漠化的面积已达 50 万 hm²;房屋出现裂缝、坍塌的面积大约为 4000 万 m²;造成铁路、公路、隧道等破坏现象更是不胜其数(图 8.1)。

图 8.1　煤矿采动引起的土地破坏

根据不完全统计,我国每年因开采煤炭而新增破坏耕地约 7 万 hm²,并且矿山每年都要排出大量的煤矸石,其排放量已经超过 9 亿 t,现有矿区的煤矸石山堆积量超过 55 亿 t,占地超过 15000hm²。煤矸石山还会严重污染空气和地下水,甚至有爆炸危险。目前,阜新地区的采煤沉陷区达到 102km²,开采沉陷所造成的土地塌陷的最大深度达到 10m,排出的煤矸石占地将近 33km²。

2. 岩层破断与塌陷

在煤炭资源开采过程中,由于岩层下部的煤炭资源被采出,使得邻近下部煤层的岩层失去支撑,在上覆岩层自重应力的作用下,发生弯曲、冒落、破断和断裂。由于岩层属于脆性材料,其移动变形会波及地面,导致地面发生开采沉陷变形或土地坍塌。

对于煤系地层而言,一般多为沉积地层,各个沉积岩层不可避免地存在结构弱面(节理、裂隙、软弱岩层),地下煤炭的开采活动在导致岩层发生移动、变形、破断的过程中,使矿区地层结构发生损伤,严重弱化了岩层抵抗外界破坏的能力(抗扰动能力或抗震性能),成为矿区的重大安全隐患。

3. 水资源流失与污染

在矿产资源的开采过程中,大量的地下水被肆意的排出,造成了水资源的极大浪费,我国每年因开采煤炭而排放矿井水超过 80 亿 t。矿区岩层发生移动破断后,使得采动区域的岩层和土层的隔水性能发生了较大的变化,主要体现在以下两点:①不同岩层均不同程度地发生了移动破断,容易形成渗水通路(冲水通道),使地表水和地下水渗透(汇入)矿井,造成各种矿井次生灾害(突水事故);②如果出现水体下采煤或采动区域存在水体、河流等,当地表发生移动变形时,导致地表水体或者河道的附属建(构)筑物受到影响,建筑物所产生的附加应力会加剧岩层破断现象,进而导致河流的水体流向发生改变,浸泡建筑物的基础,造成建筑物破坏,并且河流水库中的水会回灌到矿井巷道内,造成矿井巷道严重的突水事故。

当矿井的煤炭资源枯竭需要关闭时,原有的地下排水系统也失去了其使用功能。煤矿开采所形成的复杂地下空间会成为水的集聚地,形成矿区地下暗湖。地下采矿环境复杂,其各种物理、化学、生物因素(酸性、碱性等化学毒性物质以及重金属矿物离子、微生物活动)会对地下水体造成严重的污染和破坏。地下暗湖的形成会对煤柱、岩柱浸泡、侵蚀,严重降低其承载能力,对煤矿采空区的稳定性产生巨大的威胁。

矿产资源开采过程中,会导致岩层的结构薄弱面的裂隙发育,发生断裂,在地表形成一定面积的低洼区。地层低洼区在汇聚水资源的同时,会严重破坏地表水系及地下水系,导致附近的土地遭到严重破坏,甚至形成沼泽地,失去土地的使用功能,同时煤炭开采过程中所产生的各种矿山废弃物(矿山废弃物中多含有各种酸性、碱性、有毒有害物质)会严重污染附近的水体、土地,恶化矿山环境。当矿区的土地塌陷变形后,会使采煤沉陷区的水体增加,提高了潜水位,导致土壤产生次生盐渍化。

4. 气体污染

矿山资源开采中,总是不可避免地存在着遗留煤及煤柱,煤矸石也是采煤过程中的伴生物。矿山采场的瓦斯(CH_4)会沿着岩层裂隙逐渐逸出地面,与煤矸石中残留的煤、露天矿开采后边帮的残煤,在温度较高时容易发生氧化自燃现象,产生大量有毒有害的污染气体(CO、SO_2、SO_3、CH_4 等),造成矿区城市(镇)的空气污染,并且这些有毒有害气体容易引起煤矸石山、露天矿边帮等处发生爆炸现象。阜新海州露天矿虽然已经闭坑,但是其残煤仍然发生自燃,安全隐患较大;抚顺西露天矿的边帮存在着大量残煤,发生自燃现象的区域有 200 余处。

地下采场的瓦斯(CH_4)、煤矸石及残煤自燃过程中所形成的有毒有害污染气体、岩层中的其他气体一起进入大气环境中,会随着气流作用不断运动扩散,其污染范围及影响区域会远远超过矿区的面积。

5. 煤矸石、矿渣随意排放

煤矸石是在煤炭开采过程中及洗煤、选煤过程中的固体废弃物,是煤层在形成过程中与煤层伴生的黑灰色岩石,其含碳量较低、质地比煤坚硬[111,270-274]。

煤矸石以及矿渣的随意排放形成了大量的煤矸石山,占用了大片的土地,造成土地资源的严重浪费。煤矸石的矿物成分中硫化物是有毒有害物质,容易污染水体、大气和土地。目前,煤矸石山的自燃(图8.2)、坍塌都是矿区的安全隐患。我国现在各种固体废弃物(废气矿渣、煤矸石等)的存贮量已经远远超过70亿t,其中仅煤矸石就30多亿t。所形成的煤矸石山的占地面积已经达到5000hm²,并且还在以每年10%的速度增加。煤矸石山及尾矿的淋滤作用,导致煤矸石的有毒有害的化学成分随着雨水进入土地,严重污染地下水,破坏土地的使用功能,导致土地发生荒漠化现象。

图8.2 煤矸石山自燃

6. 露天矿衍生灾害

露天矿开采所形成的边坡的稳定性在其整个生产过程及后续闭坑过程中都是不可忽略的。尤其是露天矿在完成矿产资源的开采后需要进行闭坑时,其边帮及边坡在复杂的环境作用及荷载作用下的演化灾变都必须予以重视:泥石流、滑坡、煤炭自燃、尾矿的淋滤作用所造成的地下水污染、坑内积水成湖等现象[111,270-274]对矿区的生态环境、人文环境都会造成巨大的影响和破坏。

以上矿山的各种灾害因素不是单独存在的,彼此间是相互影响相互伴生的,并且一种灾害往往会导致其他灾害现象衍生。矿区复杂多变的灾害演化系统是涉及固体、液体、气体等多相耦合的复杂系统,矿山任何一种灾害的发生,都会导致其他衍生灾害发生,不可避免地对矿区的建(构)筑物产生危害。

8.3 矿区复杂环境下建筑物抗震性能劣化机制分析

8.3.1 矿区复杂环境下建筑物损伤破坏的现场调研

郑煤集团的超化矿区、裴沟矿区分别位于郑州新密市的超化镇、来集镇,新郑煤电公司赵家寨煤矿位于郑州新郑市的辛店镇,以上三个矿区的建(构)筑物均不同程度地出现损伤破坏。由于不同建(构)筑物所处的位置、使用环境及功能不同,其损伤破坏的程度也各不相同。

1. 恶劣自然环境与复杂力学环境下的特种结构

在对几个矿区建筑物调研的过程中,主要调研了运输皮带走廊、储煤仓、井架以及选煤厂厂房内部。在现场调研的过程中,将周围的自然环境的概况如下:现场的空气比较污浊、能见度低,空气的刺激性气味较大,各种固体颗粒及粉尘较多,现场噪声大,所取得的矿区特种结构损伤破坏的现场照片如图 8.3 所示。

通过分析图 8.3 运输皮带走廊结构方面主要存在以下问题:①钢筋混凝土主体结构的楼面板、屋面板、部分门窗洞口的周围墙体分布着大量的微裂缝,并且裂缝的内部附着大量的煤粉及固体颗粒;②其中一座旧的井架局部已经坍塌,运输皮带在正常生产的过程中,产生了一定程度的振动效应,运输皮带的部分已经老化,锈迹斑斑;③重型运输装卸设备在进行煤炭的装卸运输过程中,噪声污染大,机械振动明显,可发现皮带走廊的桁架结构构件有轻微振动迹象,办公室窗户振动现象明显。

(a) 新郑煤电公司的运输皮带走廊　　　　　　　(b) 运输皮带走廊

(c) 机械扰动影响下的运输皮带走廊　　　　　　(d) 倒塌的运输皮带走廊

图 8.3　运输皮带走廊的损伤破坏

运输皮带走廊结构出现以上结构劣化现象主要是因为:①运输皮带走廊作为煤炭资源的运输设备,在承受煤炭的重力效应的同时,长时间处于正常运输的动力驱动作用下,属于长期持续扰动荷载,此时,运输皮带走廊容易产生动力疲劳损伤;②煤炭被转到运输皮带上,会对皮带产生一定的冲击力;加之煤样中含有各种各样的杂质(属于固体、液体、气体三相共存),由于运输皮带走廊的生产使用环境恶劣,所以容易发生各种物理侵蚀和化学生锈现象,严重缩短其使用年限,降低其安全性和耐久性;③重型运输装卸设备及其他生产设备,在正常运行过程中的机械振动周期与运输皮带走廊部分构件的自振周期比较接近,产生了共振现象,加速了结构的损伤破坏,严重劣化了结构的抗震性能;④运输皮带走廊在正常生产过程中出现局部坍塌现象,经过现场勘察发现,在动力荷载的长周期影响下,混凝土材料损伤劣化现象严重、主筋较细,并且锈蚀严重,导致廊身两侧桁架结构的下弦杆抗压(拉)承载能力严重下降。在煤炭的运输过程中,发生了局部失稳而导致运输皮带走廊坍塌倾倒。

通过分析图8.4钢筋混凝土井架及储煤仓损伤破坏现象发现:①储煤仓中作为运输皮带走廊的承重构件的梁、柱的表面混凝土出现疏松掉落现象,内部钢筋锈蚀严重(柱子的箍筋出现生锈、断裂现象,主筋表层锈迹较多),沿着梁柱的顺筋方向产生了大量裂缝,

(a) 储煤仓　　　　　　　　　　　　　　　(b) 储煤仓柱子劣化严重

(c) 超化煤矿矿区的钢筋混凝土井架　　　　　(d) 重载影响下的混凝土井架及储煤仓

图8.4　钢筋混凝土井架及储煤仓

梁柱的混凝土与钢筋之间间隙较大,其黏结性能沿着降低;②重型运输、装卸设备的强动力扰动作用,所产生的微振动效应加剧了疏松的混凝土与钢筋之间的剥离,严重降低了其承载能力;③储煤仓的使用维护不合理,对其原有的结构改动较大,增加了其负荷,在煤炭倾倒的过程中,大型煤块不断对结构构件进行冲击碰撞,并且中心运输装卸设备也经常对结构构件发生撞击,造成了局部破损较大,严重降低了其承载能力,再加上矿区自然环境恶劣,矿区没有及时对结构构件进行维修加固,加速了井架及煤仓的损伤破坏。

2. 矿区恶劣自然环境下的建筑物与土地

超化矿区、裴沟矿区属于多年的老矿区,矿区建筑物的损伤破坏现象如图 8.5 及图 8.6 所示。

(a) 窗间墙体斜裂缝

(b) 构造柱劣化严重

(c) 门窗洞口墙体破坏

(d) 窗间墙体贯穿性斜裂缝

图 8.5　窗间墙破坏

分析图 8.6 及图 8.7 老矿区自然环境及建筑物的损伤破坏可以发现,老矿区的土地盐碱化、荒漠化现象严重,空气污浊,有明显的异味,当地降雨多带有鱼腥味,腐蚀性较大(当地居民建筑房顶、盛雨水的器皿及水井均出现漏水现象);老矿区建筑的结构形式以砌体结构为主,出现裂缝的部位多集中在构造柱、窗间墙体,地基不均匀沉降现象严重(开采沉陷变形所致);钢筋混凝土的构造柱表面面层疏松剥落现象严重,混凝土出现膨胀现象,钢筋裸露锈蚀,部分箍筋已经锈断;部分建筑采用堵死门口、洞口的方法对建筑物进行加固,但是加固效果一般,无法阻止裂缝的发展及建筑的破坏。

(a) 填堵门窗洞口以抵抗煤矿采动损害　　　　(b) 构造柱损伤劣化现象严重

图 8.6　门窗洞口及构造柱破坏

图 8.7　煤矿采动损害引起的耕地破坏

出现以上环境污染及建筑破坏的原因主要是:矿区自然环境恶劣的主要原因[270-275]是矿区大气中所含的粉尘性物质及各种酸性气体介质(H_2S、Cl_2、NO_2、HCl、SO_2)较多,导致雨水中的 SO_3^{2-}、Cl^-、SO_4^{2-} 等腐蚀性杂质较多,遇到 $Ca(OH)_2$ 后,发生化学反应形成 $CaSO_4$、$CaCl_2$,使水化硅酸钙(具有胶结作用)转化为无胶结作用硅酸钙石,造成混凝土的初步腐蚀;SO_2 遇水形成 SO_4^{2-} 与 $Ca(OH)_2$ 后发生化学反应生成带有结晶水的 $CaSO_4·2H_2O$,该物质的体积膨胀率较大,使混凝土内部的微裂缝变大并逐渐开裂;开裂后混凝土里的钢筋失去了混凝土的保护作用,容易与外界的离子发生电化学反应,加速了钢筋的锈蚀。

地下煤炭开采所引起的地表移动变形是长期缓慢的变形[136],笔者所调研的采煤沉陷区的建筑物多为砌体结构,其承载方式多为墙体承重。在地表移动变形的复杂应力下(拉力、压力、剪力等),由于砌体的抗拉(压)强度不高,所以极易发生破坏。虽然可以采取一定的抗震加固措施来延长建筑物的使用寿命,但不能从根本上解决采煤沉陷区建筑物损伤破坏的问题,适时地消除地表移动变形才能解决煤矿采动区建筑物保护问题。

3. 矿区干湿循环交替恶劣环境下的建筑物

由于煤炭工业生产的特殊性,许多建(构)筑物长期处于空气湿度大,并且干湿交替的使用环境中,如图 8.8 所示。通过分析图 8.8 可以发现,长期处于动力荷载影响下的干湿环境交替的建(构)筑物,其钢筋混凝土腐蚀劣化严重,钢筋生锈明显,出现多处锈坑,并有泛白霜的现象,说明干湿环境交替加速了空气介质和液体介质中的腐蚀离子进入钢筋内部,并快速发生迁移,加速钢筋生锈过程的氧化还原反应;加之持续不断的高频率动力荷载作用,钢筋混凝土构件及其整体结构极易发生疲劳损伤,加速钢筋力学性能的退化以及与混凝土的剥离,降低混凝土与钢筋之间的机械咬合力、摩阻力和化学黏着力,构件和整体结构的刚度和承载能力都不断下降,严重威胁了结构的安全性和耐久性。

(a) 煤矿巷道入口潮湿环境

(b) 室内潮湿的生产环境

(c) 井下恶劣的潮湿生产环境

(d) 钢结构损伤劣化现象严重

图 8.8　矿区恶劣的潮湿生产环境

8.3.2　矿区复杂环境下建(构)筑物损伤劣化机理分析

在现场调研的基础上,通过查阅相关文献[270-275],通过与普通自然环境对比可以初步得到,矿区复杂环境下建(构)筑物损伤劣化研究存在以下不足之处:①现有研究对普通自然环境因素的分析关注较多,已经形成了合理化、系统性的科学性的理论,而对矿区复杂环境因素的相关研究缺乏系统性、科学性、定量性的研究;②对于常规的建筑结构损伤劣化机理研究已经有了比较系统、全面的理论体系,而对于煤矿采动区建(构)筑物损伤劣化与灾变演化缺乏系统性研究;③现有关于影响建筑物损伤劣化因素的研究更多的是局限于单一因素或者少量的因素,而煤矿采动区建筑物影响因素则是涉及多相、多系统、多因素的复杂体系,相关的理论研究及试验分析则相对较少。

在现场调研及查阅相关文献资料的基础上[270-275],根据前文 8.2 节,8.3.1 和 8.3.2 小节的初步探讨分析,可以从环境与荷载、材料、构件与结构四个方面初步确认,矿区复杂环境下建(构)筑物损伤劣化机制如下。

1. 环境与荷载

矿区自然环境与荷载因素的复杂性,是导致矿区建筑物发生损伤破坏的核心因素之一,主要体现在:①矿区环境是多因素、多相介质相互耦合作用的复杂恶劣环境,既涉及矿区自然环境固体、液体和气体三相介质的相互耦合及对建筑物的复杂物理、化学反应(侵蚀),又涉及恶劣自然环境与复杂力学环境的相互作用、影响与耦合;②矿区建(构)筑物不同的地理位置、使用功能和使用环境的差异及建筑物内、外环境因素的耦合程度导致建筑损伤破坏形式不同;③矿区煤炭生产所涉及的特种结构同时需要承受静力荷载、动力荷载及二者耦合作用的影响,容易发生疲劳损伤破坏、冲击破坏等动力破坏。

2. 材料方面

矿区复杂环境下,建筑物材料方面的损伤劣化主要有两种表现形式:①混凝土材料疏松剥落,②钢筋锈蚀膨胀。根据矿区自然环境的特殊性来分析引起材料方面破坏的原因主要以下几个方面。

(1) 空气中腐蚀性气体的侵蚀作用。矿区大气中所含有的各种酸性气体介质(H_2S、Cl_2、NO_2、HCl、SO_2)较多,除了会直接侵蚀钢材及混凝土结构外,遇水还容易形成各种酸性物质,与水泥中碱性物质 $Ca(OH)_2$ 发生酸碱中和反应,产生带有结晶水、体积膨胀率较大 $CaSO_4 \cdot 2H_2O$,使其失去胶结作用,而使混凝土结构出现裂缝,降低对内部钢筋的保护作用。

(2) 盐类溶液的侵蚀作用。矿区建筑物多处于潮湿环境中,腐蚀气体所形成的盐类存在大量的 SO_3^{2-}、Cl^-、SO_4^{2-},与水泥中的 $Ca(OH)_2$ 形成各种体积膨胀率较大的结晶体,产生的膨胀力使混凝土内部的微裂缝发展变大,裸露的钢筋失去混凝土的保护后,易与 Cl^- 发生电化学反应,使钢筋生锈,降低了与混凝土的黏结作用力,使混凝土的承载力下降。

(3) 固体颗粒附着物的侵蚀作用。矿区环境含有的煤粉颗粒较多,颗粒中含有的 Ca^{2+}、Mg^{2+}、Cl^-、SO_4^{2-} 较多,在矿区潮湿环境中,容易生成体积膨胀率较大的不溶物 $MgCa(CO_3)_2$,导致混凝土膨胀破裂损伤,而 Cl^- 则与钢筋发生电化学反应,产生大量的铁锈,使钢筋腐蚀。

(4) 高温、高湿的环境作用。由于混凝土材料方面发生的化学反应多为复杂的物理化学反应,温度越大,其反应速率越快,矿区环境中的各种腐蚀介质对混凝土的侵蚀、破坏作用就越强烈。

3. 构件方面

在各种侵蚀介质、致灾因子及环境因素的影响下,混凝土结构构件层面发生疏松剥落,钢筋外露并产生锈蚀现象,混凝土与钢筋之间的黏结力降低,构件表面出现大量裂缝,其刚度和强度降低,构件的承载力遭到严重破坏。

4. 结构方面

当矿区建筑物材料层面发生锈蚀劣化,构件层次遭到破坏,在外界复杂环境因子的扰动作用下,矿区建筑物发生损失破坏后,形成结构薄弱处,其结构性能发生严重劣化,影响了其安全性和耐久性。

综上可以得到,矿区建筑物损伤破坏的基本原因如图 8.9 所示。

由图 8.9 可以发现,不同矿区、不同结构形式、不同力学环境下,矿区建筑的抗震性能劣化模式差异较大,在对煤矿采空区建筑物损伤破坏原因进行分析时,需要对其所处的环境因素进行综合考虑,然后根据其所处的环境因子进行权重分析,分析占权重比例较大的灾害因子作用影响下建筑抗震性能的劣化机制,以确定合理的煤矿采动区建筑物抗震性能劣化机制,保证所采取的煤矿采动区建筑物的灾变防控措施合理有效。

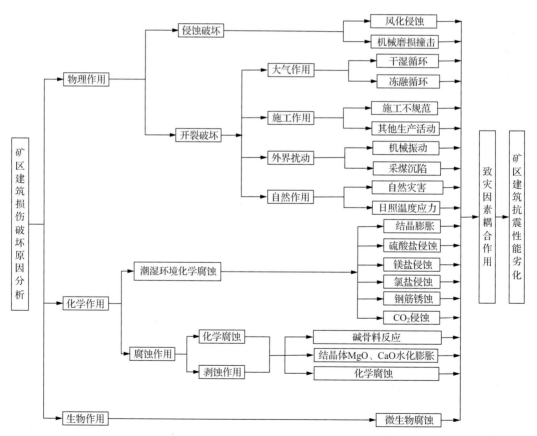

图 8.9　矿区建筑物损伤破坏的基本原因

8.4 煤矿多煤层重复采动影响下建筑损伤破坏分析

目前,我国煤炭资源总储量约为 5.5 万亿 t[1-7],在不可再生能源中的比例大于 70%。随着能源资源的短缺及对煤炭资源需求的增加,到 2050 年,我国现有矿区(煤矿)将有大约 1/3 企业的进入煤炭资源枯竭时期[1-7],我国的资源枯竭城市将持续增加。由于采矿工艺、开采方法及科学技术的限制,现有矿区的地下遗留了大量的煤炭资源及各种保护煤柱,如何合理地开采出地下遗留的煤炭资源,将是未来煤炭行业需要解决的问题。

如果对遗留的煤炭资源进行重复开采,在煤炭资源开采过程中,就涉及多频次、反复开采活动,在煤炭开采过程中,会出现各种不可控的动力扰动荷载,并且煤炭资源的反复开采活动会导致煤矿采空区的岩层重新活化并发生新的移动变形,应力重新分布现象会再一次在煤矿采空区出现。煤矿采空区的岩层重新发生移动变形时,原先已经趋于稳定的岩层的完整性会重新遭到破坏,其破碎度会进一步增加,如果岩层出现的大规模移动破断波及地面,不仅会引起煤矿采空区的失稳塌陷,而且会对地面建筑造成二次煤矿采动损害,由此,给矿区的工程建设造成巨大危害。

国内的专家学者对于煤层的重复开采所产生的岩层移动破断及沉陷变形对地下结构和地面建筑物的破坏活动已经展开了研究:吴侃等[276]基于现场建筑采动损害现象及沉陷监测数据,对煤层重复开采影响下的房屋建筑的裂缝进行了研究探讨,指出了地面房屋建筑所形成的裂缝主要是由煤层开采过程中产生的地表水平变形所导致的;郭惟嘉等[277]采用现场数据勘察与理论分析计算相结合的方法,研究煤矿重复开采活动影响下的采区地表移动变形沉陷情况,得到了"煤矿采空区重复开采活动引起地质构造活化发育是导致地表移动变形沉陷"的结论;王悦汉等[278]通过对比相似模型开采试验的数据和现场实测的煤矿采空区沉陷数据,经过计算推导初步得到了煤矿重复开采活动所产生的岩层移动变形及地表下沉系数的表达式;刘振国等[279]基于屯兰矿区煤层重复开采活动所产生的地表移动变形数据,根据时序 DInSAR 技术,通过分析煤矿采空区的超前影响角、起动距和边界角等一系列参数,研究了煤层重复开采活动影响下的地表移动变形的动态演化过程。

国内专家学者对于煤矿重复开采活动的研究,更多的是局限于关于地表沉陷的理论分析及相似材料的试验研究,而对于煤矿重复采动所引起的地层沉陷致灾及地面建筑损害现场的对比分析则相对较少,本节基于《建筑物、水体、铁路及主要井巷煤柱留设与压煤开采规程》[280]对同创机械制造有限责任公司(以下简称"同创机械厂")的建筑物采动损害现场进行了分析,通过分析现场采动损害现象,为煤矿采动区建筑物保护及地下煤炭重复开采方案提供参考[97]。

七煤集团同创机械厂建筑物发生损害的多为砖混结构,通过《建筑物、水体、铁路及主要井巷煤柱留设与压煤开采规程》[280]查阅煤矿采动建筑物损害的等级可以发现,对于其他结构形式的建筑物可以参考该标注执行;建筑物(土筑平房)破坏(保护)等级与地表变形的关系见表 8.1;对于砖混结构形式的建筑(主要是长度小于 20m 或在变形缝区段内的建筑物)的煤矿采动损害分为四个破坏等级见表 8.2。

表 8.1　建筑物(土筑平房)破坏(保护)等级与地表变形的关系[7]

损坏等级	建筑物损坏程度	地表变形值			处理措施
		水平变形 ε/ (mm/m)	曲率 K/ (10^{-3}/m)	倾斜 i/ (mm/m)	
Ⅰ	基础及勒脚出现 1mm 左右的细微裂缝	<1.0	<0.05	<1.0	不修
Ⅱ	勒脚处裂缝增大,并扩展到窗台下,梁下支撑处两侧墙壁开始出现裂缝	1.0~2.0	0.05~0.1	1.0~1.5	小修
Ⅲ	窗台下裂缝扩展到门窗洞上角,梁下墙壁裂缝继续扩展	2.0~7.0	0.1~0.3	1.5~3.0	中修
Ⅳ	裂缝扩展到檐口下,裂缝 20mm 以上,房屋呈菱形,墙角裂开	7.0~11	0.3~0.5	3.0~4.0	大修或拆除

表 8.2　砖石结构建筑物的破坏(保护)等级[7]

损坏等级	建筑物损坏程度	地表变形值			损坏分类	结构处理
		水平变形 ε/ (mm/m)	曲率 K/ (10^{-3}/m)	倾斜 i/ (mm/m)		
Ⅰ	自然间砖墙上出现宽度 1~2mm 的裂缝	≤2.0	≤0.2	≤3.0	极轻微损坏	不修
	自然间砖墙上出现宽度小于 4mm 的裂缝;多条裂缝总宽度小于 10mm				轻微损坏	简单维修
Ⅱ	自然间砖墙上出现宽度小于 15mm 的裂缝,多条裂缝总宽度小于 30mm;钢筋混凝土梁、柱上裂缝长度小于 1/3 截面高度;梁端抽出小于 20mm;砖柱上出现水平裂缝,缝长大于 1/2 截面边长;门窗略有歪斜	≤4.0	≤0.4	≤6.0	轻度损坏	小修
Ⅲ	自然间砖墙上出现宽度小于 30mm 的裂缝,多条裂缝总宽度小于 50mm;钢筋混凝土梁、柱上裂缝长度小于 1/2 截面高度;梁端抽出小于 50mm;砖柱上出现小于 5mm 的水平错动;门窗严重变形	≤6.0	≤0.6	≤10.0	中度损坏	中修
Ⅳ	自然间砖墙上出现宽度大于 30mm 的裂缝,多条裂缝总宽度大于 30mm;梁端抽出小于 60mm;砖柱上出现小于 25mm 的水平错动	>6.0	>0.6	>10.0	严重损坏	大修
	自然间砖墙上出现严重交叉裂缝、上下贯通裂缝,以及墙体严重外鼓、歪斜;钢筋混凝土梁、柱裂缝沿截面贯通;梁端抽出大于 60mm,砖柱出现大于 25mm 的水平错动;有倒塌危险				极度严重损坏	拆建

七煤集团胜利煤矿位于黑龙江省七台河市新兴区(七台河矿区西部),该煤矿的地层为东西走向(主要开采勃利煤田),倾角一般为 10°~16°,单斜构造为向南倾,地层倾角在断层影响区域可达到 30°,七煤集团胜利煤矿东北侧的 F11 断层为对煤炭开采没有影响的边界断层。

胜利煤矿涉及保护煤柱进行重复采动的采区主要在其一采区十二井,该采区第三段区域为可以开采的煤层(柱),主要为 91# 煤层和 93# 煤层,这两部分区域的煤层为稳定性煤层。91# 煤层和 93# 煤层位于 90# 煤层下方(其中 93# 煤层距离 90# 煤层的距离大约为 30~40m),已经完成开采的 90# 煤层所形成的煤矿采空区刚好位于七煤集团同创机械厂的下方(矿区铁路线的北方)。2012 年,胜利煤矿对位于 90# 煤层下方的 93# 煤层采用条带开采方式进行了开采,在开采工作完成后,同创机械厂厂区内的建筑于 2013 年出现了大范围的采动损害现象。

同创机械厂厂区的建筑物主要以墙体承重为主的砖混结构,此类建筑的传力路径主要是通过墙体将荷载传向基础,最终由基础传给地基,所以,地表的移动变形对此类建筑损伤破坏较大。根据笔者现场调研发现,同创机械厂的地面出现了纵横交错的裂缝,并且地面出现了隆起等一系列的破坏现象,建筑物的损伤破坏主要以墙体的斜裂缝、墙身上的竖向裂缝、窗间墙水平裂缝和建筑物勒脚处的裂缝等破坏现象为主。笔者对煤矿采动损伤建筑及地面所取的照片资料分析如下。

1. 地面的裂缝

同创机械厂办公区域内地面采动损害的表现主要体现在:道路路基出现下沉、裂缝宽度达到 8~10mm(图 8.10),地面表层的混凝土路面出现隆起、支离破碎现象(图 8.11),部分地面的混凝土出现疏松、麻面现象,并且在疏松层附近出现纵横交错的裂缝。办公区地面出现以上采动损害现象,主要是由于在煤矿重复采动荷载影响下,煤矿采空区上覆岩层的移动变形波及地表以后,路基不同部位的下沉量差异较大,引起地表出现较大宽度的裂缝。在开采不同煤柱的生产过程中,地表由于移动变形不协调,导致不同位置的地表同

(a) 地面裂缝对比　　　　　　　　　(b) 煤矿采动裂缝的宽度

图 8.10　办公区地面的采动损害裂缝

时处于拉伸变形及压缩变形状态,当超过混凝土的抗压(拉)强度时,办公区地面容易出现疏松、隆起及支离破碎的煤矿采动损害现象。

(a) 地面水泥面层隆起　　　　　　　　(b) 煤矿采动裂缝

(c) 地面隆起及裂缝　　　　　　　　(d) 煤矿采动裂缝的走向

图 8.11　办公区地面的采动损害裂缝分布

2. 墙体的斜裂缝

同创机械厂 1# 办公楼外墙体及办公楼内部出现的煤矿采动损害现象(图 8.12、图 8.13),该建筑物山墙出现了从散水一直斜向发展到窗户附近的斜裂缝,并且邻近散水区域的墙体裂缝宽度达到了 24～28mm(破坏等级为Ⅲ级,煤矿采动损害的砖墙上的裂缝宽度小于 30mm),其裂缝的发展趋势为阶梯形错动发展,山墙上的裂缝整体上呈现倒八字形(地表正曲率变形导致的),但是其裂缝的最大宽度却出现在下端(地表正曲率变形导致的);在山墙的窗户附近出现了多条斜向交叉发展的细微裂缝,并与从散水发展而来的宽裂缝相贯通,建筑物的上层墙体裂缝明显小于下层墙体,墙身中部的斜裂缝明显较两端墙体的裂缝较少。办公楼内部墙体的门窗洞口附近、窗间墙及水平承重墙体的下部为裂缝集中区域,并且墙体表面的墙皮出现了大面积剥离脱落现象。

出现以上煤矿采动损害的现象,主要是因为在煤矿重复采动作用下,地表发生了曲率变形(正曲率变形和负曲率变形相继发生),地表在发生曲率变形的时候,会对墙体产生剪力作用,当剪力超过墙体的主拉应力时,墙体则会出现八字形裂缝,并且最大宽度出现在其端部;砖混结构墙体的门窗洞口属于应力集中部位,同时也是薄弱部位,所以地表移动

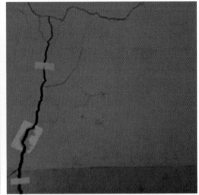

(a) 墙体采动裂缝　　　　　　　　　　(b) 墙体采动裂缝的宽度及走向

图 8.12　办公楼外部墙体的采动损害裂缝分布

(a) 墙皮掉落　　　　　　(b) 门窗洞口上的采动裂缝　　　　　(c) 墙皮隆起

图 8.13　办公楼内部墙体的采动损害裂缝分布

变形容易引起斜裂缝出现在门窗洞口附近的墙体并交叉发展；由于建筑物长度导致其墙体中部所承受的剪力相对较小，所以，墙身墙身中部的斜裂缝明显较两端墙体的裂缝较少；下部墙体不仅要承受地表移动变形所产生的剪力，同时还要承受上部墙体的自重荷载，所以，下部墙体出现的裂缝较多。

3. 墙身上的竖向裂缝

同创机械厂 2# 办公楼在建筑物内部墙体所出现的煤矿采动损害现象（图 8.14）。墙体顶部出现了上宽下窄的竖向裂缝，并且在墙身中部出现较多，一直向下发展，与水平裂缝相贯通，而且发现该办公楼的竖向裂缝多出现在纵墙上，横墙的竖向裂缝相对较少。

在墙体以上部位（位置）出现采动裂缝的原因主要是：墙体顶部出现的上宽下窄的竖向裂缝可能由于没有在墙身顶部设置钢筋混凝土圈梁或者水平配筋砌体带；在纵墙出现裂缝较多的原因是因为纵墙的刚度较小。出现以上煤矿采动损害裂缝的原因主要是因为：煤矿重复采动作用下地表发生了正曲率变形，在正曲率变形的影响下该办公楼墙体由

(a) 墙体竖直裂缝　　　　　　　　　　　　　　(b) 墙体斜裂缝

图 8.14　办公楼内部墙体的采动损害裂缝分布

于反向挠曲变形的影响,由于上部墙体没有钢筋混凝土圈梁的约束作用,导致墙体顶部和中部所受到的拉应力超过了其弯曲抗拉强度,所以,墙体顶部和中部墙体出现了上宽下窄的竖向发展裂缝。

4. 窗间墙水平裂缝

同创机械厂 2# 办公楼窗间墙出现的煤矿采动损害现象(图 8.15)为:窗间墙出现了上宽下窄、错动发展至散水的裂缝,其中宽度较大的裂缝主要集中于窗户边缘,在窗户洞口的墙体中间同时出现了水平发展的裂缝,部分窗户洞口由于没有设置过梁,出现了表皮脱落的现象。

(a) 墙体错动发展的裂缝　　　　　(b) 墙体水平发展裂缝　　　　　(c) 洞口上墙皮掉落

图 8.15　办公楼窗间墙的采动损害裂缝分布

窗间墙出现裂缝,主要是由于煤矿重复采动荷载的作用下,砖混结构的窗间墙体处于复杂的力学环境中,不仅需要承受洞口上部墙体和楼盖、楼板等结构自身复杂内力效应(自重荷载所产生的纵向力以及弯矩),煤矿重复采动所引起的地表移动变形,导致建筑物的质量中心、刚度中心和几何中心发生了改变,使建筑物处于偏心受压状态,并且地表移动变形还会在门窗洞口一定范围内的墙体产生剪力和弯矩,加剧了窗间墙的偏心受压状态,导致水平裂缝在窗间墙体上的产生和发展。

5. 勒脚处的裂缝

通过分析图 8.16 同创机械制造厂 2# 办公楼勒脚处出现的煤矿采动损害现象为:窗间墙下部的勒脚出现了下宽上窄斜向发展的裂缝(裂缝宽度为 5～8mm),很多裂缝与地表裂缝相贯通,并且在与地表接触的部位出现了隆起破碎的现象。

(a) 脚发展的裂缝

(b) 勒脚裂缝与地面裂缝交叉发展

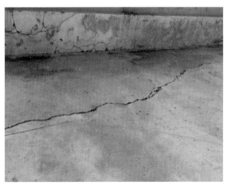

(c) 勒脚保护层掉落

图 8.16 办公楼勒脚处的采动损害裂缝分布

出现以上煤矿采动损害现象,主要是由煤矿重复采动引起地表变形中的水平拉伸变形导致的,水平拉伸变形会在建筑物的基础与地基之间产生附加应力(主要为附着力和摩擦力),附加应力进而在砖混结构的墙体上产生拉应力;在煤矿重复采动影响下,地表移动变形越来越大,所产生的拉应力也随之增加,最后容易在抗拉能力薄弱的窗台墙下部勒脚处出现裂缝,这也是出现"下宽上窄斜向发展的裂缝"的原因。

通过对建筑物的煤矿采动损害现场勘查调研的分析发现,现场建筑物煤矿采动损害的特征基本符合《建筑物、水体、铁路及主要井巷煤柱留设与压煤开采规程》[280]关于Ⅲ级煤矿采动损害特征的描述,若想继续使用七煤集团同创机械厂院内的建筑,需要采取合理的抗震加固方案,并且对地下煤柱开采采取合理的充填开采方案,保证地表移动变形在可控范围之内,最终达到"地下采煤充填—地上建筑保护"的绿色开采目的。

8.5　本章小结

　　本章通过分析探讨煤矿工业环境的复杂性、恶劣性,针对煤矿采动损害影响下建筑抗震性能劣化致灾的安全问题,采用现场调研与理论分析相结合的方法,根据建筑物所处的自然环境、生产环境和力学环境,从材料、构件和结构层次着手,探讨煤矿沉陷区复杂环境下建筑物抗震性能劣化的影响因素,分析了矿区建筑物抗震性能劣化的基本特征,初步得到以下结论。

　　(1) 矿区环境特殊性、恶劣性与复杂性导致矿山的各种灾害因素不是单独存在的,彼此间是相互影响、相互伴生的,矿区复杂多变的灾害演化系统是涉及固体、液体、气体等多相耦合的复杂系统,矿山任何一种灾害的发生,都会导致其他衍生灾害发生,并不可避免地对矿区的建(构)筑物产生危害。

　　(2) 矿区复杂环境下,建筑物抗震性能劣化主要受环境与荷载、材料、构件与结构四方面的因素影响:①矿区建筑所处的环境为多因素、多相介质耦合的复杂恶劣环境,矿区建筑需要承受动、静荷载耦合作用的破坏作用,复杂的物理化学侵蚀、恶劣自然环境与复杂力学环境的耦合效应是矿区建筑抗震性能劣化的驱动力;②矿区建筑材料方面的影响,主要涉及腐蚀性气体、盐类溶液、固体颗粒附着物与高温高湿的侵蚀作用下所引起的混凝土材料疏松剥落、破坏以及钢筋锈蚀膨胀破坏,此二类破坏现象是矿区建筑物抗震性能劣化的根本原因;③矿区建筑构件方面的破坏,主要体现在各种侵蚀介质、致灾因子及环境因素的影响下,建筑物构件面层疏松剥落、钢筋外露锈蚀、混凝土与钢筋之间的黏结力降低,构件表面出现大量裂缝,构件的承载力严重降低,矿区建筑构件方面的破坏是矿区建筑物抗震性能劣化的宏观表现;④矿区建筑结构方面的破坏,主要是由于矿区建筑物材料层次发生锈蚀劣化,构件层次遭到破坏,在外界复杂环境因子的扰动作用下,矿区建筑物形成了大量的结构薄弱处,其结构性能发生严重劣化,是建筑物抗震性能劣化的直接原因。

　　(3) 基于"不同矿区、不同结构形式、不同力学环境下,矿区建筑的抗震性能劣化模式差异较大"的矿区建筑保护新观点,在对煤矿采空区建筑物损伤破坏原因进行分析时,需要对其所处的环境因素进行综合考虑,然后根据其所处的环境因子进行权重分析,分析占权重比例较大的灾害因子作用影响下,建筑抗震性能的劣化机制,以确定合理的煤矿采动区建筑物抗震性能劣化机制,保证所采取的煤矿采动区建筑物的灾变防控措施合理有效。

　　(4) 对涉及多煤层重复开采影响下的建筑,为了最大限度地降低地面建筑受煤矿采动损害的影响,需要采用"地下开采充填—地面建筑保护"的保护理念,在煤层开采过程中,开采速度需要保持均匀推进的速度,同时及时对煤矿采空区进行充填,最大限度地降低煤矿开采沉陷变形对建筑物的危害,同时,也需要对煤矿采动建筑进行抗开采沉陷变形隔震保护相关理论的研究工作,为煤矿采动建筑物的保护工作提供新方向。

第9章 煤矿采动损伤建筑物的地震动力灾变与安全防护

9.1 引 言

虽然煤炭资源依然是我国的战略性第一大支柱性能源,由于各种条件的限制,我国的煤矿资源的开采率依然偏低,尤其是建筑物下、水体下和道路铁路下的"三下"压煤量达到500亿t,如何合理地解决"三下"压煤问题,对缓解我国的能源危机具有不可忽略的作用[12]。目前,我国矿区由于高强度、大面积的持续开采,导致煤矿采空区建筑物安全问题越发突出,采煤沉陷区建筑物损伤破坏现象日益严重[10-16]。加之我国80%的矿区处于抗震设防区,所以,采煤沉陷区的建筑物不仅需要承受采煤沉陷的危害,同时也面临着地震灾害的威胁[10-12],因此,研究采煤沉陷区建筑物的抗震性能是矿区工程建设迫切需要解决的问题。

目前,我国的专家学者对采煤沉陷区建筑物的抗震性能以及抗地表变形技术已经开展了研究工作:谭志祥和邓喀中提出煤矿采动建筑物—基础—地基的共同作用力学模型,重点分析采煤沉陷区地表移动变形影响下的建筑物的内力[167];查剑峰等在理论分析的基础,通过试验研究发现,在煤矿沉陷区采取离层注浆减沉技术对减缓煤矿采空区的地表移动变形有较为理想的效果,可以达到保护采煤沉陷区地面建筑物的目的[168];张春礼基于损伤力学的基本理论,研究煤矿采动损害影响下建筑物的损伤破坏规律[182];刘松岸在研究煤矿采动框架结构的抗变形技术的基础上,提出煤矿采动建筑物需要同时考虑抗震设计和抗变形设计的分析方法[281]。目前,对于煤矿采动建筑物抗震性能的研究相对较少,尚未形成系统化的理论体系,故煤矿采空区工程场地及建筑物的地震安全性是一个亟待解决的工程问题和科学问题。

9.2 地震作用下煤矿采空区波动效应的理论分析

煤矿采动损害与地震灾害对建筑物的损伤破坏具有相同之处:对建筑物的荷载传递途径都是通过"场地—基础—上部结构"实现对建筑物的破坏,所以,可以根据其荷载传递途径,建立煤矿采动损害以及地震灾害对建筑物损伤破坏的内在联系[282]。

采煤沉陷区由于岩层的移动变形破断导致其岩层环境相对复杂,所以,当煤矿采空区发生地震时,地震波在煤矿采空区的传播更为复杂:不仅需要考虑部分地震波从基岩传播入射到煤矿采空区底部,同时也要考虑到煤矿采空区可能会出现多个迎波边界,并且煤矿采空区不同位置的波动情况差别较大。综上可知,煤矿采空区的破断岩层属于松散介质,其介质的不均匀性及局部几何不规则性对地震波的传播影响均较大,需要采取合理的计算方法对其进行研究,图 9.1 为煤矿采空区发生地震时的地震波传播示意图。

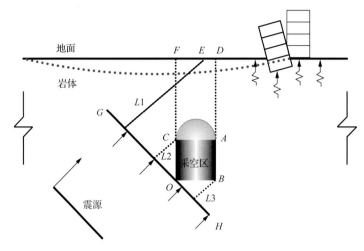

图 9.1　煤矿采空区地震波传播示意

　　根据实际的工程结构设计中要求煤矿采空区地下结构以及地面建筑物具有足够的安全储备,综合考虑地震波具有多面入射的特性、煤矿采空区边界的非一致性及几何不规则性,煤矿采空区的地震波入射时,要求以斜入射的方式进入煤矿采空区(与一般的地震底部入射法相比较,地震波斜入射法对工程结构的损伤破坏程度更高,进而通过地震波斜入射法计算出来的结果,可以保证工程结构具有较为充足的安全储备[32])。

　　地震波发生时,一般假设是从无限远处传播过来,此时所选择的计算区域过大,影响计算的时效性,所以,仅分析地震波在煤矿采空区传播的波动效应。根据图 9.1 可知,假设地震波为平面波,要求地震波传播方向与煤矿采空区垂直的方向上煤矿采空区区域上各个质点的波动状态是一样的。

　　假设基岩基准面的地震波的时程方程为

$$U_i = W_i(t) \quad (i = 1, \cdots, n) \tag{9.1}$$

　　根据图 9.1 煤矿采空区地震波传播示意图,可以得到入射边界上 OB 以及 OC 上不同结点的波动方程为

$$\begin{cases} U_i = W_i(t - \Delta t)(1 - \delta L) \\ \Delta t = L/C \end{cases} \tag{9.2}$$

式中,U_i 为地震波传播过程中的传播速度,$W_i(t)$ 为地震波的位移时程变化;t 为地震波的传播时间;Δt 为地震波从计算基准面传播到煤矿采空区边界入射结点时所需要的传播时间;L 为煤矿采空区入射结点到地震波计算基准面的距离;C 为地震波在岩层中的传播速度;δ 为地震波幅值在煤矿采空区区域岩层中沿传播距离的衰减系数。

　　煤矿采空区工程结构的计算模型主要涉及煤矿采动损伤岩层及地层、地下煤矿巷道结构及煤矿采动扰动土层—基础—上部建筑相互作用的力学模型,基于有限元显式差分

法的基本原理以及局部透射人工边界[32]，可以建立煤矿采空区发生地震时地面建筑物地震动力响应的有限元数值计算分析方法。

根据 Raylaigh 阻尼理论可以得到，地震波在岩（土）层中传播过程中与土体所发生的能量耗散、迁移的过程，所以，需要对岩（土）层的阻尼进行确定

$$[C] = \alpha[M] + \beta[K] \tag{9.3}$$

式中，$[C]$ 为有限元数值计算体系的阻尼矩阵；$[M]$ 为有限元数值计算体系的质量矩阵；$[K]$ 为有限元数值计算计算体系的刚度矩阵；α，β 为有限元数值计算体系的阻尼比例系数。

α 和 β 的确定可以通过由工程结构的模态分析所得到的结构圆频率及阻尼比，按下式计算求得

$$\alpha = \frac{2(\omega_j^2 \omega_i \xi_i - \omega_i^2 \omega_j \xi_j)}{\omega_j^2 - \omega_i^2}, \beta = \frac{2(\omega_j \xi_i - \omega_i \xi_j)}{\omega_j^2 - \omega_i^2}$$

式中，ξ_i、ω_i 和 ξ_j、ω_j 分别为工程结构的第 i，j 振型的临界阻尼比和圆频率[32]。

对煤矿采空区的计算单元进行有限元数值计算的离散化处理，此时，可以得到煤矿采空区的整体工程结构体系的计算单元的动力学运动方程为

$$[M]\{\ddot{u}(t)\} + [C]\{\dot{u}(t)\} + [K]\{u(t)\} = \langle P(t) \rangle \tag{9.4}$$

式中，$\{\ddot{u}(t)\}$ 为结构计算体系的节点运动加速度；$\{\dot{u}(t)\}$ 为结构计算体系的速度；$\{u(t)\}$ 为结构计算体系的节点运动的位移；$\langle P(t) \rangle$ 为作用在结构计算体系的外力的合力。

图 9.2 为结构计算体系的局部节点系中有限单元连接情况。

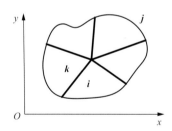

图 9.2　结构计算体系的局部节点系中有限单元连接情况

根据有限元数值计算及工程结构波动理论[32]可以得到，计算区域人工边界内任一节点等效的局部运动方程为

$$M_i\{\ddot{u}_i(t)\} + \sum_{i=1}^{j}(\alpha M_{ij} + \beta K_{ij})\dot{u}_i(t) + \sum_{i=1}^{j}K_{ij}u_i(t) - P_i = 0$$

$$M_i = \sum_{k=1}^{N}\sum_{j=1}^{n_k}M_{ij}^k, \quad M_{ij} = \sum_{k=1}^{N}M_{ij}^k,$$

$$K_{ij} = \sum_{k=1}^{N}K_{ij}^k, \qquad P_i = \sum_{k=1}^{N}M_i^k, \tag{9.5}$$

式中，M_{ij} 为有限元数值计算单元的单元质量矩阵，K_{ij} 为有限元数值计算单元的刚度矩阵，N 为在结构计算体系的局部节点坐标系中计算单元 K 所含的数值计算单元总数；P_i 为地震作用下煤矿采动建筑结构第 i 层轴力。

基于有限元数值计算的有限元显式差分方法[32]对方程进行求解计算，可以得到，结构计算体系节点 i 局部节点系中的各个基本参数为

$$u_i^{n+1} = \frac{\Delta t^2}{2M_i}P_i + u_i^n + \Delta t\dot{u}_i^n - \frac{\Delta t^2}{2M_i}\sum_{j=1}^{N}\left[K_{ij}u_j^n + (\alpha M_{ij} + \beta K_{ij})\dot{u}_i^n\right] \tag{9.6}$$

$$\dot{u}_i^{n+1} = \frac{\Delta t^2}{2M_i}(P_i^{n+1} + P_i^n) + \dot{u}_i^n - \frac{1}{2M_i}\sum_{2M_i}^{N}\sum_{j=1}^{N}\left\{K_{ij}\Delta t\left[Q_i^{n+1} + u_i^n + 2(\alpha M_{ij} + \beta K_{ij})(u_j^{n+1} - u_j^n)\right]\right\}$$

$$\tag{9.7}$$

$$\ddot{u}_i^{n+1} = -\dot{u}_i^n + \frac{2}{\Delta t}(\dot{u}_i^{n+1} - \dot{u}_i^n) \tag{9.8}$$

式中，u_j 为结构计算体系第 j 振型的速度位移；$\dot{u}_i$ 为结构计算体系第 i 振型的速度。

9.3　煤矿采动建筑物的抗震性能分析

煤矿采动建筑物与普通建筑物的区别，主要在于煤矿开采引起的岩层与地表移动变形对建筑物产生了附加应力，使煤矿采动建筑物发生了先期的次生损伤，地震作用下，煤矿采动建筑的先期损伤会继续发展演化，进而导致其地震动力响应与普通场地条件下的建筑物的地震动力响应差别较大。所以，分析煤矿采动建筑物的抗震性能时，需要满足以下假设条件：①忽略煤矿开采引起的地表移动变形对煤矿采动建筑基础的影响，即视煤矿采动建筑的基础为刚性体；②采用集中质量法将煤矿采动建筑的自重集中到各个楼层上；③定义煤矿采动建筑的上部结构与基础之间为完全接触关系，保证煤矿采动建筑的基础不会出现基础滑移、提离的破坏现象；④假设煤矿采动建筑的地基土满足线弹性半空间的要求。此时，煤矿采动建筑物的地震动力响应的力学计算模型如图 9.3 所示。

在图 9.3 中，假设 K_x 为煤矿采动地基土的水平刚度，K_y 为为煤矿采动地基土的竖向刚度，K_{Rz} 为煤矿采动地基土的 z 方向上的刚度，C_x 为煤矿采动地基土的水平阻尼，C_y 为煤矿采动地基土的竖直阻尼，C_{Rz} 为煤矿采动地基土的 z 方向阻尼。

根据力学平衡条件，可以初步建立煤

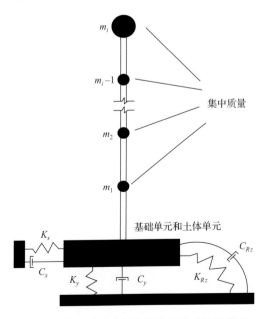

图 9.3　煤矿采动建筑物的地震动力计算模型

矿采动建筑的各个楼层的竖向力的平衡方程为

$$m_n(\ddot{z}_n + \ddot{z}_g + \ddot{v}) + C_{v,n}(\dot{z}_n - \dot{z}_{n-1}) + K_{v,n}(z_n - z_{n-1}) = 0 \tag{9.9}$$

$$m_i(\ddot{z}_i + \ddot{z}_g + \ddot{v}) + c_{v,i}(\dot{z}_i - \dot{z}_{i-1}) - c_{v,i+1}(\dot{z}_{i+1} - \dot{z}_i) + c_{v,i}(\dot{z}_i - \dot{z}_{i-1})$$
$$+ k_{v,i}(z_i - z_{i-1}) - k_{v,i+1}(z_{i+1} - z_i) = 0 \tag{9.10}$$

$$\sum_{i=0}^{n} m_i(\ddot{z}_g + \ddot{v}) + N = 0; N = k_v v + c_v \dot{v} \tag{9.11}$$

式中，m_i 为建筑物第 i 层的质量，c_i 为建筑物第 i 层的阻尼，k_i 为建筑物第 i 层的剪切刚度，k_v,c_v 为考虑煤矿采动建筑物基础不出现提离、滑移破坏情况下的竖向地基阻抗[187]，v 为煤矿采动建筑整个结构体系的竖向位移，z_i 为采用集中质量法的建筑结构各个质点相对基础的竖向位移；N 为煤矿采动区的地基土对建筑结构基础的竖向作用力；$c_{v,n}$ 为建筑物第 n 楼层竖直方向上的阻尼；$k_{v,n}$ 为建筑物第 n 楼层竖直方向上的刚度。

在煤矿采动建筑各个楼层的力学平衡方程的基础上，根据矩阵论将其转化为矩阵形式，此时可以得到，煤矿采动建筑结构的竖向运动微分方程为

$$[m]\{\ddot{z}\} + [c_v]\{\dot{z}\} + [k_v]\{z\} = \{f\}\{\ddot{z}_g\} \tag{9.12}$$

式中，

$$[m] = \begin{bmatrix} m_n & & & & & \\ & m_{n-1} & & & & \\ & & \ddots & & & \\ & & & m_2 & & \\ & & & & m_1 & \\ & & & & & \sum_{i=0}^{n} m_i \end{bmatrix}$$

$$[c_v] = \begin{bmatrix} c_{v,n} & -c_{v,n} & & & \\ -c_{v,n} & c_{v,n}+c_{v,n-1} & -c_{v,n} & & \\ & \ddots & & \ddots & \\ & & -c_{v,3} & c_{v,2}+c_{v,3} & -c_{v,2} \\ & & & -c_{v,2} & c_{v,2}+c_{v,1} \\ & & & & c_v \end{bmatrix}$$

$$[k_v] = \begin{bmatrix} k_{v,n} & -k_{v,n} & & & \\ -k_{v,n} & k_{v,n}+k_{v,n-1} & -k_{v,n-1} & & \\ & \ddots & & \ddots & \\ & & -k_{v,3} & k_{v,2}+k_{v,3} & -k_{v,2} \\ & & & -k_{v,2} & k_{v,2}+k_{v,1} \\ & & & & k_v \end{bmatrix}$$

$$\{f\} = \left\{ -m_n, -m_{n-1}, \cdots, -m_2, -m_1, -\sum_{i=0}^{n} m_i \right\}^{\mathrm{T}}$$

$$\{z\} = \{z_n, z_{n-1}, \cdots, z_2, z_1, v\}$$

如果考虑到地震波的水平以及竖向入射,煤矿采动建筑的振动形式会出现水平振动与竖向振动的耦联振动效应,此时,需要对建筑物的作用力进行等效处理:一般将其重力产生的倾覆力矩进行等效转换,采用等效侧向荷载的方法来代替重力,可以得到,地震作用下煤矿采动建筑结构第 i 层轴力 p_i 的计算公式为[187]

$$p_i = \frac{EA_i}{h_i}(z_i - z_{i-1}) - m_i g \tag{9.13}$$

式中,E 为建筑物的弹性模量;A_i 为建筑物第 i 层的有效面积。

规定水平向右为正方向,此时,根据煤矿采动建筑各个楼层的水平平衡方程,可以得到

(1) 顶层的运动方程为

$$m_n(\ddot{x}_g + \ddot{x}_0 + \ddot{x}_n + H_n\ddot{\psi}) + c_{h,n}(\dot{x}_n - \dot{x}_{n-1})$$
$$+ k_{h,n}(x_n - x_{n-1}) + m_n\psi(\ddot{z}_g + \ddot{v}) - \frac{p_n}{h}x_{n-1} + \frac{p_n}{h_n}x_n + p_n\psi = 0 \tag{9.14}$$

标准层$(i=1,2,\cdots,n-1)$的运动方程为

$$m_i(\ddot{x}_g + \ddot{x}_0 + \ddot{x}_i + H_i\ddot{\psi}) + m_i\psi(\ddot{z}_g + \ddot{v}) + c_{h,i}(\dot{x}_i - \dot{x}_{i-1}) - c_{h,i+1}(\dot{x}_{i+1} - \dot{x}_i)$$
$$+ k_{h,i}(x_i - x_{i-1}) - k_{h,i+1}(x_{i+1} - x_i) - \frac{p_i}{h_i}x_{i-1} + \left(\frac{p_i}{h_i} + \frac{p_{i+1}}{h_{i+1}}\right) - \frac{p_{i+1}}{h_{i+1}}x_{i+1} + p_i\psi = 0 \tag{9.15}$$

首层的运动方程为

$$m_1(\ddot{x}_g + \ddot{x}_0 + \ddot{x}_1 + H_1\ddot{\psi}) + m_1\psi(\ddot{z}_g + \ddot{v}) + c_{h,1}\dot{x}_1 - c_{h,2}(\dot{x}_2 - \dot{x}_1)$$
$$+ k_{h,1}x_1 - k_{h,2}(x_2 - x_1) - \frac{p_2}{h_2}x_2 + \left(\frac{p_2}{h_2} + \frac{p_1}{h_{11}}\right)x_1 + p_1\psi = 0 \tag{9.16}$$

(2) 基于建筑结构水平方向上的平衡条件(力平衡及力矩平衡)可以得到

$$\sum H = 0$$

$$m_0(\ddot{x}_g + \ddot{x}_0) + \sum_{i=1}^{n} m_i\psi(\ddot{z}_g + \ddot{v}) + \sum_{i=1}^{n} m_i(\ddot{x}_g + \ddot{x}_0 + \ddot{x}_i + H_i\ddot{\psi}) - H = 0 \tag{9.17}$$

$$\sum M = 0$$

$$\left(I_0 + \sum_{i=1}^{n} m_i H_i^2\right)\ddot{\psi} + \sum_{i=1}^{n} m_i(\ddot{x}_g + \ddot{x}_0 + \ddot{x}_i)H_i + \sum_{i=1}^{n} m_i(\ddot{z}_g + \ddot{v})(x_i + H_i\psi)$$
$$+ \sum_{i=1}^{n} p_i x_i + \sum_{i=1}^{n} p_i H_i\psi = M \tag{9.18}$$

式中，x_i 为外力作用下建筑结构第 i 楼层质点；m_i 相对于基础在水平方向上的发生位移；m_0 为建筑结构基础的质量；x_0 为建筑结构基础底板相对于地面运动（g_x 为水平方向的重力加速度）发生的弹性范围的位移；I_0 为煤矿采动建筑的基础底板绕着其基础中心 y 轴所发生的转动惯量；ψ 为外力影响下煤矿采动建筑基础底板所发生的转角；H_i 为煤矿采动建筑第 i 个质点距其基础基底中心的距离；h_i 为煤矿采动建筑第 i 层楼层的层高；H 为外力作用下地基土对基础的水平作用力；M 为外力作用下地基土对基础的水平作用力矩。

$$H = k_h x_0 + c_h \dot{x}_0 \tag{9.19}$$

$$M = \frac{1}{3} k_v \psi l^2 + \frac{1}{3} c_v \dot{\psi} l^2 + k_\phi \psi + c_\phi \dot{\psi} \tag{9.20}$$

式中，k_ϕ 为煤矿采动建筑不发生提离的条件下的地基刚度阻抗；c_ϕ 为煤矿采动建筑不发生提离的条件下的地基阻尼阻抗；k_h 为煤矿采动建筑发生滑移损伤破坏的条件下水平方向上的地基刚度阻抗；c_h 为煤矿采动建筑发生滑移损伤破坏的条件下水平方向上的地基阻尼阻抗；k_v 为煤矿采动建筑发生滑移损伤破坏的条件下转动方向上的地基刚度阻抗；c_v 为煤矿采动建筑发生滑移损伤破坏的条件下转动方向上的地基阻尼阻抗。

（3）煤矿采动建筑结构水平发生运动时的微分方程

在煤矿采动建筑各个楼层的力学平衡方程的基础上，根据矩阵论将其转化为矩阵形式，此时，可以得到煤矿采动建筑结构的水平运动微分方程为

$$[m]\{u\} + [c_h]\{\dot{u}\} + (k_h + [k_p])\{u\} = \{f\} \tag{9.21}$$

为了区别方程中的变量，将式（9.21）中的变量转换如下

$$[m']\{u\} + [c_h]\{\dot{u}\} + (k_h + [k_p])\{u\} = \{f'\} \tag{9.22}$$

式中

$$[m'] = \begin{bmatrix} m_n & & & & & m_n & m_n H_n \\ & m_{n-1} & & & & m_{n-1} & m_{n-1}H_{n-1} \\ & & \ddots & & & \vdots & \vdots \\ & & & m_2 & & m_2 & m_2 H_2 \\ & & & & m_1 & m_1 & m_1 H_1 \\ & & & & & m_0 & \sum_{i=1}^{n} m_i H_i \\ m_n H_n & m_{n-1}H_{n-1} & \cdots & m_2 H_2 & m_1 H_1 & 0 & I_0 + \sum_{i=1}^{n} m_i H_i^2 \end{bmatrix}$$

$$[c_h] = \begin{bmatrix} c_{h,n} & -c_{h,n} \\ -c_{h,n} & c_{h,n}+c_{h,n-1} & -c_{h,n} \\ & & \ddots \\ & & & -c_{h,3} & c_{h,2}+c_{h,1} & -c_{h,2} \\ & & & & -c_{h,2} & c_{h,2}+c_{h,1} \\ & & & & & & -c_h \\ m_n H_n & m_{n-1}H_{n-1} & \cdots & m_2 H_2 & m_1 H_1 & 0 & -\left(\frac{1}{3}c_v l^2 + c_\phi\right) \end{bmatrix}$$

$$[k_h]=\begin{bmatrix} k_{h,n} & -k_{h,n} & & & & 0 & m_n(\ddot{z}_g+\ddot{v}) \\ -k_{h,n} & k_{h,n}+k_{h,n-1} & -k_{h,n-1} & & & 0 & m_{n-1}(\ddot{z}_g+\ddot{v}) \\ & & \ddots & & & & \vdots \\ & & -k_{h,3} & k_{h,2}+k_{h,1} & -k_{h,2} & 0 & m_2(\ddot{z}_g+\ddot{v}) \\ & & & -k_{h,2} & k_{h,2}+k_{h,1} & 0 & m_1(\ddot{z}_g+\ddot{v}) \\ 0 & 0 & \cdots & 0 & 0 & -c_h & \sum_{i=1}^{n}m_i(\ddot{z}_g+\ddot{v}) \\ m_n(\ddot{z}_g+\ddot{v}) & m_{n-1}(\ddot{z}_g+\ddot{v}) & \cdots & m_2(\ddot{z}_g+\ddot{v}) & m_1(\ddot{z}_g+\ddot{v}) & 0 & \sum_{i=2}^{n}m_i(\ddot{z}_g+\ddot{v}) -\left(\frac{1}{3}k_vl^2+k_\phi\right) \end{bmatrix}$$

$$[k_p]=\begin{bmatrix} p_n/h_n & -p_n/h_n & & & & 0 & p_n \\ -p_n/h_n & p_n/h_n+p_{n-1}/h_{n-1} & -p_{n-1}/h_{n-1} & & & 0 & p_{n-1} \\ & & \ddots & & & \vdots & \vdots \\ & & -p_3/h_3 & p_3/h_3+p_2/h_2 & -p_2/h_2 & 0 & p_2 \\ & & & -p_2/h_2 & p_2/h_2+p_1/h_1 & 0 & p_1 \\ 0 & 0 & \cdots & 0 & 0 & -c_h & 0 \\ p_n & p_{n-1} & \cdots & p_2 & p_1 & 0 & \sum_{i=2}^{n}p_ih_i \end{bmatrix}$$

$$\{u\}=\{x_n,x_{n-1},\cdots,x_1,x_0,\psi\}$$

$$\{f'\}=-\left\{m_n,m_{n-1},\cdots,m_1,m_0,\sum_{i=1}^{n}m_i\right\}\ddot{x}_g$$

煤矿采动建筑结构的水平运动微分方程的求解方法为：根据式(9.13)中的 p_i 含有竖向的位移变量 z_i，联立式(9.12)及式(9.22)，并将式(9.22)中的 $[k_p]$ 进行变换，此时，方程 $[k_p]$ 转换为变系数微分方程。在此基础上联立方程式(9.5)并进行求解，可以得到结构在某一时刻时各个楼层(各质点)的竖向所发生的位移 z_i，将所求得的竖向位移 z_i 重新代入式(9.13)进行求解，便可以得到常系数微分方程 $[k_p]$，在此基础上，可以利用 Newmark-β 法对建筑物的动力学方程进行迭代求解，便可得到煤矿采动建筑在所有时刻的各个楼层(各质点)的位移。

9.4 煤矿采动建筑物的有限元分析计算模型

在理论分析的基础上，通过建立煤矿采动区建筑的有限元数值计算分析模型，分析煤矿采动建筑的抗震性能变化趋势。抗震设防烈度为Ⅶ级的某矿区的场地土的基本力学参数如表9.1所示，该矿区现有六层的框架结构的综合办公楼，其标准层层高为3.6m，底层层高4.2m，该办公楼横向跨度为6m，一共2跨；纵向的跨度为4.5m，一共4跨，该建筑物总高度为 4.2m+3.6m×5=22.2m，总宽度为12m，总长度为18m。在数值计算的模型方面(图9.4)，建筑物的梁、板、柱采用C30混凝土，其弹性模型为 $E=30\mathrm{GPa}$，泊松比 $\nu=0.2$，密度 $\rho=2700\mathrm{kg/m^3}$，筏板基础的尺寸为 28m×16m×1m，为了更好地揭示煤矿开采过程地表的移动变形过程，煤矿采动采动场地的范围为 120m×60m×11m。在数值计算过程中,采用单元生死(单元移除)功能来实现煤炭的开采。

表 9.1　矿区岩层力学参数

岩层岩性	弹性模量/MPa	泊松比	强度/MPa	容重/(kN/m³)	厚度/m	黏聚力/MPa	摩擦角/(°)
砂土	20	0.29	0.5	19.2	1	0.25	30
粉砂岩	2010	0.184	44.9	26.5	4	1.35	35
泥岩	2100	0.226	30.5	26.0	2	2.10	28
煤岩	1800	0.272	11.8	14.0	2	0.65	28
粉砂岩	2690	0.184	50.3	24.5	2	2.45	35

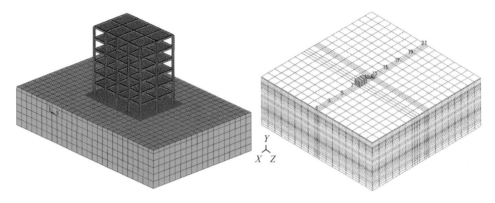

图 9.4　办公楼的有限元分析模型

钢筋混凝土结构中的纵筋选用 HRB400,基于《混凝土结构设计规范》(GB50010—2010)[29]对框架结构中最大(小)配筋率的要求,所确定的梁、板、柱的配筋率如表 9.2 所示。

表 9.2　煤矿采动建筑的结构构件

构件	截面尺寸/mm	混凝土等级	配筋率/%
梁	250×500	C30	0.8
板	120	C30	0.2
柱	500×500	C30	1.2

在有限元数值计算的过程中,采用刚度 EI 等效方法对弹性模量进行调整来实现建筑物的整体式建模,其中建筑物的整体式单元刚度矩阵以及材料本构矩阵为

$$[K] = \sum \int [B]^{\mathrm{T}} [D] [B] \mathrm{d}V \tag{9.23}$$

$$[D] = \left(1 - \sum_{i=1}^{N_r} V_i^S\right) [D_{\varepsilon p}^C] + \sum_{i=1}^{N_r} V_i^S [D^S]_i \tag{9.24}$$

式中,$[D]$ 为建筑结构的钢筋混凝土的弹性本构矩阵;$[B]$ 为建筑结构的弹性模量矩阵;

$[K]$ 为建筑结构的整体刚度矩阵；$[D_{ep}^C]$ 为钢筋混凝土的弹塑性本构矩阵；$[D^S]_i$ 为钢筋混凝土的中各钢筋本构矩阵；V_i^S 为钢筋混凝土的各钢筋的配筋率，%；N_r 钢筋材料的种数（最大为 3）。

经过处理转换后，在有限元数值计算中，可以不考虑钢筋与混凝土分离的组合式模型，可以大大节省计算时间，提高计算精度，而且满足规范的要求。

9.5　地震作用下煤矿采动建筑的动力响应分析

9.5.1　煤矿采动建筑自振周期及频率分析

建筑结构的自振周期反映了结构的动力性能[31]，尤其是其刚度及稳定性特性。一般情况下，若建筑结构的自振周期比较大，则结构的刚度相对较小，则不利于结构的稳定；若建筑结构的自振周期如果比较小，则结构的刚度相对较大，有利于结构的稳定。煤矿采动损害影响下，建筑物容易产生倾斜、开裂等一系列的损伤破坏，当建筑物发生损伤，尤其是建筑物倾斜后，容易造成其质量中心、刚度中心和几何中心不一致，地震发生后，建筑结构容易发生平转、扭转相互耦连的扭转振动效应。根据《高层建筑混凝土结构技术规程》（JGJ3—2010）[221] 相关条款的规定：考虑建筑物的扭转效应时，建筑物的自振周期的振型数不应小于 15，因此，本节对建筑物的自振周期的前 20 阶振型分析探讨其动力特性的变化，其中规定字母 x 代表结构振型中主要沿着 x 方向的振动，y 代表结构振型中主要沿着 y 方向的振动，r 代表结构振型中主要为扭转振动形式。

分析表 9.3 不同荷载工况的建筑物自振周期发现，不考虑煤矿采动损害的建筑物的第 1 阶自振周期为 1.9781s，对应的频率为 0.5055Hz，属于沿 x 方向的整体平动；第 2 阶自振周期为 1.8955s，对应的频率为 0.5275Hz，属于沿 y 方向的整体平动；该结构的前两阶的振型符合《高层建筑混凝土结构技术规程》（JGJ3—2010）关于建筑物的前两阶振型不能出现扭转振型的规定[221]；并且其第 3 自振周期为 1.4351s，对应的频率为 0.6968Hz，属于扭转振型，根据《高层建筑混凝土结构技术规程》（JGJ3—2010）3.4.5 中[221] 关于建筑结构自振周期比 $T_3:T_1=1.4351:1.9781\approx0.725$ 小于 0.9 的规定，说明该结构的有限元分析模型符合规范的基本要求。

煤矿采动损害影响下的建筑物的自振周期比为 $T_3:T_1=1.6328:2.1595=0.756$，大于不考虑煤矿采动损害的建筑物的比值 0.725，并向规范要求的界限值 0.9 靠近，说明煤矿采动损伤建筑的扭转振动效应所占的比例比较大，其发生扭转振动的概率也就比较大。结构自振周期的变化反映了结构动力特性的变化，煤矿采动损害影响下，建筑结构的自振周期发生变化，其刚度相对降低，此时，不利于结构的稳定性，加之煤矿开采沉陷变形所引起的地表移动变形，容易造成建筑物倾斜，更容易导致建筑物扭转振动。

为了能够比较清晰直观地观察不同荷载工况下结构自振频率的变化趋势，分别研究了不考虑煤矿采动损害影响、煤矿采动损害影响下及考虑土-结构相互作用的煤矿采动损伤建筑结构的自振频率的变化趋势如图 9.5 所示。

表 9.3　煤矿采动建筑物的自振周期(频率)

振型阶数	不考虑煤矿采动的建筑物		煤矿采动损害影响下建筑物		考虑 SSI[①] 煤矿采动建筑物	
	周期/s	频率/Hz	周期/s	频率/Hz	周期/s	频率/Hz
1	1.9781(x)	0.5055	2.1595(x)	0.4631	2.4234(x)	0.4126
2	1.8955(y)	0.5275	2.1047(y)	0.4751	2.3618(y)	0.4234
3	1.4351(r)	0.6968	1.6328(r)	0.6127	1.8300(r)	0.5464
4	0.5747(x)	1.7400	0.6276(x)	1.5934	0.7001(x)	1.4285
5	0.4891(y)	2.0446	0.5456(y)	1.8328	0.6078(y)	1.6453
6	0.4287(r)	2.3326	0.4725(r)	2.1164	0.5256(r)	1.9027
7	0.3081(x)	3.2457	0.3347(x)	2.9878	0.3705(x)	2.6988
8	0.2682(r)	3.7286	0.2908(r)	3.4388	0.3212(r)	3.1138
9	0.2248(y)	4.4484	0.2453(y)	4.0766	0.2670(y)	3.7042
10	0.2116(x)	4.7259	0.2305(x)	4.3384	0.2533(x)	3.9477
11	0.1725(r)	5.7971	0.1899(r)	5.2659	0.2076(r)	4.8161
12	0.1554(x)	6.4350	0.1715(x)	5.8309	0.1869(x)	5.3494
13	0.1381(y)	7.2411	0.1544(y)	6.4767	0.1677(y)	5.9630
14	0.1334(x)	7.4963	0.1497(x)	6.6800	0.1624(x)	6.1572
15	0.1149(r)	8.7032	0.1313(r)	7.6161	0.1417(r)	7.0565
16	0.1047(x)	9.5511	0.1206(x)	8.2919	0.1297(x)	7.7116
17	0.0944(r)	10.5932	0.1117(r)	8.9526	0.1197(r)	8.3568
18	0.0858(r)	11.6550	0.1031(r)	9.6993	0.1099(r)	9.0919
19	0.0826(y)	12.1065	0.0993(y)	10.0705	0.1057(y)	9.4597
20	0.0778(x)	12.8535	0.0977(x)	10.2354	0.1039(x)	9.6235

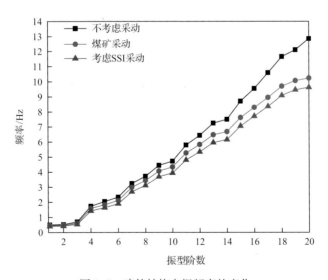

图 9.5　建筑结构自振频率的变化

---

① 土-结构相互作用(soil-structure interaction,SSI)

由图 9.5 不同荷载工况下建筑结构自振频率的变化可以发现,与不考虑煤矿采动损害的建筑自振频率相对比,煤矿采动损伤建筑的自振频率降低趋势明显,根据结构自振频率的计算公式 $f=\dfrac{\omega}{2\pi}=\dfrac{\sqrt{k/m}}{2\pi}$ 可知,煤矿采动损害影响下,建筑物发生损伤主要体现在其刚度降低,在考虑土-结构相互作用后,煤矿采动损伤结构体系的自振频率进一步下降,此时,不是因为建筑的刚度降低,而是由于土层的刚度较低,导致整体结构体系(建筑物与土体所组成的结构体系)的柔度增加,所以结构体系的自振频率降低。由上可知,在分析煤矿采动损伤建筑的地震动力响应时,既要重视煤矿采动对建筑结构的损伤破坏,同时也要重视土-结构相互作用对结构动力特性的影响,采用刚性地基的计算方法是不合理的。

在上述分析煤矿采动损伤建筑自振频率的基础上,考虑到煤矿采动损害和地震灾害对建筑物的致灾机理不同(煤矿采动损害引起的建筑物损伤是长期缓慢的破坏,地震灾害则是瞬间剧烈的破坏),而结构自振频率的变化可以较好地反映灾害荷载对结构的影响,为了较好地反映煤矿采动荷载与地震荷载对建筑物的成灾机理,在数值分析计算过程中,重点研究不同分析步建筑结构自振频率的变化趋势,以便为煤矿采动损伤建筑的地震动力灾害分析提供理论依据。

分析图 9.6 煤矿采动损伤建筑自振频率变化发现,灾害荷载作用下,建筑物的自振频率逐渐降低,并不断趋向一致。仅考虑煤矿采动损害的破坏作用时,建筑物自振频率变化趋势呈现出"迅速下降—缓慢下降—平缓变化"的三阶段变化趋势。煤矿开采初期,由于开采沉陷变形对建筑物的损伤破坏较大,导致其初始刚度降低较多,初期其自振频率减小较快;当地层的移动变形沉陷变缓之后,建筑物的损伤变化较为平缓,所以其自振频率变化较慢,最终煤矿采动损伤建筑的自振频率趋近于一常值(该数值极小),说明此时建筑物的刚度极低,建筑物已经发生严重破坏。

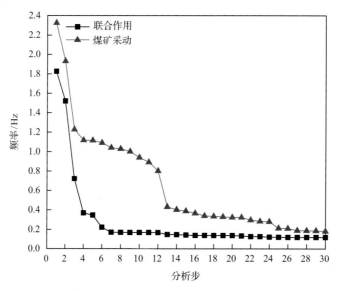

图 9.6　煤矿采动损伤建筑自振频率的变化

煤矿采动损害与地震联合作用下,建筑物的自振频率呈现出"迅速下降—平缓变化"的两阶段变化趋势,煤矿采动损伤建筑物自振频率较低,主要集中于地震发生阶段(地震波的加载时间主要集于前两个分析步)。煤矿采动损害与地震联合作用下,建筑物的自振频率迅速下降,说明建筑物的损伤严重,刚度迅速下降;在地震发生后的分析步中,由于煤矿采动损伤建筑物的地震破坏较大,此时,已经接近于倒塌破坏程度。不同荷载工况下,建筑物的自振频率趋于一致,说明煤矿采动损伤建筑物最终由于其损伤破坏严重,其完整性已经丧失。

通过分析不同灾害荷载作用下煤矿采动损伤建筑物的自振频率发现,煤矿开采沉陷变形是长期缓慢的发展过程,对建筑物的损伤破坏也是长期的,它不仅存在于煤炭开采的过程中,同时在煤炭开采完成后地表移动变形仍然存在,对建筑物造成的损伤会持续发展;地震发生后,煤矿采动荷载对建筑物造成的次生损伤会迅速发展演化,在短期内导致建筑物的刚度迅速下降,对建筑物造成的危害也比较大。煤矿采动致灾与地震致灾是截然不同的成灾机理,在分析煤矿采动损伤建筑物的地震灾变过程中,需要采取合理的计算分析条件,以保证分析计算过程的合理性和数值计算结果的可靠性。

9.5.2　地震作用下煤矿采动建筑动力响应分析

地震作用下,建筑物会产生动力响应,其中内力(剪力、弯矩、轴力等)响应直接反映了建筑结构的抗震性能。煤矿采动区建筑物由于所处环境的特殊性和复杂性,其地震动力响应与普通建筑物存在差异,下面对地震作用下煤矿采动建筑的内力响应进行分析。

通过分析图 9.7 不同地震波作用下煤矿采动区建筑物的绝对位移响应发现,地震作用下,随着建筑物高度(层数)的增加,煤矿采动损伤建筑物的层间的绝对位移也大幅度增加,其绝对位移响应曲线趋势明显较为陡峭。与不考虑煤矿采动损害影响的建筑物相比,煤矿采动损伤建筑的顶层最大绝对位移较分别增大到 1.604 倍(EL Centro 地震波)、2.066 倍(Taft 地震波)、4.160 倍(人工地震波);不考虑煤矿采动损害影响的建筑物,在地震发生时的楼层绝对位移响应曲线分布均匀,说明此时以剪切变形为主,并且位移响应都满足《高层建筑混凝土结构技术规程》(JGJ 3—2010)第 3.4.5 条的规定(结构楼层的竖向构件最大水平位移和层间位移不宜大于该楼层平均值的 1.2 倍)[221];当考虑煤矿采动损害对建筑物的次生损伤时,建筑物的层间绝对位移响应差异较大,不同地震波作用下,其楼层的绝对位移响应曲线变化趋势也存在较大的差异,这主要是由于地震作用下建筑结构的位移与其刚度密切相关,即地震作用力是按照其刚度进行分配的;考虑煤矿采动损伤后,不同楼层损伤后刚度变化不一致,导致其地震荷载引起的楼层绝对位移响应差别较大。基于《高层建筑混凝土结构技术规程》(JGJ 3—2010)第 3.4.5 条可知[221],考虑煤矿采动损伤后建筑结构的楼层最大水平位移超过了该楼层平均值的 1.2 倍,此时,建筑发生了扭转振动,对建筑物的损伤破坏较大。

由于地震作用下建筑物的楼层绝对位移只是反映了其等效抗侧刚度的变化,为了更好地探讨煤矿采动损伤建筑抗震性能的变化,需要进一步探讨其层间的相对位移的变化趋势。

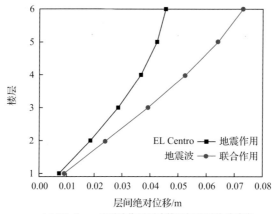

(a) EL Centro地震波作用下建筑层间绝对位移响应

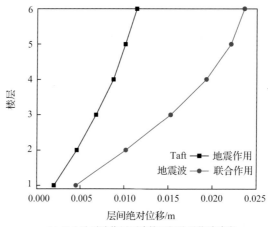

(b) Taft 地震波作用下建筑层间绝对位移响应

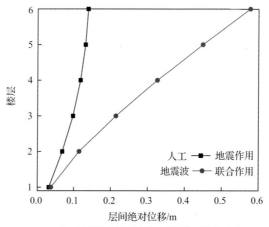

(c) 人工地震波作用下建筑的层间绝对位移响应

图 9.7　煤矿采动建筑物的地震绝对位移响应

　　通过分析图 9.8 不同地震波作用下煤矿采动区建筑物的层间相对位移响应曲线发现,与不考虑煤矿采动损害影响的建筑物相比,地震作用下煤矿采动损伤建筑物的层间相对位移明显增加(尤其是人工地震波其层间相对位移呈现出剧烈增加,说明人工波作用下煤矿采动损伤建筑的动力破坏概率较大),并且层间相对位移的响应曲线均出现了拐点;煤矿采动损伤建筑层间的最大相对位移较分别增大到 1.407 倍(EL Centro 地震波出现在第二层)、2.107 倍(Taft 地震波出现在第二层)、16.27 倍(人工地震波出现在顶层)。结合图 9.7 绝对位移响应可知,煤矿采动损伤建筑的层间位移变化远远超过了《高层建筑混凝土结构技术规程》(JGJ 3—2010)第 3.4.5 条款关于 1.2 倍限值的规定[221],并且煤矿采动损伤建筑物的层间最大位移明显集中于建筑物的下部楼层(峰值位移主要出现在 2 层及 3 层),说明煤矿采动损害对建筑物的损伤多发生于建筑物的下部空间,建筑物下部楼层的损伤破坏严重,其刚度减小较大,极易发生扭转振动。

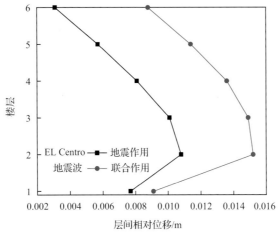

(a) EL Centro 地震波作用下建筑层间相对位移响应

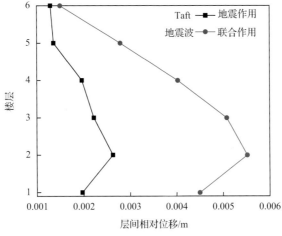

(b) Taft 地震波作用下建筑层间相对位移响应

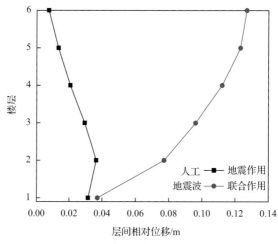

(c) 人工地震波作用下建筑的层间相对位移响应

图 9.8　地震作用下煤矿采动建筑物的层间相对位移响应

通过分析图 9.9 煤矿采动建筑物的不同楼层的峰值加速度响应曲线可以知道,不考虑煤矿采动损害影响的建筑物楼层的峰值加速度地震动力响应曲线变化较为均匀,考虑煤矿采动损伤后建筑物的楼层峰值加速度明显增加,其中在建筑物的上部楼层(5 层和 6 层)明显出现跳跃性增大,煤矿采动对建筑物的损伤,导致高层建筑的地震动力响应出现类似于"鞭梢效应(whipping effect)"的现象[鞭梢效应[28,31,221] 主要是指在地震作用下高层建筑或其他建(构)筑物顶部细长突出部分,由于刚度的差异出现振幅剧烈增大的现象]。煤矿采动损害导致建筑物的下部楼层发生损伤破坏,刚度变化较大,与上部空间的刚度相比,建筑物的整体刚度差异较大,由此出现了类似于"鞭梢效应"的破坏现象。

人工地震波作用下,煤矿采动损伤建筑物的顶层峰值加速度增加不大的主要原因是人工地震波的自振周期较接近建筑物的自振周期,在不考虑煤矿采动损伤的破坏效应时,由于共振效应的存在,建筑物就可能发生破坏(此时可能会出现倒塌破坏的现象),所以,煤矿采动损伤建筑物的顶层峰值加速度增加有限。

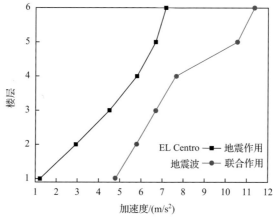

(a) EL Centro 地震波作用下建筑峰值加速度响应

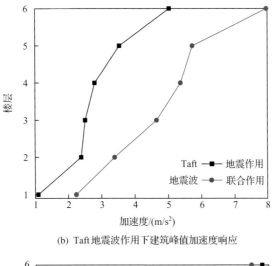

(b) Taft 地震波作用下建筑峰值加速度响应

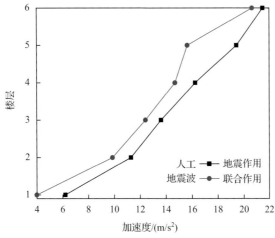

(c) 人工地震波作用下建筑的峰值加速度响应

图 9.9　煤矿采动建筑物的峰值地震加速度响应

　　分析图 9.10 地震作用下煤矿采动建筑物的层间剪力变化曲线可以知道,由于地震作用下建筑物的剪力分布与楼层的等效侧向刚度比密切有关,所以,在地震作用下不考虑煤矿采动损害影响的建筑物的最大层间剪力曲线变化趋势较为均匀平滑,说明此时结构处于弹性变形阶段;而煤矿采动对建筑物的损伤导致其楼层间的刚度发生突变,所以煤矿采动损伤建筑的楼层层间峰值剪力会出现明显的转折,层间剪力差异较大,并且地震作用下煤矿采动损伤建筑物底层的剪力增加到 451.55kN(EL Centro 地震波)、324.31kN(Taft 地震波)、1501.20kN(人工地震波),基本上已经接近或超过结构构件的屈服强度,可以判断建筑物的底部楼层损伤破坏现象严重,此时,煤矿采动导致建筑物的损伤部位容易形成结构薄弱层,一旦煤矿采动损伤建筑物的结构薄弱层发展形成塑性铰,将会危及建筑物的安全性及稳定性,严重降低建筑物的抗震性能。

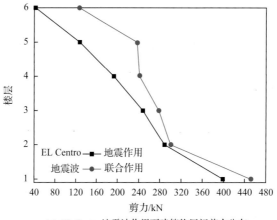

(a) EL Centro 地震波作用下建筑物层间剪力分布

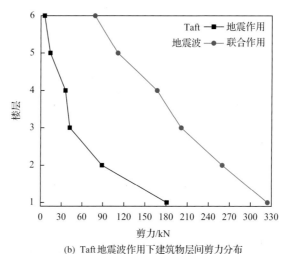

(b) Taft 地震波作用下建筑物层间剪力分布

(c) 人工地震波作用下建筑的层间剪力分布

图 9.10　煤矿采动建筑物层间剪力分布

　　通过分析图 9.11 地震作用下煤矿采动建筑物的层间轴力变化曲线可以发现,地震作用下,不考虑煤矿采动损害影响的建筑物的层间轴力曲线变化趋势接近于线性变化,即随着建筑物楼层(高度)的增加,建筑物楼层轴力逐渐降低;但是在考虑煤矿采动损害的破坏效应后,建筑物由于发生损伤,相同楼层的轴力明显出现较大幅度的增加,只是在建筑物的顶部,其轴力增加的幅度有限,说明煤矿采动对建筑所产生的次生损伤不容忽视,在地震作用下,该次生损伤容易导致建筑物的动力响应放大,即使较小的次生损伤也可能导致建筑物发生较大的破坏现象,导致建筑物的抗震性能发生劣化。

　　分析图 9.12 地震作用下煤矿采动建筑层间弯矩变化曲线可知,地震作用下,随着建筑物高度(层高)的增加,其峰值弯矩出现先增加(第 2 层)后减小的变化趋势;考虑煤矿采动损害后,建筑的峰值弯矩大幅度增加,尤其是第 2 楼层峰值弯矩分别增加为原来的 2.065 倍(EL Centro 地震波)、3.773 倍(Taft 地震波)和 1.508 倍(人工地震波),建筑物楼层弯矩出现增加的原因主要是煤矿开采沉陷变形引起的地表移动变形容易引起建筑物倾斜,导致建筑物的质量中心和几何中心不一致而产生附加力矩,该附加力矩在地震作用下会迅速增加,由于煤矿采动损害对建筑物的下部楼层空间危害较大,所以楼层的下部峰值弯矩增加较多。

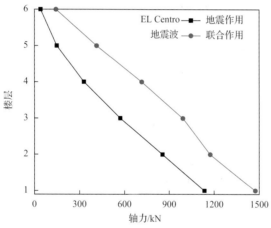

(a) EL Centro 地震波作用下建筑物层间轴力分布

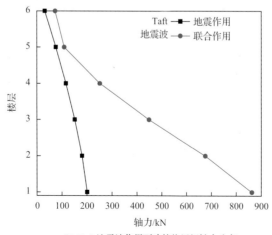

(b) Taft 地震波作用下建筑物层间轴力分布

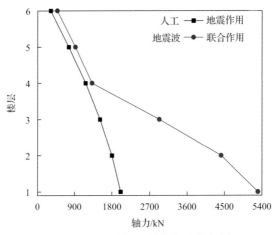

(c) 人工地震波作用下建筑的层间轴力分布

图 9.11　煤矿采动建筑物层间轴力分布

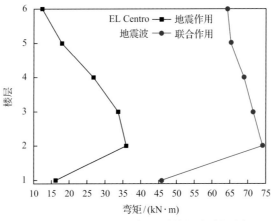

(a) EL Centro 地震波作用下建筑物层间弯矩分布

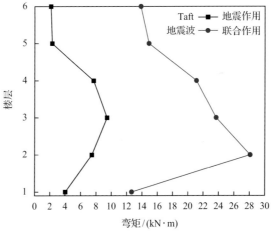

(b) Taft 地震波作用下建筑物层间弯矩分布

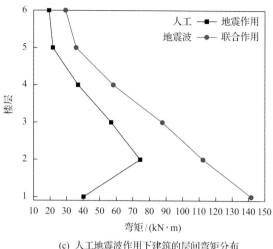

(c) 人工地震波作用下建筑的层间弯矩分布

图 9.12　煤矿采动建筑物层间弯矩分布

综合分析地震作用下煤矿采动建筑的峰值内力(剪力、弯矩、轴力等)响应、加速度响应以及位移响应发现,煤矿采动损害影响下的建筑物发生损伤主要集中于建筑物的下部楼层,地表移动变形导致结构的薄弱层位置发生损伤后,其强度降低和刚度退化现象进一步加剧,在地震作用下,煤矿采动损伤建筑物容易发生扭转振动效应,导致结构薄弱层可能会形成塑性铰,降低了整体结构的抗震性能。

9.5.3　地震作用下考虑土-结构相互作用的煤矿采动建筑动力响应

在分析煤矿采动建筑物的地震动力响应时,其顶层加速度响应、结构的顶层与底层位移响应是衡量其抗震性能的重要指标。本文根据数值分析计算结果,分别提取不同荷载工况下(地震单独作用、煤矿采动与地震联合作用、考虑土-结构相互作用的煤矿采动与地震联合作用)的指标数据,并进行分析。

通过分析图 9.13(a)多遇地震烈度(EL Centro 地震波)作用下建筑物顶层加速度的动力响应发现,不同荷载工况作用下,建筑物的顶层加速度响应差别较大,其中煤矿采动与地震联合作用下,建筑物的加速度响应最为剧烈,考虑土-结构相互作用后,其加速度响应略有降低,不考虑煤矿采动损害影响的建筑地震动力响应最小。不考虑煤矿采动损害影响的建筑的地震峰值加速度为 $1.12\mathrm{m/s^2}$,煤矿采动与地震联合作用下建筑物的峰值加速度为 $1.94\mathrm{m/s^2}$(扩大到 1.73 倍),考虑土-结构相互作用后的峰值加速度为 $1.48\mathrm{m/s^2}$(扩大到 1.32 倍,与不考虑 SSI 效应的煤矿采动与地震联合作用下建筑物的峰值加速度相比,降低 23.7%),以上数据说明,煤矿采动作用改变了建筑结构的动力特性,煤矿采动损害影响下的建筑物其刚度劣化和强度降低的损伤现象在地震作用下得到加剧;考虑土-结构相互作用后,在煤矿采动与地震联合作用下建筑物的峰值加速度响应略有降低,说明土-结构相互作用一定程度上可以减弱建筑物的地震动力响应。

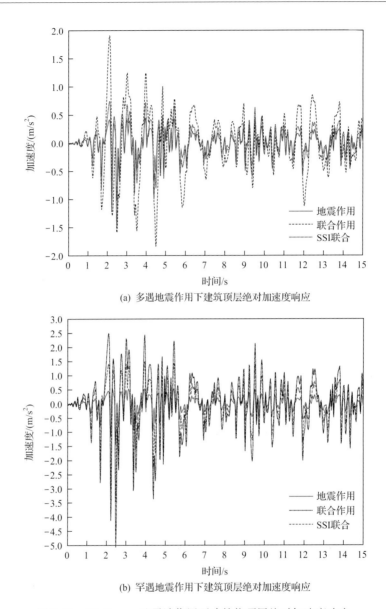

(a) 多遇地震作用下建筑顶层绝对加速度响应

(b) 罕遇地震作用下建筑顶层绝对加速度响应

图 9.13　EL Centro 地震波作用下建筑物顶层绝对加速度响应

　　分析图 9.13(b) 罕遇地震烈度(EL Centro 地震波)作用下建筑物顶层加速度的动力响应发现,建筑物的加速度动力响应明显比多遇地震作用下要剧烈,而且其加速度响应曲线峰值出现的频率要明显高于多遇地震;不考虑煤矿采动损害影响的建筑的地震峰值加速度为 1.48m/s^2,煤矿采动与地震联合作用下建筑物的峰值加速度为 4.96m/s^2(扩大到 3.35 倍),考虑土-结构相互作用后的峰值加速度为 3.11m/s^2(扩大到 2.10 倍,与不考虑 SSI 效应的煤矿采动与地震联合作用下建筑物的峰值加速度相比,降低 37.3%);以上数据说明,煤矿采动对建筑物所产生的微小损伤在强地震动作用下容易被放大,加剧了煤矿采动建筑的地震动力灾变;煤矿采动损害加大了地震灾害荷载的破坏性。

　　分析图9.14(a)不同荷载作用(地震烈度为多遇地震)下的建筑物顶层位移响应发现,不考虑煤矿采动损害影响的建筑结构顶层地震峰值位移为0.145m,煤矿采动与地震联合作用下建筑物顶层的峰值位移为0.521m(扩大到3.59倍),考虑土-结构相互作用后的顶层峰值位移为0.331m(扩大到2.28倍,与不考虑SSI效应的煤矿采动与地震联合作用下建筑物的顶层峰值位移相比,降低幅度为36.5%)。

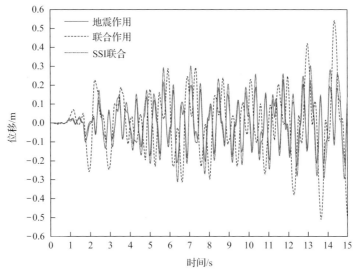

(a) 多遇地震作用下建筑物顶层位移响应

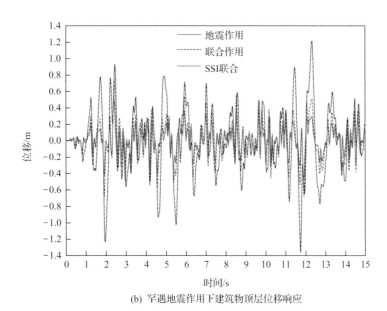

(b) 罕遇地震作用下建筑物顶层位移响应

图9.14　EL Centro地震波作用下建筑物顶层位移响应

　　分析图9.14(b)罕遇地震作用下建筑物顶层位移响应发现,不考虑煤矿采动损害影响的建筑结构顶层地震峰值位移为0.511m,煤矿采动与地震联合作用下建筑物顶层的峰

值位移为 1.389m(扩大到 2.72 倍),考虑土-结构相互作用后的顶层峰值位移为 0.823m
(扩大到 1.61 倍,与不考虑 SSI 效应的煤矿采动与地震联合作用下建筑物的顶层峰值位
移相比,降低幅度为 40.7%)。与多遇地震作用下相比,三种荷载工况下建筑物的顶层位
移响应均大幅度增加,并且峰值位移出现的频率也明显增加。不同荷载作用下建筑物的
位移响应出现差异,主要是由于煤矿采动损害导致建筑物的刚度劣化后,加剧了其地震动
力响应,考虑土-结构动力相互作用后,建筑物的地震动力响应略有降低,说明土-结构动
力相互作用在一定程度上可以减弱地震作用下煤矿采动建筑物的动力响应。

分析图 9.15(b)多遇地震作用下的建筑物底层位移响应发现,不考虑煤矿采动损害

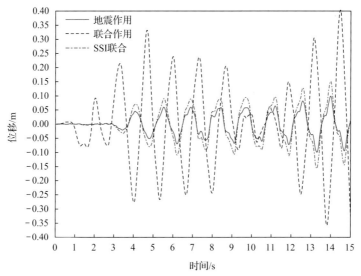

(a) 多遇地震作用下建筑物底层位移响应

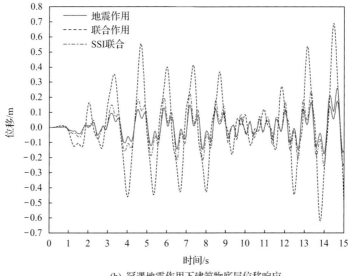

(b) 罕遇地震作用下建筑物底层位移响应

图 9.15　EL Centro 地震波作用下建筑物结构底层位移响应

影响的建筑结构顶层地震峰值位移为 0.109m,煤矿采动与地震联合作用下建筑物顶层的峰值位移为 0.381m(扩大了 3.50 倍),考虑土-结构相互作用后的顶层峰值位移为 0.178m(扩大了 1.63 倍,与不考虑 SSI 效应的煤矿采动与地震联合作用下建筑物的顶层峰值位移相比,降低幅度为 53.3%);不考虑煤矿采动损害影响的建筑结构底层地震峰值位移为 0.102m,煤矿采动与地震联合作用下建筑物底层的峰值位移为 0.378m(扩大到 3.71 倍),考虑土-结构相互作用后的底层峰值位移为 0.149m(扩大到 1.46 倍,与不考虑 SSI 效应的煤矿采动与地震联合作用下建筑物的底层峰值位移相比,降低幅度为 61.5%)。多遇地震作用下,建筑物底层位移的变化幅度稍小于顶层位移的变化,考虑煤矿采动损害作用后,建筑物底层峰值位移响应占顶层峰值位移响应的比例由 75.2%(不考虑煤矿采动损害)缩小为 73.2%,说明煤矿采动作用导致建筑物发生损伤后,其顶层和底层的位移响应的绝对值在逐渐减小接近,该现象反映煤矿采动建筑物的抗震性能正在逐渐发生劣化现象。

分析图 9.15(b)罕遇地震作用下建筑物底层位移响应发现:不考虑煤矿采动损害影响的建筑结构底层地震峰值位移为 0.198m,煤矿采动与地震联合作用下建筑物底层的峰值位移为 0.734m(扩大到 3.71 倍),考虑土-结构相互作用后的底层峰值位移为 0.277m(扩大到 1.40 倍,与不考虑 SSI 效应的煤矿采动与地震联合作用下建筑物的底层峰值位移相比,降低幅度为 62.3%)。由此可以判断,煤矿采动引起的建筑物损伤劣化在地震作用下加剧,尤其是强震作用下其动力响应明显,由于煤矿采动降低了建筑物的抗震性能,此时容易引起建筑物失稳破坏,并且考虑土-结构相互作用后,建筑物的地震动力响应略有下降,说明考虑土-结构相互作用的影响效应后,在一定程度上降低了建筑物的地震动力响应,在分析建筑物的动力性能时,土-结构相互作用不容忽视。

对比强震作用下煤矿采动损伤建筑物的顶层与底层位移响应发现,罕遇地震作用下,考虑煤矿采动损害作用后,建筑物底层峰值位移响应占顶层峰值位移响应的比例由 38.7%(不考虑煤矿采动损害)扩大为 52.8%,说明了煤矿采动对建筑物的损伤破坏作用在强震作用下得到加剧,其顶层和底层的位移响应的绝对值逐渐接近,一旦建筑物的底层位移响应的峰值逐渐接近顶层位移响应,说明此时建筑物整体结构的地震动力响应过大,建筑物的整体抗震性能已经严重劣化降低,其整体失稳破坏现象极易发生。

分析图 9.16 Taft 地震波作用下建筑物在不同荷载工况作用下的动力响应(加速度与位移响应)发现,其基本的动力响应规律与 EL Centro 地震波作用下比较接近,煤矿采动作用加剧了地震的动力响应,考虑土-结构相互作用后,其地震响应稍有降低。通过对比 Taft 地震波与 EL Centro 地震波作用下建筑物的加速度响应发现,其振动形式与原激励地震波(Taft 地震波)的振型比较接近,并且其加速度时程曲线整体上呈现出高峰值的振动形式,出现以上高频率振动形式的原因是 Taft 地震波的自振周期与建筑物的自振周期比较接近,容易引起建筑物的共振,所以 Taft 地震波作用下建筑物的动力响应较大。

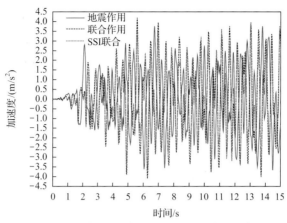

(a) 多遇地震作用下建筑顶层绝对加速度响应

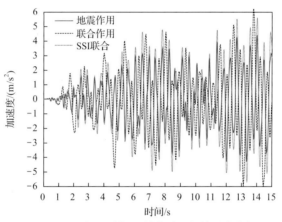

(b) 罕遇地震作用下建筑顶层绝对加速度响应

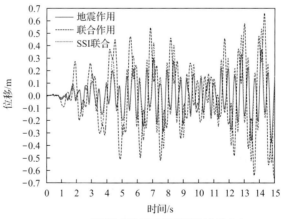

(c) 多遇地震作用下建筑物顶层位移响应

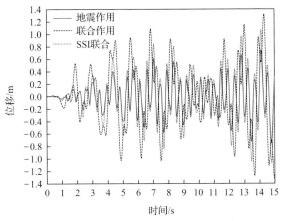

(d) 罕遇地震作用下建筑物顶层位移响应

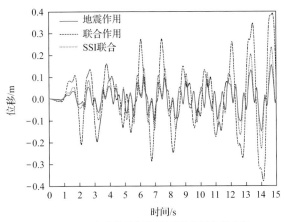

(e) 多遇地震作用下建筑物底层位移响应

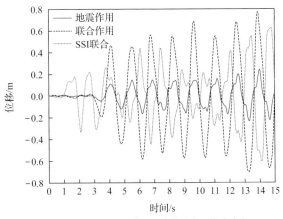

(f) 罕遇地震作用下建筑物底层位移响应

图 9.16　Taft 地震波作用下建筑物动力响应

综合分析地震波作用下建筑物的加速响应时程曲线与位移响应时程曲线发现,相同荷载工况下,建筑物的峰值加速度与峰值位移的出现时间并不一致,不考虑煤矿采动损害的建筑物动力响应时程曲线整体呈现出平缓变化(相对于煤矿采动与地震的联合作用而言),一旦考虑煤矿采动对建筑物的损伤破坏效应,其动力响应时程曲线的变化趋势就异常剧烈,并且波峰、波谷出现的频率明显增加,以上现象说明煤矿采动引起建筑物的微小损伤改变了结构的动力特性,并且在地震作用下煤矿采动引起的损伤会迅速的发展演化,迫使建筑物发生明显的弹塑性变形,地震荷载加剧了煤矿采动对建筑物的损伤破坏。考虑土-结构相互作用后,建筑物的地震动力响应稍有降低,主要是因为建筑物的自振周期在考虑土-结构相互作用的效应后明显变大,而且整体结构体系变柔,地震波在土层的传播过程中,土体不仅具有"低频放大、高频滤波"的效应[28],而且土体的柔性也能消耗地震波的能量,相当于建筑物的减隔震层,因此降低了建筑物的地震动力响应。

9.5.4　地震作用下煤矿采动建筑扭转振动效应分析

为了进一步探讨煤矿采动损伤建筑物在地震作用下是否发生扭转振动效应,在前文9.5.1、9.5.2和9.5.3节分析的基础上,根据《高层建筑混凝土结构技术规程》(JGJ3—2010)[221]第 3.7.3 条款及《建筑抗震设计规范》(GB 50011—2010)[29]第 5.5.1 条款关于多遇地震作用下按弹性方法计算的结构层间位移角的规定,弹性位移角,$\theta = \dfrac{\Delta u}{h} = \dfrac{层间最大位移}{层高} \leqslant \dfrac{1}{550}$ 来分析判断多遇地震下建筑结构侧向刚度的变化情况;根据《高层建筑混凝土结构技术规程》(JGJ 3—2010)[221]第 3.7.5 条款及《建筑抗震设计规范》(GB50011—2010)[29]第 5.5.5 条款关于结构薄弱层(部位)弹塑性层间位移角的规定 $\dfrac{\Delta u_p}{h} = \dfrac{层间最大位移}{层高} \leqslant [\theta_p]$ 来分析判断建筑结构侧向刚度的变化情况(对于钢筋混凝土框架结构而言 $[\theta_p] = \dfrac{1}{50}$),为分析判断地震作用下煤矿采动损伤建筑是否发生扭转振动破坏提供依据。

在 9.5.1、9.5.2 和 9.5.3 节分析的基础上,通过提取数据并进行初步计算,分别得到建筑物的不同楼层的层间位移角如表 9.4、表 9.5 及图 9.17 所示。

表 9.4　EL Centro 地震波作用下建筑物最大层间位移角　　　　(单位:rad)

楼层	地震作用	煤矿采动与地震联合作用	考虑 SSI 效应的联合作用
1	1/1283	1/1153	1/1198
2	1/846	1/765	1/842
3	1/664	1/505	1/579
4	1/827	1/693	1/783
5	1/919	1/862	1/894
6	1/1085	1/986	1/1006

表 9.5　**Taft 地震波作用下建筑物最大层间位移角**　　　　　（单位：rad）

楼层	地震作用	煤矿采动与地震联合作用	考虑 SSI 效应的联合作用
1	1/1095	1/994	1/1042
2	1/790	1/706	1/892
3	1/605	1/595	1/638
4	1/562	1/484	1/532
5	1/548	1/358	1/398
6	1/524	1/303	1/325

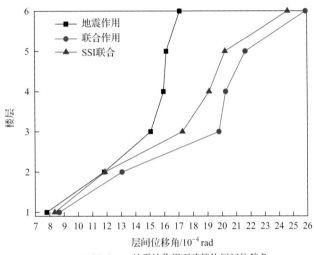

(a) EL Centro 地震波作用下建筑物层间位移角

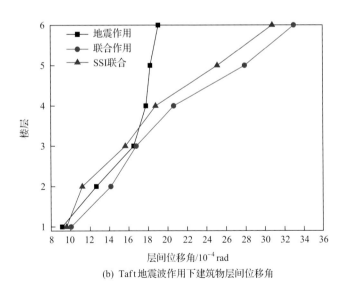

(b) Taft 地震波作用下建筑物层间位移角

图 9.17　地震波作用下建筑物层间位移角

　　煤矿采动损害影响下的建筑物发生损伤后,其抗侧刚度降低,对于建筑结构的层间位移角的控制(限制)能力减弱,考虑煤矿采动损伤后建筑物的第 2 层和第 3 层层间位移角突变,超过了规范所要求的层间位移角 1/550 的限值,说明这两层为结构的薄弱层,并且煤矿采动损伤建筑物发生了扭转振动效应,极其不利于煤矿采动损伤建筑的整体抗震性能。

　　综上可知,罕遇地震波作用下,煤矿采动损伤建筑发生扭转振动破坏的概率比较大,主要是由于煤矿采动导致建筑物发生损伤后,其强度降低、刚度劣化,导致建筑物不同楼层的刚度差异较大,使其偏离了原来的刚度中心,进而增加了其扭转振动破坏的概率;土层的存在,一方面增加了整体结构体系的柔性,同时也发挥土层的"低频放大、高频滤波"的特性,类似于给煤矿采动损伤建筑增加了一个减隔震层,所以,在分析煤矿采动损伤建筑物的抗震性能时,不能忽略土-结构相互作用的影响。

9.6　基于能量耗散的煤矿采动损伤建筑抗震性能评估方法

　　煤矿采动与地震属于不同的灾害荷载,二者对建筑物的损伤破坏机制有本质的不同:煤矿采动引起的地表移动变形是长期缓慢的发展过程,由此对建筑物所造成的损伤破坏也是长期的;而地震的发生是短期瞬间发生剧烈的地面运动,其对建筑物的损伤破坏是短时间的。虽然二者对于建筑物的成灾机理不同,但是无论在何种灾害荷载,建筑物发生损伤破坏时均发生变形(一般均为塑性变形),并且都不可避免与外界环境发生能量交换[283-287]。

　　外力灾害荷载作用下,建筑物的损伤演化实际上就是灾害能量对建筑物的输入[288-295],之后引起建筑物的能量转化以及耗散演化的过程。灾害能量的输入、建筑物对能量的转化以及耗散就是灾害荷载作用下建筑物损伤演化灾变的本质特征。当建筑物进入弹塑性变化阶段时,建筑物的弹塑性最本质和最直接的指标就是能量耗散[295-302],因此,引入能量耗散来衡量建筑物的损伤累计演化具有重要的意义。综上可知,能量耗散演化和建筑物的损伤累计是建筑物失稳的初始条件,能量耗散和建筑物的破坏是建筑物失稳的发展条件,以能量耗散来衡量建筑物的弹塑性变形、损伤破坏及失稳具有重要的意义。基于弹塑性变形和能量耗散,可以建立建筑物煤矿采动损伤与地震损伤相联系的桥梁,对于分析煤矿采动损害与地震灾害对建筑物的破坏作用具有重要的意义。

　　耗散结构理论[283-287]主要是指研究的结构系统为一个开放的系统,同时与外界环境发生能量和物质的交换,在外界扰动的影响下,如果扰动影响超过系统的特定阈值,则系统会产生自组织现象(即从稳定状态演化为不稳定状态),并通过涨落与外界环境发生能量交换,系统最终会远离原有平衡状态而形成新的稳定点宏观有序结构系统[285]。从耗散结构理论可以清楚地看出[286],地震作用下,煤矿采动损伤建筑物的动力灾变符合其基本定义以及所描述的能量耗散演化过程[188]。

　　目前,关于建筑物损伤模型比较经典的为 Park-Ang 双参数模型,该模型同时考虑了建筑结构所发生的最大变形以及变形过程中所发生的累积滞回耗能[287],并将二者进行线性组合。基于(改进的)Park-Ang 双参数损伤模型及其他结构损伤模型[288],考虑到建筑结构发生损伤时涉及塑性变形和能量耗散[289-302],损伤指数 DI(damage index)的计算公式可以定义为

$$\mathrm{DI} = \frac{\theta - \theta_y}{\theta_u - \theta_y} + \beta \frac{E_{\mathrm{mine}} + E_{\mathrm{eq}}}{M_y \theta_u} \qquad (9.25)$$

煤矿采动与地震联合作用下，建筑物所发生的能量耗散的总量为

$$E_{total} = E_{mine} + E_{eq} \tag{9.26}$$

式中，θ 为建筑结构的顶点位移所对应的转角，(°)；θ_y 为建筑结构进入屈服阶段产生的屈服位移所对应的转角，(°)；θ_u 为建筑结构进入极限破坏阶段产生的极限位移所对应的转角，(°)；β 为建筑结构的耗能因子；M_y 为建筑结构进入屈服阶段所承受的屈服弯矩，与 θ_y 相对应，N·m；E_{mine} 为煤矿采动影响下建筑物的能量耗散，J；E_{eq} 为地震作用下建筑物的能量耗散，J。

地震发生时，单自由度结构体的动力学振动方程为

$$m\ddot{x}(t) + c\dot{x}(t) + f(t) = -m\ddot{u}_g(t) \tag{9.27}$$

式中，m 为单自由度体系集中质量，kg；c 为单自由度体系的阻尼系数；$x(t)$ 为单自由度体系集中质量的位移响应，m；$f(t)$ 为恢复力，kN；$\ddot{u}_g(t)$ 为地震动输入加速度，m/s^2。

根据结构动力学可知

$$\omega = \sqrt{\frac{k}{m}}, \qquad 阻尼比 \zeta = \frac{c}{2m\omega},$$

式中，ω 为建筑结构的圆频率；k 为建筑结构的刚度。

结构体系在弹性变形阶段时，其恢复力系与其结构抗力相等，即

$$f(t) = kx(t)$$

此时，可以得到

$$\frac{f(t)}{m} = \frac{k}{m}x(t) = \omega^2 x(t)$$

地震作用下，单自由度结构体系的振动方程可以转化为

$$\ddot{x}(t) + 2\zeta\omega\dot{x}(t) + \omega^2 x(t) = -\ddot{u}_g(t) \tag{9.28}$$

根据结构动力学中杜阿梅尔（Duhamel）积分理论，可以得到式(9.28)的解

$$x(t) = -\frac{1}{\omega}\int_0^t \ddot{u}_g(\tau)e^{-\zeta\omega(t-\tau)}\sin\omega(t-\tau)d\tau \tag{9.29}$$

式(9.29)即为地震作用下 t 时刻单自由度结构体系发生弹性变形时的位移响应。

在对煤矿采动损害与地震联合作用下建筑物的损伤演化进行评价时，需要对其能量耗散进行分析确定，基于结构动力学[31]及工程结构波动理论[230]可以得到，建筑结构的振动方程如下

单自由度体系的振动方程

$$\ddot{x}(t) + 2\zeta\omega\dot{x}(t) + \omega^2 x(t) = -\ddot{u}_g(t) \tag{9.30}$$

多自由度体系的振动方程

$$\ddot{q}(t) + 2\zeta\omega\dot{q}(t) + \omega^2 q(t) = -\Psi\ddot{u}_g(t) \tag{9.31}$$

式中，$q(t)$ 为多自由度体系的位移响应，m；Ψ 为建筑结构第 n 阶模态的振型参与系数。

基于能量理论，将振动方程对位移进行积分转化，得到其能量方程

单自由度体系的振动能量方程

$$\int \ddot{x}(t)\dot{x}(t)\,\mathrm{d}t + 2\zeta\omega\int \dot{x}(t)^2\,\mathrm{d}t + \int \frac{k(t)}{m}\dot{x}(t)\,\mathrm{d}t = -\int \ddot{u}_g(t)\dot{x}(t)\,\mathrm{d}t \qquad (9.32)$$

多自由度体系的振动能量方程为

$$\int \ddot{q}(t)\dot{q}(t)\,\mathrm{d}t + 2\zeta\omega\int \dot{q}(t)^2\,\mathrm{d}t + \Psi\int \frac{k(t)}{m}\dot{q}(t)^2\,\mathrm{d}t = -\Psi\int \ddot{u}_g(t)\dot{q}(t)^2\,\mathrm{d}t \qquad (9.33)$$

定义灾害荷载作用下单位质量的单自由度体系所输入的总能量为

$$E(t) = -\int \ddot{u}_g(t)\dot{x}(t)\,\mathrm{d}t \qquad (9.34)$$

建筑结构发生弹性振动的能量

$$E_e(t) = \int \ddot{x}(t)\dot{x}(t)\,\mathrm{d}t \qquad (9.35)$$

建筑结构进入塑性阶段耗散的能量

$$E_H(t) = \int \frac{k(t)}{m}\dot{x}(t)\,\mathrm{d}t \qquad (9.36)$$

阻尼吸收的能量

$$E_h(t) = 2\zeta\omega\int \dot{x}(t)^2\,\mathrm{d}t \qquad (9.37)$$

动荷载作用下，建筑结构发生的弹性振动能量主要由两部分组成：①结构发生弹性变形所消耗的能量 $E_{es}(t)$；②结构的动能 $E_{ek}(t)$，即

$$E_e(t) = E_{es}(t) + E_{ek}(t)$$

地震作用下建筑结构发生损伤，结构不再发生弹性振动，此时，建筑物的弹性振动的能量 $E_e(t) = \int \ddot{x}(t)\dot{x}(t)\,\mathrm{d}t = 0$，建筑物在灾害荷载作用下发生损伤所消耗的能量为

$$E_{total} = E_{mine} + E_{eq} = 2\zeta\omega\int \dot{x}(t)^2\,\mathrm{d}t + \int \frac{k(t)}{m}\dot{x}(t)\,\mathrm{d}t \qquad (9.38)$$

在单自由度体系能量耗散的计算分析的基础上，根据多自由度体系与等效自由度体系的能量方程关系：$q(x) = \Psi x(t)$，可以得到

$$\Psi^2\int \ddot{x}(t)\dot{x}(t)\,\mathrm{d}t + 2\zeta\omega\Psi^2\int \dot{x}(t)^2\,\mathrm{d}t + \Psi^2\int \frac{k(t)}{m}\dot{x}(t)\,\mathrm{d}t = -\Psi^2\int \ddot{u}_g(t)\dot{x}(t)\,\mathrm{d}t$$

$$(9.39)$$

地震结束后，煤矿采动影响下的多自由度体系发生的损伤所消耗的能量

$$E_{\text{total}}^* = \Psi^2 (E_{\text{mine}} + E_{\text{eq}}) = \Psi^2 \left(2\zeta\omega \int \dot{x}(t)^2 \mathrm{d}t + \int \frac{k(t)}{m} \dot{x}(t) \mathrm{d}t \right) \tag{9.40}$$

则多自由度体系的累积塑性应变能与弹性应变能可表示为

$$E_{\text{es}}^*(t) + E_{\text{H}}^*(t) = \Psi^2 \int \frac{k(t)}{m} \dot{x}(t) \mathrm{d}t = \Psi^2 \left[E_{\text{es}}(t) + E_{\text{H}}(t) \right] \tag{9.41}$$

对比可以得到,地震作用下煤矿采动损伤建筑的多自由度体系发生的能量耗散(累积滞回耗能)与等效单自由度体系的能量耗散之间的关系为

$$E_{\text{total}}^* = \Psi^2 \left[E_{\text{mine}} + E_{\text{eq}} \right) = \Psi^2 \left[2\zeta\omega \int \dot{x}(t)^2 \mathrm{d}t + \int \frac{k(t)}{m} \dot{x}(t) \mathrm{d}t \right] = \Psi^2 E_{\text{total}} \tag{9.42}$$

损伤指数 DI 的计算公式可以转化为

单自由度体系

$$\mathrm{DI} = \frac{\theta - \theta_{\text{y}}}{\theta_{\text{u}} - \theta_{\text{y}}} + \beta \frac{E_{\text{mine}} + E_{\text{eq}}}{M_{\text{y}}\theta_{\text{u}}} = \frac{\theta - \theta_{\text{y}}}{\theta_{\text{u}} - \theta_{\text{y}}} + \beta \frac{2\zeta\omega \int \dot{x}(t)^2 \mathrm{d}t + \int \frac{k(t)}{m} \dot{x}(t) \mathrm{d}t}{M_{\text{y}}\theta_{\text{u}}} \tag{9.43}$$

多自由度体系

$$\mathrm{DI} = \frac{\theta - \theta_{\text{y}}}{\theta_{\text{u}} - \theta_{\text{y}}} + \beta \frac{E_{\text{mine}} + E_{\text{eq}}}{M_{\text{y}}\theta_{\text{u}}} = \frac{\theta - \theta_{\text{y}}}{\theta_{\text{u}} - \theta_{\text{y}}} + \Psi^2 \beta \frac{2\zeta\omega \int \dot{x}(t)^2 \mathrm{d}t + \int \frac{k(t)}{m} \dot{x}(t) \mathrm{d}t}{M_{\text{y}}\theta_{\text{u}}} \tag{9.44}$$

对于一般建筑结构而言,建筑结构的前三阶振型对其动力学响应贡献最多,但是其高阶振型对其动力学响应贡献也不容忽视。在不考虑建筑结构的平动、扭转耦连效应,以及建筑结构振型间相互影响的前提下,充分考虑到一般建筑结构振型是相互独立的,基于结构动力学的 SRSS 振型组合方法(平方和开平方),可以得到建筑结构最终的损伤指数为

$$\mathrm{DI} = \sqrt{\sum (\mathrm{DI}_i)^2} \tag{9.45}$$

式中,DI_i 为建筑结构第 i 阶振型所对应的损伤指数。

基于弹塑性变形、耗散结构和能量演化的建筑损伤评价方法,可以较好地反映建筑物的煤矿采动损伤、地震损伤以及二者联合作用下的损伤,因为它不仅反映了灾害荷载作用下的建筑结构所发生的塑性变形,同时也可以较为全面地反映灾害荷载作用下建筑物结构能量耗散引起刚度劣化、强度降低。通过基于弹塑性变形、耗散结构和和能量演化的建筑损伤评价指标,可以比较真实地反映灾害荷载作用下建筑物的损伤演化机制及灾变破坏准则,所以用其来描述煤矿采动损伤建筑的抗震性能的变化更为准确。

9.7　地震作用下煤矿采动建筑的能量耗散演化分析

在 9.6 节对地震作用下煤矿采动建筑能量耗散理论分析的基础上,本节主要通过有限元数值计算分析来计算煤矿采动损伤建筑的地震能量耗散,计算所得到的不同地震波作用下煤矿采动建筑物的输入能量如图 9.18 所示。

通过分析图 9.18 不同地震波作用下煤矿采动建筑物的输入能量变化可以知道,地震作用下建筑物的输入能量在不断增加,其中 EL Centro 地震波作用下,建筑物的输入能量呈现出"平缓增加—迅速增加—平缓增加"的三阶段变化趋势,Taft 地震波作用下,建筑物的输入能量呈现出"跳跃性增加—平缓增加"的两阶段变化趋势,人工地震波用下,建筑物的输入能量呈现出"阶段性迂回增加—平缓增加"的两阶段变化趋势。不同地震波作用下,建筑物的输入能量变化趋势不同,主要与地震波的振动特性有关。考虑煤矿采动损伤后,建筑物的输入能量略有增加,其中 EL Centro 地震波作用下,煤矿采动损伤建筑的输入能量增加了 3.1%;Taft 地震波作用下,煤矿采动损伤建筑的输入能量增加了 2.0%;人工地震波作用下,煤矿采动损伤建筑的输入能量增加了 1.3%。通过分析煤矿采动损伤建筑物的输入能量可以知道,煤矿采动损害增加了地震灾害荷载对建筑物的输入能量,加大了建筑物损伤破坏的概率。

通过分析图 9.19 不同地震波作用下煤矿采动建筑物的塑性耗散能量变化可以发现,地震作用下,建筑物的塑性耗散能量在不断增加,EL Centro 地震波作用下,建筑物的塑性耗散能量变化趋势与输入能量的变化趋势接近,呈现出"平缓增加—迅速增加—平缓增加"的三阶段变化趋势,Taft 地震波作用下,建筑物的塑性耗散能量呈现出"跳跃性增加—平缓增加"的两阶段变化趋势,人工地震波用下,建筑物的塑性耗散能量呈现出"类似线性增加"的变化趋势。考虑煤矿采动损伤后,建筑物的塑性耗散能量略有增加,其中 EL Centro 地震波作用下煤矿采动损伤建筑的塑性耗散能量增加了 3.4%;Taft 地震波作用下,煤矿采动损伤建筑的塑性耗散能量增加了 2.0%;人工地震波作用下,煤矿采动损伤建筑的塑性耗散能量增加了 0.9%。通过分析煤矿采动损伤建筑物的塑性耗散能量可以知道,地震作用下,煤矿采动损伤建筑的塑性耗散能量比不考虑煤矿采动损害的建筑物的地震塑性耗散能量要高,说明煤矿采动损害加剧了建筑物的地震塑性变形,能量以塑性耗散能量的形式增加,容易造成建筑物的抗震性能发生劣化。

通过分析图 9.20 不同地震波作用下煤矿采动建筑物的损伤耗散能量变化规律可知,地震作用下,建筑物的损伤耗散能量是在地震波发生一段时间后,才逐渐出现并不断增加的,其中 EL Centro 地震波作用下,建筑物开始出现损伤耗散能量是在 7.2s,之后增加趋势呈现出近似直线上升的迅速增加,考虑煤矿采动损伤后建筑物的损伤耗散能量刚开始处于一个较低的范围内,从 7.2s 内开始迅速增加,其损伤耗散能量总量比不考虑煤矿采动损害的增加了 1.6%;Taft 地震波作用下,建筑物的损伤耗散能量是在 3.25s,之后呈现出近似线性的增加趋势,其损伤耗散能量总量比不考虑煤矿采动损害的增加了 5.6%;人工地震波作用下,建筑物的损伤耗散能量是在 4s,之后呈现出近似负曲率的增加趋势,其损伤耗散能量总量比不考虑煤矿采动损害增加了 6.6%。地震作用下,煤矿采动建筑物的损伤耗散能量的增加比例明显高于其塑性耗散能量,说明煤矿采动损害与地震联合作用下建筑物的损伤较为严重,增加了建筑物系统发生涨落的概率(即增加了建筑物倒塌的概率)。

通过分析图 9.21 不同地震波作用下煤矿采动建筑物的阻尼耗散能量变化规律可知,地震作用下,建筑物的阻尼耗散能量与其损伤耗散能量的变化比较接近而又有所不同,开

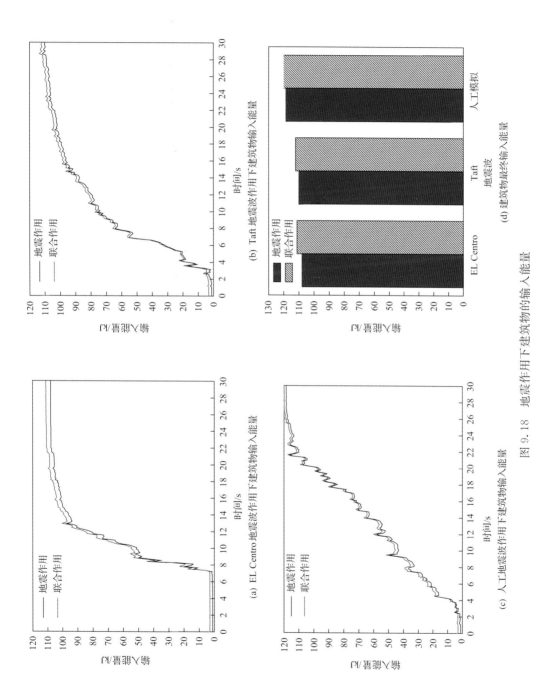

图 9.18　地震作用下建筑物的输入能量

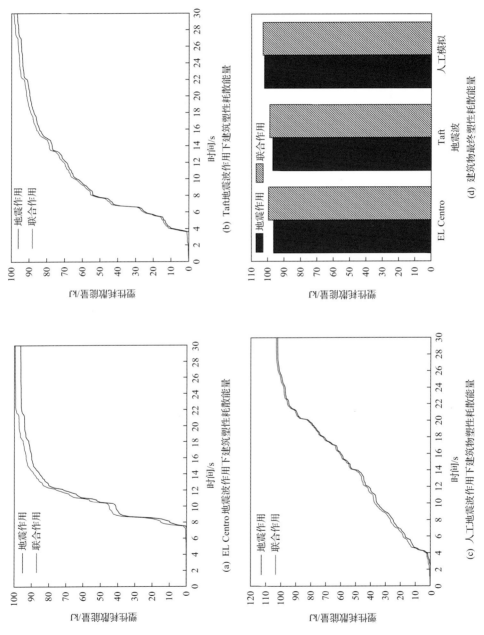

图 9.19 地震作用下建筑物塑性耗散能量

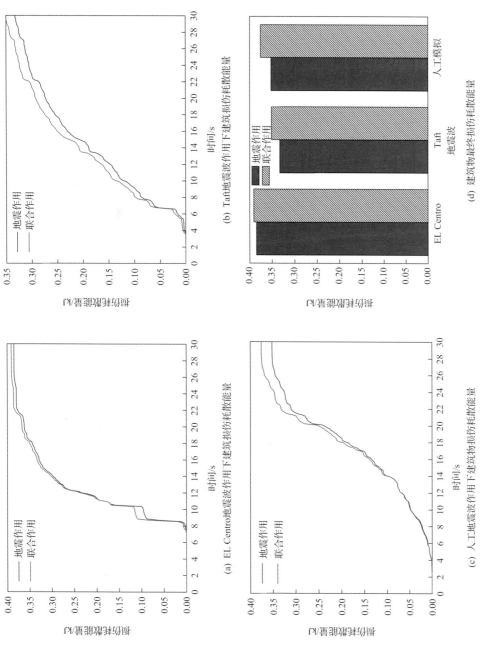

图 9.20　地震作用下建筑物损伤耗散能量

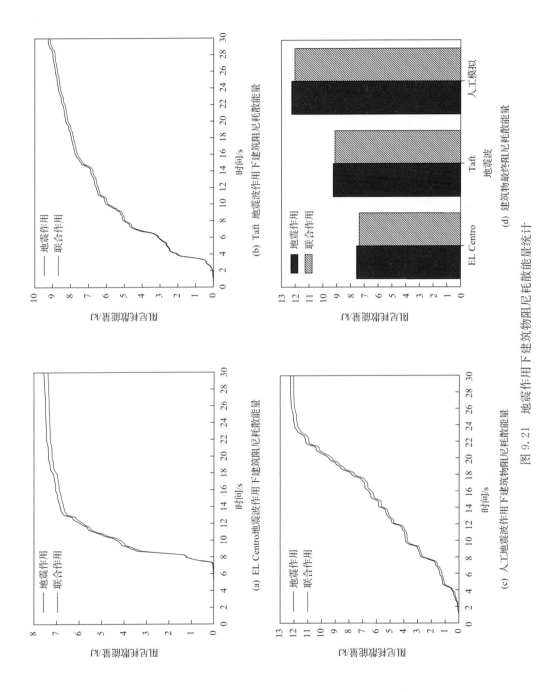

(a) EL Centro地震波作用下建筑阻尼耗散能量

(b) Taft 地震波作用下建筑阻尼耗散能量

(c) 人工地震波作用下建筑物阻尼耗散能量

(d) 建筑物最终阻尼耗散能量

图 9.21　地震作用下建筑物阻尼耗散能量统计

始一直维持在较低的水平,但是考虑煤矿采动损害后,建筑物的阻尼耗散能量整体下降减少。其中 EL Centro 地震波作用下,建筑物的阻尼耗散能量呈现出"类直线的迅速增加—平缓增加"的变化趋势,考虑煤矿采动损害后建筑物的阻尼耗散能量减少了 2.5%；Taft 地震波作用下,建筑物的阻尼耗散能量呈现出"阶段性类直线的迅速增加—平缓增加"的交替变化过程,考虑煤矿采动损害后建筑物的阻尼耗散能量减少了 1.3%；人工地震波作用下,建筑物的阻尼耗散能量呈现出"近似线性增加"的变化过程,考虑煤矿采动损害后建筑物的阻尼耗散能量减少了 1.9%。考虑煤矿采动损害影响下的建筑物的地震阻尼耗散能量有所减少,此时对建筑物以阻尼耗能的形式减少地震的动力破坏作用极其不利。

通过分析表 9.6 煤矿采动建筑的地震能量耗散变化可知,不同地震波作用下,煤矿采动损伤建筑的输入能量变化为:EL Centro 地震波作用下,煤矿采动损伤建筑的输入能量增加了 3.1%,Taft 地震波作用下,煤矿采动损伤建筑的输入能量增加了 2.0%,人工地震波作用下,煤矿采动损伤建筑的输入能量增加了 1.3%,说明煤矿采动损害影响下的建筑物发生次生损伤后,其抵抗地震动的能力减弱,导致地震波作用下其输入的灾害能量增加。

表 9.6　煤矿采动建筑的地震能量耗散变化

能量类别	能量增加的百分比/%		
	EL Centro 地震波	Taft 地震波	人工地震波
输入能量	3.1	2	1.3
塑性耗散能量	3.4	2	0.9
损伤耗散能量	1.6	5.6	6.6
阻尼耗散能量	-2.5	-1.3	-1.9

分析不同地震波作用下煤矿采动损伤建筑塑性耗散能量的变化可以发现,EL Centro 地震波作用下,煤矿采动损伤建筑的塑性耗散能量增加了 3.4%,Taft 地震波作用下,煤矿采动损伤建筑的塑性耗散能量增加了 2.0%,人工地震波作用下,煤矿采动损伤建筑的塑性耗散能量增加了 0.9%,说明煤矿采动损害影响下的建筑物发生初始损伤后,地震作用下煤矿采动损伤建筑的塑性变形所耗散的能量增加,此时,建筑物发生塑性变形增加,对建筑物抗震极其不利,威胁到了结构的安全性。

研究不同地震波作用下煤矿采动损伤建筑损伤耗散能量的变化可以知道,EL Centro 地震波作用下,煤矿采动损伤建筑的损伤耗散能量增加了 1.6%,Taft 地震波作用下,煤矿采动损伤建筑的损伤耗散能量增加了 5.6%,人工地震波作用下,煤矿采动损伤建筑的损伤耗散能量增加了 6.6%,损伤耗能增加的比例相对较大,说明煤矿采动损害影响下的建筑物发生初始损伤后,地震作用下煤矿采动损伤建筑发生了更多的塑性变形且其损伤程度增大,导致其损伤耗散能量增加,说明此时煤矿采动建筑物损伤程度加剧,严重降低了其抗震性能。

分析不同地震波作用下煤矿采动损伤建筑阻尼耗散能量的变化可以发现,EL Centro 地震波作用下,煤矿采动损伤建筑的阻尼耗散能量减少了 2.5%,Taft 地震波作用下,煤矿采动损伤建筑的阻尼耗散能量减少了 1.3%,人工地震波作用下,煤矿采动损伤建筑的阻尼耗散能量减少了 1.9%,说明煤矿采动损害影响下的建筑物发生初始损伤后,地震作用下煤矿采动损伤建筑的阻尼耗散能量减少,说明煤矿采动损伤建筑的阻尼耗能能力减弱,煤矿采动损伤建筑物的抗震性能劣化,降低了建筑物的安全性能。

综上可知,煤矿采动损伤建筑的地震输入能量增加,说明此时煤矿采动损害加剧了地震荷载对建筑物的破坏能力;考虑煤矿采动损害后,地震作用下建筑物的塑性耗散能量和损伤耗散能量均增加,说明此时建筑物发生了较多的不可恢复的塑性变形及损伤破坏,增加了建筑物系统发生涨落的概率(即增加了建筑物倒塌的概率);建筑物的阻尼耗能降低,说明煤矿采动损伤建筑的抗震性能劣化严重。根据煤矿采动损伤建筑的地震能量演化可知,为了保证煤矿采动损伤建筑物的地震安全性,采取合理的保护措施以尽可能减少(降低)建筑物的灾害能量(输入能量、塑性耗散能量和损伤耗散能量)与外界环境系统的交换,增加建筑物的阻尼耗能能力,需要建立合理的煤矿采动损伤建筑的抗开采沉陷隔震保护的结构体系及煤矿采动损伤建筑物的抗震性能评价。

在保证煤矿采动区建筑物的抗震安全时,考虑到煤矿采动区地表移动本质上是由煤矿采空区岩层移动变形破断引起的,所以,若想真正实现煤矿采动区建筑物的抗震、抗变形保护,需要减小和控制煤矿采空区岩层的移动变形,此时,首先,需要在地下煤炭开采过程中采用采煤充填的方法;其次,对地面建筑采用抗开采沉陷变形隔震保护体系[136],即"地下采煤充填—地面建筑抗开采沉陷隔震保护"才能真正实现煤矿采动损伤建筑的抗开采沉陷隔震保护。

9.8　基于建筑减隔震技术的煤矿采动建筑抗开采
沉陷隔震保护措施与方法

我国80%以上的矿区位于地震设防区域,对采动区建(构)筑物进行结构设计时,针对开采沉陷变形所引起的地基变形,必须进行建筑物的抗采动变形,保护设计的同时,还应考虑建(构)筑物的抗震保护设计。

煤矿采动区建筑物的抗采动变形保护与抗地震动保护是对立统一的:在抗震设计中,要求建筑结构有较大的刚度来抵抗地震动,而在抗变形设计中,则要求建筑结构刚度相对较小(以此来适应地表的移动变形);抗开采沉陷变形设计和抗震设计的共同点是提高建筑结构的抵抗变形能力。采动区建筑物的抗开采沉陷隔震保护措施和方法是指对采动区建筑物进行保护时,所采取的既能抵抗开采沉陷变形(由于地下煤炭开采所引起的),又能抵抗地震动的保护措施和方法。

煤矿采动区建筑物的抗开采沉陷隔震保护原则可理解为:在低于正常的抗震设防烈度或采动区发生较小的开采沉陷变形时,采动区抗开采沉陷隔震保护措施跟其他的普通建筑结构构件一样,起着支撑和连接作用,并且通过抗开采沉陷隔震保护措施的细微调整能保证建筑物不被开采沉陷变形破坏的同时,对地震荷载也能起到有效的防御作用,从而保证建筑物始终处于安全使用状态,使建筑物的安全性、适用性和耐久性不被破坏;当发生罕遇地震或采动引起的地表移动变形过大时,在抗开采沉陷隔震措施的作用下,抗开采沉陷隔震保护装置通过发生非弹性(塑性)变形耗散地震对建筑物的输入能量(或者减小开采沉陷变形引起的建筑物附件内力,避免地基不均匀沉降对建筑物的危害),延长建筑物的振动周期,最大限度地减小结构的地震响应;此时,采动区抗开采沉陷隔震保护装置主要是通过改变自身的柔性水平刚度进入大变形的状态和阶段,上部建筑结构的自振周期被延长,从而有效地避开地震动的卓越周期以达到减震的目的,并且可以维持建筑物(设置抗开采沉陷隔震保护装置的建筑物)始终处于弹性状态,可以最大限度地限制建筑物楼层的最大变形量,以保证建筑物的正常使用。

传统的抗震设计和减震控制技术可以有效地降低建筑结构的地震动力响应[66]。抗震设计主要是通过加强基础和上部结构之间的连接,提高结构的抗震耗能能力;而减震控制技术则是通过在建筑物上增设某种装置进行隔震或消能减震,而不是依靠结构自身的抗震能力。

建筑结构隔减震控制技术[66]是指在工程结构的特点部位,设置某种装置(隔震垫等)、或者某种机构(如消能支撑、消能剪力墙、消能节点、消能器等)、或某种子结构(调频质量等)、或施加外力(外部能量输入),以改变或调整结构的动力特性。

建筑隔减震技术是近些年发展起来的用于工程结构抵抗地震等自然灾害和机械振动比较有效的方法。它是通过在上部结构与基础之间设置减隔震层来隔离和耗散振动能量,以减少振动能量向上部结构传递,减轻工程结构的地震反应(如结构的加速度、层间位移变形等),从而避免工程结构在地震中损坏或倒塌。建筑隔震体系最重要的特征是增大结构的阻尼,并有效地减小结构的自振频率,同时还必须保证隔震耗能的装置具有足够大的水平恢复力,以保证在发生地震时,其自动"复位"功能良好,进而保证建筑物不被破坏,并能够恢复到最初的安全状态[67]。

9.8.1　建筑隔震技术概要

建筑隔震技术[66]是通过在建筑物上设置减隔震层(由隔震支座或阻尼器等部件所组成),以此来改变结构的动力特性,主要是延长建筑结构体系的自振周期,能够有效地减少水平地震作用对上部结构的危害,降低结构的地震反应,确保在大地震时建筑物在弹性变形状态,或者处于初期的弹塑性变形状态。

地震的重要特征是周期大多为 $0.1\sim1s$,而传统的建筑物的基本振动周期也大都处于此范围内,因此,结构的地震响应会比较大。因为减隔震层的水平刚度较小,可以使上部结构的特征周期延长 $3s$ 以上,有效地降低建筑物的地震响应(主要的建筑物的加速度);并且隔震系统中的阻尼器也可以通过变形耗能而吸收地震能量,因此,可维持减隔震层的位移响应在比较合理的范围内,同时可以使隔震结构体系的振动迅速衰减,最终达到保护建筑物的目的。

隔震结构体系中的减隔震层主要是由隔震装置组成,其中主要由支撑上部结构重量的水平隔震支座和耗散吸收地震能量的阻尼器组成。为了获得最合理的使用功能,要求隔震支座具有竖向刚度大、水平刚度小、水平变形能力大和性能稳定等一系列特点。设置阻尼器的目的主要是为了有效地抑制减隔震层的水平变形,因为阻尼器变形大、耗能能力强而且性能比较稳定。目前,我国比较成熟的隔震减震装置主要可以分为:叠层橡胶隔震支座、铅芯橡胶隔震支座、弹性滑板隔震支座、直线滚动隔震支座、刚性滑板隔震支座、黏滞阻尼器以及铅阻尼器等。

　　综上可知,建筑隔减震技术中所采取的各种抵抗地震作用的措施的所要达到的目的为:隔震体系主要是通过减小输入到建筑结构中的能量来保护建筑物的;耗能减震体系则是通过耗能阻尼器来消耗输入到建筑结构中的能量来保护建筑物的;吸震减震体系则是通过增加一些振动系统耗能来有效地减少建筑结构的振动来保护建筑物的。

　　建筑隔震减震体系图 9.22 主要是指在工程结构的底部建筑与基础面(或者是在建筑物底部的柱顶)之间,通过设置某种隔震减震装置来减小发生地震时地震动输入到工程结构中的能量而形成的结构体系。它主要由上部建筑结构、隔震装置和下部结构三部分组成。基础和上部建筑结构之间用隔震装置连接,可以有效地延长上部建筑结构的基本周期,远离地面运动的主频带范围(主要是发生地震时),并阻隔地震能量对向上部结构的传递。隔震装置在地震发生时的主要作用是:直接吸收地震动的能量或者将地震能量重新反馈回地面。对建筑物采用隔震技术后,在发生地震时,上部的建筑结构的动力响应主要是以第一振型为主(结构整体平动),通过将水平位移主要集中(转移)在隔震装置中的减隔震层位置,可以有效地减小地震作用下建筑物的层间位移。设置减隔震层后,建筑物的地震响应一般可以减小到非隔震结构体系的 12.5%～25%。

　　目前,建筑隔震技术的主要技术规范的要求:采用基础隔震减震装置后,保证在地震发生时,建筑物的地震响应减小,最大限度地保证结构构件、非结构配件、建筑的装饰、装修物和内部的设备、仪器不被破坏(损坏);或者是在建筑物遭到严重损伤破坏甚至建筑物正常的使用功能基本上已经严重丧失时,必须保证在建筑物内部正常生活和工作的人们尽可能的不会感受到在地震发生时地面(或者是建筑物)产生的剧烈摇摆晃动,最大限度地减轻伤害;不会因为强震的发生使人们因为心理恐慌而发生拥挤踩踏事故,降低人员伤亡和财产损失;在发生小震时,避免大规模的人群疏散,尤其是在地震发生后,灾区的建筑物无需进行修理或仅仅需要进行一般的维修加固,即可恢复原来的正常工作状态,最大限度地保障建筑物的安全使用,降低人类物质、经济上的巨大损失,保障社会稳定,避免地震作用时由于房屋倒塌、管道等生命线的碎裂而引起火灾、水灾等次生灾害,最大限度地降低土木工程灾害对人们所造成的物质和精神上的伤害[66]。

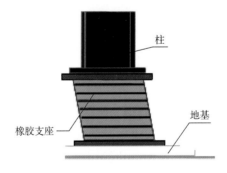

图 9.22　建筑隔震减震体系图

　　若想取得比较明显的减震隔震效果,隔震减震装置(体系)必须满足以下基本要求[67]。

　　(1)承载力能力特性。要求隔震减震装置的竖向承载能力必须足够大,以保证在建筑物(或者其他工程结构)正常的使用期限内,减隔震层可以有足够的承载力支承维护着上部的建筑物及室内的设备仪器等的所有自重荷载和扰动荷载。所以,要求隔震减震装置的减隔震层竖向承载力必须具有足够大的安全系数,以保证在正常的使用过程中或地震发生时,最大限度地满足建筑物(或者其他工程结构)的使用要求和安全性要求。

(2)隔震特性。要求隔震减震装置中的减隔震层具有可变性的水平刚度,其水平刚度可以分为等效水平刚度和屈服后水平刚度。在发生地震时,如果是直下型地震,则要求隔震减震装置中的减隔震层必须具有足够大的水平刚度系数 K,以此来保证上部的建筑结构的水平位移能够控制在比较小的范围内,同时也必须满足建筑物的使用要求;在中度或强烈的地震作用下,此时要求减隔震层相对水平刚度 K 相对比较小,保证地震响应的位移主要是集中在减隔震层,使传统的抗震结构体系的"刚性"特征转化为隔震结构体系的"柔性"特征,此时隔震结构体系的自振周期($T=2\sim4\text{s}$)应有明显的增大,尽量避开上部结构的自振周期($T_s=0.3\sim1.2\text{s}$)和场地的特征周期($T_g=0.2\sim1.0\text{s}$),这样就可以有效地阻隔地震动所产生的能量,降低上部建筑物的地震响应,此时,建筑物的地震加速度响应降低为普通非隔震结构的 $8.3\%\sim25\%$。

(3)复位特性。要求减隔震层的水平弹性恢复力比较大,以保证在发生地震时,隔震减震装置(或者是隔震减震体系)能够及时发挥"复位"功能。地震发生后,采取一些必要的措施和技术,使设置有隔震减震装置(或者是隔震减震体系)的上部建筑结构能够尽量恢复到最初的原始的、工作状态,最大限度地保证建筑物的正常使用功能不被破坏。

(4)阻尼耗能消能特性。要求隔震减震装置(或隔震减震体系)具有足够大的阻尼系数 C,以保证其可以明显降低建筑物的动力响应,在地震发生时,减隔震层的荷载-位移($F\text{-}u$)曲线的包络面积较大,以此保证减隔震层较大的耗能、消能能力。

9.8.2 基于建筑隔震技术的煤矿采动区建筑物抗开采沉陷隔震保护技术

随着矿区经济和煤炭工业生产的快速发展,将会有越来越多的地面建(构)筑物在矿区建设,而且会有相当大的一部分建(构)筑物不可避免地兴建在采动区影响范围之内。如果在采动区对新建建(构)筑物进行结构设计时,能根据地下煤炭资源开采后所引起的地表的移动变形对建(构)筑物影响的大小和当地的抗震设防烈度,对建(构)筑物采取合理的抗开采沉陷隔震保护技术措施,使建(构)筑物能够有效地抵抗开采沉陷变形的危害和影响,并且满足矿区当地的抗震设防烈度,那么地下煤炭的开采与地面建(构)筑物保护的矛盾就可以得到科学、经济、合理地解决。这样主动的防御措施要比为解决建筑物下压煤问题,对已有建筑物采取结构维修加固(亡羊补牢式)的保护措施要科学、合理[68~70]。

采动区属于对抵抗地震动极其不利的建筑物场地,在发生地震动时,由于开采沉陷变形所引起的地表移动变形极有可能被加剧,同时也有可能产生较大的震陷,使地面运动具有比较复杂的空间特性,并且采动区地基的不均匀沉降会影响隔震装置的隔震效果,这就导致传统的隔减震技术在采动区的建筑物保护具有一定的局限性。

采动区的矿物资源在开采后容易引起地表的移动、倾斜和曲率变形,进而导致建(构)筑物的歪斜。此时,地表的移动变形对建(构)筑物产生了附加倾覆力矩,在建筑结构内部产生的附加应力,引起建筑结构基础的承载压力进行重新分布;地表倾斜破坏了建筑结构的承载力平衡条件,当附加力矩超过建筑物基础和上部结构的极限承载能力时,就导致建筑物出现裂缝。对采动区进行建筑结构设计时,应该综合统筹考虑采动区特有的开采沉陷变形所引进的地基不均匀沉降和当地抗震设防标准,引入具有良好延性的抗开采沉陷隔震保护措施,基于建筑减隔震技术的抗开采沉陷隔震保护技术的出发点是能够随时适应地表的移动变形,以保证其能够抵抗开采沉陷所引起的变形,减轻或消除由于开采沉陷变形产生的附加应力对建筑物的危害;当发生地震时则能及时耗散和吸收地震动输入的能量,使得能量在该装置中耗散,那么就减轻地震对建筑结构的破坏。

基于建筑隔震技术的采动区建筑物抗开采沉陷隔震保护技术就是在传统建筑隔震技术的基础上,综合考虑采动区特殊的地质条件,以及由于地下煤炭开采所引起的开采沉陷变形对建筑物的危害,对采动区建筑物进行结构设计时,既要考虑抵抗地基的不均匀沉降,同时又要顾及建筑物的抗震设计。保证采动区建筑物能够及时消除开采沉陷变形导致的地基不均匀沉降所引起的附力力矩,能够积极主动的适应开采沉陷变形,变被动抵抗为主动适应;同时也要保证建筑物的抗变形设计能够解决隔震支座不能适应地基不均匀沉降的问题,确保隔震支座能够起到延长建筑结构体系的自振周期的作用,能够有效地减小水平地震作用对上部结构的危害,降低结构的地震响应的作用。采动区建筑物的抗采动保护(主要是抵抗开采沉陷变形引起的地表移动变形)与抵抗地震动保护,二者是对立统一的,抵抗地震动的保护设计和抗开采沉陷变形的保护设计的共同点是提高建筑结构的抗变形能力(开采沉陷变形是长期缓慢的变形,地震动则短时间的剧烈变形破坏),对采动区建筑物所采取的既抗地表变形又抗地震的保护措施称为"抗开采沉陷隔震保护"。

采动区建筑物抗开采沉陷隔震保护原则可概括为:在小于地震设计烈度或由于采动影响引起的地表移动变形较小时,通过采动区抗开采沉陷隔震保护措施进行调整,最大限度地保障建筑物构件不开裂或仅产生微小变化;当发生罕遇地震或较大的地表移动变形时,允许建筑物在抗开采沉陷隔震保护措施的下,使抗开采沉陷隔震保护装置首先发生破坏,尽量保证建筑物的整体不被破坏。

9.9　采动区建筑物抗开采沉陷隔震保护装置的设计与理论分析

目前,建筑结构的隔减震技术的理论研究和工程实际都在不断地深入和完善[66,67],在世界范围内所发生的几次大地震,通过对已经采用建筑隔减震技术的建筑物现场考察证明,建筑隔减震技术具有非常良好的耗能减震性能。然而近年来,采动区建筑物的安全问题愈发突出,已经成为制约我国广大矿区建设发展的瓶颈。对于采动区建筑物能够同时抵抗开采沉陷变形和抵抗地震动的,尚未得到妥善解决,尤其是对采动区建筑物的抗震设计和抗变形设计的研究,国内外的专家学者还是仅停留在传统的刚性保护与柔性保护措施等方面的研究,将抗采动保护与抗地震保护分开研究,其实,采动区建筑物的抗开采沉陷变形保护设计和抵抗地震动保护是对立统一的:采动区建筑物的抵抗地震动保护设计和抗开采沉陷变形保护设计的共同点是提高采动区建筑结构的抵抗变形能力。针对采动区建筑物抗开采沉陷隔震保护的关键是能够同时抵抗开采沉陷问题和抵抗地震动,保证抗开采沉陷隔震保护装置能够及时消除开采沉陷变形导致的地表移动变形所产生的附加内力,并且具有良好的抗震性能,在本书前面9.8节分析研究的基础上,提出了采动区建筑物抗开采沉陷隔震保护装置,其目的是为了能够有效地改善采动区建筑的抗震抗变形性能,为我国矿区建筑的安全建设和运营提供科学方法和依据。

在本书第8章,9.1～9.7节理论分析和数值模拟计算的基础上,本章首先设计上述的采动区建筑物抗开采沉陷隔震保护装置以及其工作原理,然后根据抗开采沉陷隔震保护装置各个组成部分的构造、物理力学性能的特点和参数的计算模型及方法分别进行研究和探讨,最后根据该装置的各组成部分的性能,确定抗开采沉陷隔震保护装的设计方法和力学性能参数。

9.9.1 采动区建筑物抗开采沉陷隔震保护装置工作原理

采动区建筑物抗开采沉陷隔震保护装置主要由抗开采沉陷隔震保护支座、信号采集器和外接计算机组成,且通过信号采集器所采集的地表移动变形数据,适时调节抗开采沉陷隔震保护支座中的黏滞性阻尼器来压缩或释放碟形弹簧(以保证建筑物能够适时适应采动区的地表移动变形),保证实现采动区建筑物的抵抗开采沉陷变形和抵抗地震动的双重保护作用。

抗开采沉陷隔震保护支座(图9.23)主要由竖向隔振的碟形弹簧、竖向的筒式黏滞阻尼器、铅芯橡胶隔震支座(内含形状记忆合金SMA丝,主要是为了防止倾覆和支座的复位),以及导向套筒等部分组成。添加形状记忆合金SMA丝的橡胶支座主要目的是提高其抗拉能力;形状记忆合金丝(SMA)两端固定在上、下封钢板内,考虑到铅芯橡胶支座的水平极限变形,SMA丝在中孔内预留了一定的长度。

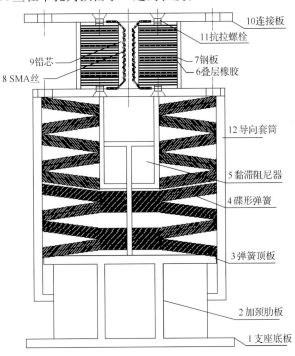

图 9.23 抗开采沉陷隔震保护支座

　　抗开采沉陷隔震保护支座下端的导向套筒内以并联方式存在的黏滞阻尼器和碟形弹簧,利用二者优良的竖向阻尼和刚度,抵抗开采沉陷引起的地表变形,调节地表不均匀沉陷对建筑的损害和破坏;抗开采沉陷隔震保护支座上端的铅芯橡胶隔震支座(内含 SMA)则是利用其优良适宜的水平刚度和阻尼,抵抗由地震作用引起的水平方向的作用力;设置导向套筒的主要目的和作用则是保证地震作用产生的水平力能够向上传递,并保证抗开采沉陷隔震保护支座内部的黏滞阻尼器和碟形弹簧尽可能不受水平力的影响。

　　竖向抵抗开采沉陷变形的筒式黏滞阻尼器和碟形弹簧并联组成的支座主要通过碟形弹簧以串联、并联组合的方式进行叠加组成,然后在组合支座的中心孔的中间装上筒式的黏滞阻尼器导向套筒。此时的导向套筒能够限制碟形弹簧的水平位移,使其只能在竖向上产生位移。筒式黏滞阻尼器-碟形弹簧组合支座的阻尼性能和竖向刚度都不同程度地得到改善,以保证其阻尼性能和竖向刚度都比较适宜,并且保证该组合装置的竖向刚度(是可以调节的)要小于其水平刚度,这一性质正好能对抵抗开采沉陷变形起到较好的效果,并且如果要获得理想的刚度,可以通过调整碟形弹簧的组合方式和型号来获得,利用筒式黏滞阻尼器导向套筒则可以保证阻尼比满足需要。

　　通过铅芯叠层橡胶支座(内含 SMA)、筒式黏滞阻尼器和碟形弹簧支座的串联组合,然后对此装置进行焊接、拼装,取长补短,形成了一个三向都具有适宜的阻尼性能和刚度的三维环形基础隔震、抗变形、抗开采沉陷隔震保护装置。

　　抗开采沉陷隔震保护装置主要利用主动变刚度装置(AVS),实现保护支座在不同的工作环境和工作状态间进行合理的切换。在工作状态切换的过程中,其内部的物理参数及其向建筑物提供的等效控制力均是不连续的方式进行交换的。

　　抗开采沉陷隔震保护支座实现其保护功能的过程如下。

　　在地下煤炭开采的过程中,抗开采沉陷隔震保护装置根据其地表的移动变形情况,通过自动调节黏滞性阻尼器来压缩或释放碟形弹簧,保证建筑的基础始终处于同一高度,抵抗地基的不均匀沉降,改善整个建筑结构体系的力学性能和传力路径,使建筑物始终处于正常安全使用状态,避免因采动区的开采沉陷引起的地表移动变形,改变地面建筑物的重心,使建筑物产生扭转效应,从而可以有效地缓解开采沉陷变形对建筑物的危害。地震发生时,根据支座的结构构造和支座的受力而产生机械锁死,使竖向隔震体不参与工作,竖向刚度由水平隔震支座提供,这时的竖向刚度大,可抑制隔震结构的摇摆。还提供必需的柔度和耗能能力,减小地震作用下建筑结构的动力响应,最后达到保护建筑主体结构的目的。

　　抗开采沉陷隔震保护装置不仅能有效降低水平地震动对上部建筑结构的地震响应,同时,也能很好地缓解地下煤炭开采引起的地表不均匀沉陷对建筑的损害破坏,并且构造很简单,易于实现其功能。

9.9.2　煤矿采动区建筑物抗开采沉陷隔震保护装置的分析与设计

　　采动区抗开采沉陷隔震保护装置主要由抗开采沉陷隔震保护支座、信号采集器和外接计算机组成,其中的抗开采沉陷隔震保护支座(图 9.23)的组成主根涉及以下几个部件:竖向隔振的碟形弹簧、竖向的筒式黏滞阻尼器、铅芯橡胶隔震支座(内含形状记忆合金

SMA 丝)以及导向套筒等。抗开采沉陷隔震保护装置的竖向承载力主要是由铅芯橡胶隔震支座(内含形状记忆合金 SMA 丝)、竖向的碟形弹簧和导向套筒等部件一起承受,忽略黏滞阻尼器的竖向承载能力。由于组成抗开采沉陷隔震保护支座的各个组成部分在正常使用状态下(采动区开采沉陷变形引起的地表和岩层一直发生移动变形的现象)和地震动作用下的受力状态完全不同,因此需要对铅芯橡胶隔震支座和竖向碟形弹簧的竖向承载能力(在正常工作状态下未发生地震时,该抗开采沉陷隔震保护装置主要是用来抵御开采沉陷变形)进行分析;当发生地震时,还需要对铅芯橡胶隔震支座的水平承载能力进行设计。

　　未发生地震时,对铅芯橡胶隔震支座进行设计,需要考虑到橡胶垫的竖向刚度比较大,此时,铅芯橡胶垫的直径主要通过分析计算静力荷载(主要是上部建筑结构的自重)下所能承受的最大竖向荷载以及竖向的压应力设计值得到;但是发生地震时,由于地震动的作用,铅芯橡胶隔震支座内部的橡胶垫非常容易发生错位,进而产生较大的位移,则竖向荷载的作用位置也随之发生较大的变化,此时,橡胶垫有效的负荷受压面积将大大减小,所以如果要确定铅芯橡胶隔震支座的竖向承载能力,往往还需要根据橡胶垫的实际受压面积来确定。在铅芯橡胶隔震支座正常工作状态下,上部的建筑结构也常常需要承受水平风荷载的作用或地震的水平作用,如果要保证上部的建筑结构在较小的水平荷载作用下不发生过大变形,则要求铅芯橡胶垫具有足够的初始刚度。

　　抗开采沉陷隔震保护支座中的碟形弹簧的主要作用是根据地表移动变形的情况,不断调整抗开采沉陷隔震保护装置的整体高度,以保证采动区建筑物的安全使用;除此之外,它还需要有足够的承载力承受上部建筑物自重所产生的竖向荷载。由于抗开采沉陷隔震保护支座下端的导向套筒的横向约束作用,不管是正常工作状态(此时的采动区地表可能发生部分的移动变形)还是在发生地震时,导向套筒会保证竖向荷载始终作用在套筒内部的碟形弹簧上,并保证竖向荷载的作用线尽量不发生变化。在正常工作状态下,套筒内部的碟形弹簧和套筒上部的铅芯橡胶隔震支座一起支承着上部的建筑结构,所以,对套筒内部的碟形弹簧的承载能力进行设计时,必须考虑上部建筑结构的荷载组合情况,并按照最不利组合情况进行分析计算,以此保证抗开采沉陷隔震保护支座在正常使用时,套筒内部的碟形弹簧的正常工作状态不被干扰和破坏。同时,由于开采沉陷引起的地表移动变形,导致套筒内部的碟形弹簧还要承受额外竖向的附加静力(或动力)荷载所产生的附加力矩,对碟形弹簧进行设计时,在完成动荷载和静荷载的计算分析之后,还要针对碟形弹簧的强度和最大的竖向变形进行分析,最大限度地保证套筒内部的碟形弹簧可以正常工作。

　　抗开采沉陷隔震保护支座中的铅芯橡胶隔震支座与导向套筒的连接主要是以固定连接的形式通过上连接板来进行固定的;如果由于开采沉陷变形引起地表移动变形时,连接板基本上不发挥作用;当发生地震时,在水平地震作用下,设置导向套筒的目的就是为了避免水平荷载作用在碟形弹簧上。水平方向的隔震功能和其他形式的作用在建筑物上的水平荷载主要通过抗开采沉陷隔震保护装置上部的铅芯橡胶隔震支座实现的,所以导向套筒的直径和厚度,除了受内部碟形弹簧的直径的影响外,还需要通过分析计算铅芯橡胶隔震支座传递过来的水平剪力来确定,保证抗开采沉陷隔震保护支座中导向套筒的抗剪和抗弯强度能够最大限度地满足允许的设计强度,另外,还需要对抗开采沉陷隔震保护支座中下部的加劲肋板和上部连接板进行必要的强度设计与验算。

由铅芯橡胶隔震支座、碟形弹簧和黏滞阻尼器组成的抗开采沉陷隔震保护支座(图 9.23)能够充分发挥各个组成部分的优势和各自的力学性能,该装置将三者巧妙地结合起来,取长补短,经过合理的设计之后,基本能够满足采动区特殊地质条件下所需要的多向适宜的刚度和强度。

1. 采动区抗开采沉陷隔震保护支座的力学性能分析

本章所设计的抗开采沉陷隔震保护装置主要是由铅芯橡胶隔震支座(内含 SMA 丝)、碟形弹簧和双向的黏滞阻尼器这三个部分组成,因此,其力对其学性能进行分析时,需要考虑其各组成部分的共同工作对其力学性能的影响。铅芯橡胶隔震支座的水平刚度较小而竖向刚度却很大,碟形弹簧的竖向刚度也很小。所以碟形弹簧的竖向刚度要远远小于铅芯橡胶隔震支座(内含 SMA 丝)的竖向刚度,由于导向套筒的束作用,基本上可以保证内部的碟形弹簧不会受到水平荷载的影响。发生地震时,水平地震作用主要是通过铅芯橡胶隔震支座(内含 SMA 丝)来承受;而由于地下煤炭开采引起开采沉陷变形作用导致地表移动变形,主要通过信号采集器来控制黏滞阻尼器压缩和释放碟形弹簧来进行有效、合理地控制;除此之外,由于竖向黏滞阻尼器和碟形弹簧是以并联的方式存在,所以它们可以为上部的建筑结构提供一定有效的额外附加阻尼,在一定程度上也可以起到耗能减震的作用。

采动区抗开采沉陷隔震保护支座中的铅芯橡胶隔震支座(内含 SMA 丝)中的隔震垫的水平力学性能和形状记忆合金 SMA 所能提供的恢复力的组合性能就是整个装置主要的水平力学性能;双向黏滞阻尼器的阻尼、碟形弹簧的刚度以及铅芯橡胶隔震支座(内含 SMA 丝)中的隔震垫的竖向刚度的组合性能就是该装置的竖向力学性能。所以本书所设计的采动区抗开采沉陷隔震保护支座的水平方向屈服力 Q_{D}、水平刚度 K_{H} 和整个装置的屈服后刚度 K_{d},应该等于铅芯橡胶隔震支座(内含 SMA 丝)的水平方向屈服力 Q_{d}、水平刚度 K_{h} 和屈服后刚度 K_{d};而抗开采沉陷隔震保护支座的竖向刚度 K_{V} 可以通过碟形弹簧的竖向刚度 K_{VS} 和以串联形式存在的铅芯橡胶垫竖向刚度 K_{VL} 来进行分析计算,即:

$$K_{\mathrm{H}} = K_{\mathrm{h}};$$

$$\frac{1}{K_{\mathrm{V}}} = \frac{1}{K_{\mathrm{VL}}} + \frac{1}{K_{\mathrm{VS}}} \text{ 即 } K_{\mathrm{V}} = \frac{K_{\mathrm{VL}} K_{\mathrm{VS}}}{K_{\mathrm{VL}} + K_{\mathrm{VS}}}$$

采动区建筑物抗开采沉陷隔震保护支座的阻尼作用主要由两部分组成:水平方向的阻尼作用和竖直方向的阻尼作用。抗开采沉陷隔震保护支座的在水平方向的阻尼作用主要依赖于上部的铅芯橡胶隔震支座(内含 SMA 丝)铅芯和形状记忆合金丝来提供阻尼作用,所以,该抗开采沉陷隔震保护支座水平方向的阻尼比 ξ_{H} 等于铅芯橡胶隔震支座(内含 SMA 丝)铅芯和形状记忆合金 SMA 丝二者的水平方向阻尼比 ξ 之和。要想满足实际结构减震的需要,主要是通过调节铅芯橡胶垫中铅芯的直径和形状记忆合金 SMA 丝来改变其阻尼特性;对铅芯橡胶垫的竖向刚度进行理论分析和数值模拟计算主要是采用线弹性的计算理论,基本上忽略其阻尼作用,因此,抗开采沉陷隔震保护装置的竖向阻尼作用主要是靠导向套筒内部的黏滞阻尼器和与之并列的碟形弹簧提供;通过黏滞阻尼器和碟形弹簧二者的黏滞阻尼作用,控制黏滞阻尼器压缩和释放碟形弹簧,足够抵抗上部建筑结构的竖向减震、开采沉陷变形所引起的地基不均匀沉降。

该抗开采沉陷隔震保护支座的物理组成非常简单,在开采沉陷变形引起的地表移动变形作用下或水平地震的作用下,抗开采沉陷隔震保护支座传力途径明确,而且可以根据实际的条件需要,进行组装设计而得到满足使用要求得比较适宜的三维刚度和阻尼。

2. 煤矿采动区建筑抗开采沉陷隔震保护保护装置的滞回性能分析

采动区抗开采沉陷隔震保护装置(图 9.24)的组成部分涉及黏滞耗能阻尼器,由于普通黏滞阻尼器的单位循环耗能、等效刚度、阻尼系数等参数与外部荷载有直接的关系,所以本节模拟并分析循环荷载的位移幅值、频率对采动区抗开采沉陷隔震保护装置的滞回耗能性能的影响。

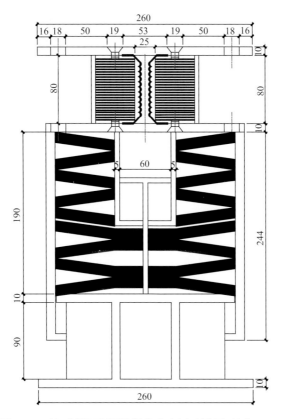

图 9.24 抗开采沉陷隔震保护支座尺寸详图(单位:mm)

通过查阅《建筑抗震设计规范》(GB 50011—2010)的 12.3.6 条的规定[29],在环境、温度条件变化的情况下,对与速度相关的(或者是加速度相关的)阻尼器,一般要求其加载频率维持在 0.1~4Hz,再加上对硅油阻尼器的间隙研究较少,尤其是目前硅油阻尼器的间隙系数的变化规律尚不清楚,在前人的研究基础上,根据已知的黏度衰减系数 $m=0.4$ 进行分析。

为了研究采动区抗开采沉陷隔震保护装置的滞回耗能的性能(重点考察抗开采沉陷隔震保护支座的抵抗低周循环荷载的耗能能力),通过分析其构造的合理性和各个组成部件的组合性能。采用有限元软件对抗开采沉陷隔震保护装置进行数值模拟分析,由于抗开采沉陷隔震保护装置中的橡胶支座的连接钢板只起到固定连接的作用,基本上没有消耗能量。所以,在进行分析时,将两端连接钢板作为刚体处理,对其内部核心组成部分,按照其实际物理性质进行设计和模拟分析。因为所设计的抗开采沉陷隔震保护支座各部件必须考虑接触现象,所以采用面面接触的方式的进行处理,主要是以绑接接触(主要是用 tie 的连接方式)的形式来处理橡胶支座中的叠层橡胶、钢板和铅芯彼此间的接触面,硬接触(hard 的连接方式)形式主要用来处理接触面的法向方向,库仑摩擦形式则主要是对切向方向的处理,摩擦系数在一般情况下取为 0.5(其中铅和橡胶的摩擦系数,一般都要求为 0.4～0.8)。

(1) 叠层橡胶支座参数。

橡胶层有效承压直径 d 为 200mm,橡胶层中间开孔之间 d_0 为 25mm,橡胶垫外保护层厚度为 6mm,叠层橡胶支座总高度 H 为 80mm,其中包括上、下两层厚钢板,各 10mm,夹层钢板厚 t_s 为 1.5mm,共 13 层,橡胶层厚度 t_r 为 2.82mm,共 14 层,即 $80 \approx 2 \times 10 + 1.5 \times 13 + 2.82 \times 14$,支座上下联结钢板厚度 t_0 也为 10mm,上、下联结钢板边长 L 为 260mm,由以上数据可以得出

$$S_1 = \frac{单层橡胶有效承压面积}{单层橡胶自由表面积} = \frac{\pi(d^2 - d_0^2)/4}{\pi(d + d_0)t_r} = \frac{d - d_0}{4t_r} = \frac{200 - 25}{11.28} \approx 15.51$$

$$S_2 = \frac{橡胶承压体直径}{橡胶总厚度} = \frac{d}{nt_r} = \frac{200}{14 \times 2.82} = \frac{200}{39.48} \approx 5.07$$

说明:

第一形状系数 S_1 越大,则表示整个橡胶隔震支座的竖向刚度就越大,且其竖向承载力也就越大。

第二形状系数 S_2 越大,表示整个橡胶隔震支座的稳定性越好。

叠层橡胶支座几何参数及力学参数如 9.7～表 9.11 所示。

表 9.7　叠层橡胶支座几何参数

单层橡胶厚度 t_r /mm	橡胶层数 n	夹层钢板厚度 t_s /mm	钢板层数 n	连接钢板厚度/mm	支座高度 h/mm	中孔直径 d_0/mm	形状系数 S_1	形状系数 S_2
2.82	11	1.5	10	12	80	40	15.51	5.07

表 9.8　橡胶支座材料力学参数

邵氏硬度	标准弹性模量 E /MPa	标准剪切模量 E /MPa	体积约束弹性模量 E/MPa	硬度修正系数 k	钢板极限抗拉屈服强度/MPa
44	1.84	0.55	2070	0.8	380

（2）形状记忆合金主要力学参数。

表 9.9　形状记忆合金主要力学参数

直径	成分	马氏体相变结束温度 M_f	马氏体相变开始温度 M_s	奥氏体相变开始温度 A_s	奥氏体相变结束温度 A_f	热膨胀系数 α	与材料有关的常数 f_T	弹性刚度 c	与材料有关的常数 a	屈服应力 Y	弹性模量 E
0.5mm	Ti44.19at%Ni	−65	−40	−30	−5	0.018	0.035	0.001	900	3.34×10^8	5.5×10^{10}

（3）碟形弹簧力学参数。

表 9.10　碟形弹簧主要力学参数

外径 D/mm	内径 d/mm	厚度 t/mm	无支撑面碟簧压平时变形量的计算值 h_0/mm	单个碟簧的自由高度 H_0/mm	单个碟簧的变形量 $f(0.75h_0)/\text{mm}$	单个碟簧的变形量在 $f=0.75h_0$ 时的负荷 $F(0.75h_0)/\text{N}$	计算应力 $\sigma_{OM}{}^b/(\text{N/mm})$
200	102	12	4.2	16.2	3.15	183000	1210

注：碟形弹簧属于系列 A，$D/t \approx 18$；$h_0/t \approx 0.4$；$E = 206000 \text{N/mm}^2$；$\mu = 0.3$。

（4）黏滞阻尼器的具体设计参数。

表 9.11　黏滞阻尼器设计参数

内径/mm	外径/mm	长度/mm	间隙/mm	行程/mm	阻尼介质	运动黏度/(mm²/s)
60	70	190	0.2	100	二甲基硅油	2×10^5

抗开采沉陷隔震保护装置中的水平隔震支座选择的是主要用于接触分析和弹塑性分析的 C3D8R（即 8 节点六面体线性减缩积分单元）。为了保证抗开采沉陷隔震保护装置获得理想的隔震特性，要求抗开采沉陷隔震保护装置始终处于弹性变形阶段，所以选用的是各向同性的弹性模型，其中橡胶的特征参数弹性模量 $E = 280\text{MPa}$，$\upsilon = 0.42$，设计强度为30N/mm²。钢板 $E = 2.1 \times 10^5 \text{MPa}$，泊松比 $\upsilon = 0.3$。抗开采沉陷隔震保护装置中的叠层橡胶隔震支座与支座板之间的连接设有接触对（该接触对主要由主面和从面构成），其中水平套筒为主面，叠层橡胶隔震支座和碟形弹簧的面设置成从面。为了获得理想的数值计算结果，网格划分采用的是六面体结构扫掠式划分，并要求从面的网格比主面的网格要密。采用"硬接触"作为接触属性的面法向处理原则，由于在计算机进行加载时速度很快，一般可以忽略加载速度与摩擦系数的关系。并假定库仑定律满足所有的接触面接触法则，并将摩擦系数处理成常数，摩擦系数取 0.5（即要求动摩擦系数与静摩擦系数一致）。

利用计算机模拟采动区抗开采沉陷隔震保护装置在两端低周反复的位移荷载的加载（通过位移控载的加载方式来进行加载，方向以水平向右为正），并且通过不同初始位移

和不同位移幅值下的循环拉伸来分析采动区抗开采沉陷隔震保护装置的耗能滞回性
能，其中加载过程主要利用以下两种加载方式：剪切位移加载方式、转角位移加载方
式。加载方式均以分别递增的方式加载，每次加载增加最大荷载的 25%（频率为
0.25Hz），如图 9.25 所示。

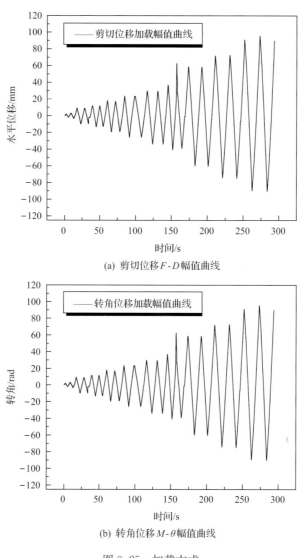

(a) 剪切位移 $F\text{-}D$ 幅值曲线

(b) 转角位移 $M\text{-}\theta$ 幅值曲线

图 9.25　加载方式

　　通过分析计算机模拟分析的结果可知，在不同的加载方式作用下所得到的采动区抗
开采沉陷隔震装置的 $F\text{-}D$（剪力-剪切位移）滞回曲线和 $M\text{-}\theta$（弯矩-转角位移）滞回曲线，
如图 9.26、图 9.27 所示。通过图可以看出，抗开采沉陷隔震保护装置的滞回环的曲线形
状是非常理想的饱满状态，并且所围成的面积也比较较大，由此可以表明，采动区抗震、抗
变形双重装置的抵抗低周反复循环荷载的能力强，同时也说明了其耗能能力强。

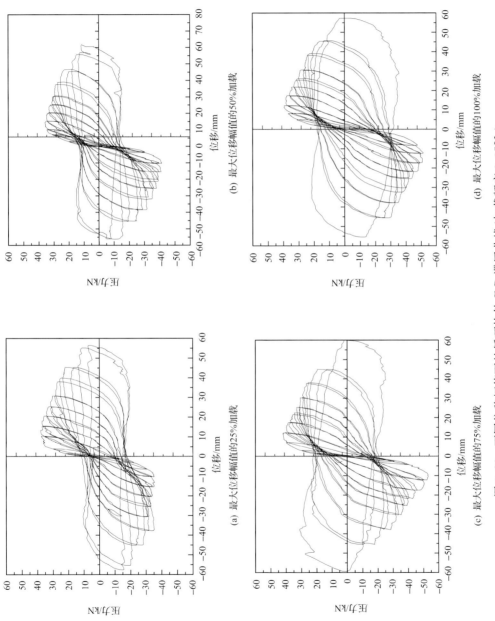

图 9.26 不同位移幅值下的循环构件 F-D 滞回曲线（加载频率 0.05Hz）

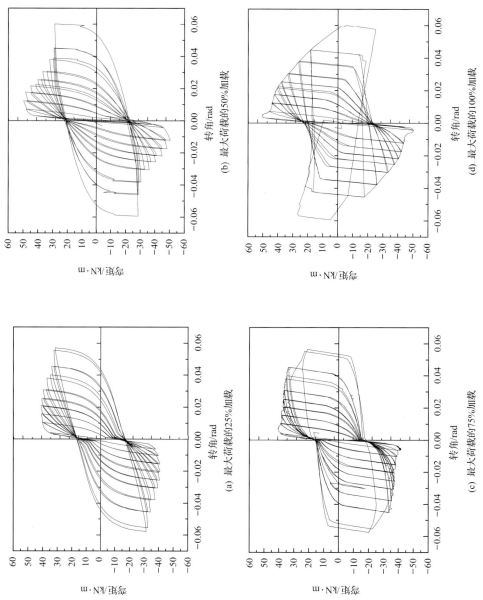

(a) 最大荷载的25%加载

(b) 最大荷载的50%加载

(c) 最大荷载的75%加载

(d) 最大荷载的100%加载

图 9.27　在不同加载幅率值下的循环拉伸 M-θ 滞回曲线

通过分析其滞回曲线可知,在不同加载条件下,采动区抗震、抗变形双重装置的滞回曲线的形状差异较大:对于剪力-剪切位移(F-D)滞回曲线来说,发现其有外鼓的现象,在理论分析和数值模拟分析的基础上,这主要是由于铅芯橡胶隔震支座中的铅芯在进行耗能的同时,整个支座有可能会围绕铅芯扭转,进而导致整个抗震、抗变形双重装置也出现了一定程度的扭转现象。通过分析弯矩-转角位移(M-θ)滞回曲线可知,铅芯橡胶隔震支座中的橡胶、钢板和铅芯的变形主要受隔震支座中钢板在圆形的环向带动的影响,所以,可以在一定程度上抑制扭转效应。

根据两组不同的滞回曲线的特点,从总体上来看,采动区抗开采沉陷隔震保护装置在屈服前,其整体刚度相对较大,当屈服时对抗开采沉陷隔震保护装置继续加载,随着其变形的不断加大,所产生的阻尼力也随之增大,通过分析其滞回曲线的形状和饱满程度可知,该装置的抵抗荷载的耗能能力较好地体现了抗开采沉陷隔震保护装置的铅芯橡胶隔震支座中铅芯耗能、碟形弹簧和黏滞阻尼器耗能的特点。采动区抗开采沉陷隔震保护装置充分利用了铅芯橡胶支座中铅良好的剪切挤压耗能滞回变形和黏滞阻尼器黏弹性材料的剪切滞回变形两种耗能机制(碟形弹簧主要提高竖向减振效能和抵抗开采沉陷变形,可附加阻尼装置)。通过数值模拟的滞回曲线分析可知,采动区抗开采沉陷隔震保护装置中的这两种耗能隔震装置,协同工作性能相对稳定,二者的共同耗能性能明显好于单独工作时的性能。

3. 结果分析

通过对比不同参数的采动区抗开采沉陷隔震保护装置在两种不同的加载作用方式下的模拟分析,可以初步得出以下结论。

(1)采动区抗开采沉陷隔震保护装置的滞回曲线饱满,体现该保护装置优良的耗能能力,同时也表现出了变形能力较强的特点。

(2)采动区抗开采沉陷隔震保护装置充分利用了铅芯橡胶支座、黏滞阻尼器以及碟形弹簧三种不同的耗能材料和耗能机制,进而保证他们能够同时耗能,体现出了他们耗能能力强、滞回性能稳定、变形能力大、造型美观、构造简单、适用范围广、占用空间小,因而在采动区建筑物保护中应该具有比较广阔的应用前景。

9.10　本章小结

本章基于结构动力学、开采沉陷学与工程结构波动理论,根据煤矿采动区复杂恶劣的工业环境及煤矿采空区建筑物需要同时承受煤矿采动引起的开采沉陷损害和地震的动力破坏作用,建立了煤矿采动损害与地震联合作用下建筑物的动力学运动方程,基于有限元数值计算,深入探讨了煤矿采动损伤建筑的地震灾变演化机制,指出了地震作用下煤矿采动损伤建筑抗震性能劣化致灾的过程,采用损伤力学和能量理论来探讨煤矿采动损害与地震动力破坏这两种灾害荷载对建筑物的成灾机理,进而搭建起煤矿采动损害和地震这两种灾害荷载的内在联系,并将二者对建筑物的损伤破坏进行统一,本章得到以下研究成果。

（1）煤矿采动岩层及地层结构发生扰动损伤后，明显改变了煤矿采空区巷道-围岩结构体系周围的地震波动场，这主要是由于煤矿采空区岩层的移动变形破断，加剧了煤矿采空区局部几何不规则和介质不均匀性。

（2）提出了煤矿采动荷载与地震联合作用下建筑物动力学模型，重点探讨了地震作用下煤矿采动损伤建筑物的动力学响应，量化分析了煤矿采动损害、地震及二者联合作用下建筑物的损伤破坏程度，煤矿采动损害影响下的建筑物的损伤，主要集中于建筑物的下部楼层，地表移动变形导致结构的薄弱层位置发生损伤后（主要以强度降低和刚度退化的形式表现），在地震作用下，煤矿采动损伤建筑物容易发生扭转振动效应，导致结构薄弱层可能会形成塑性铰，降低了整体结构的抗震性能，严重威胁到建筑物的整体安全性。

（3）建立了基于弹塑性变形和耗散结构理论的煤矿采动损伤建筑物地震灾变的能量耗散演化分析模型，提出了基于能量耗散理论的煤矿采动损伤建筑的抗震性能评估方法，指出了地震作用下煤矿采动损伤建筑的能量演化主要涉及以下四部分能量：塑性变形耗散能量、损伤耗散能量、阻尼耗散能量及与外界所交换的能量。其中塑性变形耗散能量和损伤耗散能量属于灾害能量耗散，会引起建筑物发生不可恢复的塑性变形及损伤，降低建筑物的抗震安全性能，属于重点控制灾害能量。

（4）重点探讨了地震作用下煤矿采动损伤建筑的能量耗散演化过程。地震作用下考虑煤矿采动损害影响的建筑物所发生塑性变形耗散能量和损伤耗散能量均比仅考虑地震作用的建筑物的塑性变形耗散能量和损伤耗散能量增加，说明煤矿采动损伤建筑的地震动力灾变更多的是以建筑物发生不可恢复的塑性变形和损伤为主，建筑物产生的塑性变形耗散能量和损伤耗散能量属于建筑物的不利能量，将会严重降低建筑物的抗震性能，危害建筑物的安全，同时也说明了煤矿采动损害加剧了地震灾害荷载对建筑物的破坏。

（5）针对煤矿采动建筑需要同时承受煤矿采动损害与地震灾害的问题，提出了"地下开采充填—地面建筑抗开采沉陷隔震"的保护策略，在地面煤炭开采过程中，采用充填开采的方法及时对煤矿采空区进行充填开采，同时对地面建筑采取抗开采沉陷隔震保护措施，从根本上减缓和控制岩层移动变形对建筑物的破坏，同时也提高煤矿采动建筑抗开采沉陷变形抵抗地震破坏的能力，从而实现煤矿采动建筑从被动抵抗开采损害和地震破坏到主动防控的目的。所以，"地下开采充填—地面建筑抗开采沉陷隔震"的保护策略，既能控制煤矿采空区的岩层移动变形，又能实现煤矿采动建筑的抗震抗开采沉陷变形保护。

（6）煤矿采动区建筑物抗开采沉陷隔震保护装置克服了地基不均匀沉陷对隔震支座的影响。隔震结构的重点是要防止地基的不均匀沉降，主要是因为地基的不均匀沉降会造成隔震支座受力不均，会严重影响隔震支座和减隔震层的力学性能，进而导致其隔震效果受到影响。而采动区由于地下煤炭的开采所引起的地表不均匀沉降，则是隔震结构设计的难点和重点。开采沉陷变形使普通的隔震支座在采动区的隔震耗能效果大为降低，要保证其隔震效果，就必须保证建筑结构中的各个隔震支座始终受力平衡，且要求各个隔震支座始终处于同一水平线上，不会受到地基不均匀沉降的影响。

通过对比不同参数的煤矿采动区建筑物抗开采沉陷隔震保护装置在两种不同的加载

作用方式下的模拟分析，根据采动区抗开采沉陷隔震保护装置的滞回曲线的丰满程度，体现该保护装置变形能力较强和优良的耗能能力，说明本章所设计的采动区抗开采沉陷隔震保护装置充分利用了铅芯橡胶支座、黏滞阻尼器以及碟形弹簧三种不同的耗能材料和耗能机制，进而保证他们能够同时耗能，体现出了他们耗能能力强、滞回性能稳定、变形能力大等一系列的特点，所以，在采动区建筑物保护中应该具有比较广阔的应用前景。

参 考 文 献

[1] 何满潮，钱七虎. 深部岩体力学基础[M]. 北京：科学出版社，2010.

[2] 国务院. 能源中长期发展规划纲要(2004—2020 年)[R]. 北京，2001.

[3] 中国工程院. 中国能源中长期(2030、2050)发展战略研究[M]. 北京：科学出版社，2011.

[4] 何国清，杨伦. 矿山开采沉陷学[M]. 徐州：中国矿业大学出版社，1994.

[5] 余学义，张恩强. 开采损害学[M]. 北京：煤炭工业出版社，2004.

[6] 张玉卓，徐乃忠. 地表沉陷控制新技术[M]. 徐州：中国矿业大学出版社，1998.

[7] 邹友峰，邓喀中，马伟民. 矿山开采沉陷工程[M]. 徐州：中国矿业大学出版社，2003.

[8] 王来贵，潘一山，赵娜. 废弃矿山的安全与环境灾害问题及其系统科学研究方法[J]. 渤海大学学报：自然科学版，2007，28(2)：97-101.

[9] 朱旺喜，王来贵，王建国，等. 资源枯竭城市灾害形成机理与控制战略研讨[M]. 北京：地质出版社，2003.

[10] 谭志祥，邓喀中. 建筑物下采煤研究进展[J]. 辽宁工程技术大学学报：自然科学版，2006，25(4)：485-488.

[11] 李连济. 中国煤炭城市采空塌陷灾害及防治对策研究[R]. 山西省社会科学院，2005.

[12] 王金庄，郭增长. 中国村庄下采煤的回顾与展望[J]. 中国煤炭，2002，28(5)：28-32.

[13] 来兴平. 西部矿山大尺度采空区衍生动力灾害控制[J]. 北京科技大学学报，2004，26(1)：1-3.

[14] 王来贵，刘向峰，姚再兴，等. 大中型露天煤矿闭坑地质灾害浅析[J]. 中国地质灾害与防治学报，2002，13(3)：51-54.

[15] 梁为民，郭增长. 采动区建筑物保护研究现状及展望[J]. 焦作工学院学报，2000，19(3)：86-89.

[16] 谭志祥. 采动区建筑物地基、基础和结构协同作用理论与应用研究[D]. 徐州：中国矿业大学，2004.

[17] 郭广礼. 老采空区上方建筑地基变形机理及其控制[M]. 徐州：中国矿业大学出版社，2001.

[18] 线登洲. 采空区大型工业建筑关键理论与应用研究[D]. 天津：天津大学，2008.

[19] 吴启红. 矿山复杂多层采空区稳定性综合分析及安全治理研究[D]. 长沙：中南大学，2010.

[20] 张永波. 老采空区建筑地基稳定性及其变形破坏规律的研究[D]. 太原：太原理工大学，2005.

[21] 彭欣. 复杂采空区稳定性及近区开采安全性研究[D]. 长沙：中南大学，2008.

[22] 王正帅. 老采空区残余沉降非线性预测理论及应用研究[D]. 徐州：中国矿业大学，2011.

[23] 胡聿贤. 地震工程学[M]. 北京：地震出版社，2006.

[24] 欧进萍. 结构振动控制-主动、半主动和智能控制[M]. 北京：科学出版社，2003.

[25] 周福霖. 工程结构减震控制[M]. 北京：地震出版社，1997.

[26] 沈聚敏，周锡元，高小旺，等. 抗震工程学[M]. 北京：中国建筑工业出版社，2000.

[27] Wolf J P，吴世明. 土-结构动力相互作用[M]. 北京：地震出版社，1989.

[28] 陈国兴. 岩土地震工程学[M]. 北京：科学出版社，2007.

[29] 建筑抗震设计规范(GB 50011—2010)[S]. 北京：中国建筑工业出版社，2010.

[30] 张克绪，谢君斐. 土动力学[M]. 北京：地震出版社，1989.

[31] R. 克拉夫，J. 彭津. 结构动力学[M]. 王光远等译. 北京：高等教育出版社. 2007.

[32] 廖振鹏. 工程波动理论导论(第二版)[M]. 北京：科学出版，2002.

[33] 钱家欢，殷宗泽. 土工原理与计算(第二版)[M]. 北京：中国水利水电出版社，1980.

[34] 庄海洋. 土-地下结构非线性动力相互作用及其大型振动台试验研究[D]. 南京：南京工业大学，2006.

[35] 王璐. 地下建筑结构实用抗震分析方法研究[D]. 重庆：重庆大学，2011.

[36] 李彬. 地铁地下结构抗震理论分析与应用研究[D]. 北京：清华大学，2005.

[37] 耿萍. 铁路隧道抗震计算方法研究[D]. 成都：西南交通大学，2012.

[38] 严松宏. 地下结构随机地震响应分析及其动力可靠度研究[D]. 成都：西南交通大学，2003.

[39] 孙超. 地铁地下结构抗震性能及分析方法研究[D]. 哈尔滨：中国地震局工程力学研究所，2009.

[40] 张波. 地铁车站地震破坏机理及密贴组合结构的地震响应研究[D]. 北京：北京工业大学，2012.

[41] 姜耀东，赵毅鑫，宋彦琦，等. 放炮震动诱发煤矿巷道动力失稳机理分析[J]. 岩石力学与工程学报，2005，24(17)：3131-3136.

[42] 李华晔. 地下洞室围岩稳定性分析[M]. 北京：中国水利水电出版社，1999.

[43] 章梦涛. 积极开展矿山岩体变形稳定性的研究[J]. 岩石力学与工程学报，1993，12(3)：290-291.

[44] 许增会，宋宏伟，赵坚. 地震对隧道稳定性影响的数值模拟分析[J]. 中国矿业大学学报，2004，33(1)：41-44.

[45] 陶连金，张倬元，傅小敏. 在地震荷载作用下的节理岩体地下洞室围岩稳定性分析[J]. 中国地质灾害与防治学报，1998，9(1)：32-40.

[46] 黄汉富. 薄基岩综放采场覆岩结构运动与控制研究[D]. 徐州：中国矿业大学，2012.

[47] 钱鸣高，石平五. 矿山压力与岩层控制[M]. 徐州：中国矿业大学出版社，2003.

[48] 钱鸣高，缪协兴，何富连. 采场"砌体梁"结构的关键块分析[J]. 煤炭学报，1994，19(6)：557-564.

[49] 谢和平. 矿山岩体力学及工程的研究进展与展望[J]. 中国工程科学，2003，5(3)：31-38.

[50] 魏晓刚，麻凤海，刘书贤. 煤矿采空区的地震动力灾变有安全防控的研究进展与挑战[J]. 地震研究，2015，38(3)：495-507.

[51] Wang S，Yin X，Tang H，et al. A new approach for analyzing circular tunnel in strain-softening rock masses [J]. International Journal of Rock Mechanics & Mining Sciences，2010，47(1)：170-178.

[52] Lafleur J，Mlynarek J，Rollin A L. Filtration of broadly graded cohesion less soils[J]. Journal of Geotechnical Engineering，1989，115(12)：1747-1769.

[53] Kawamoto T，Ichikawa Y，Kyoya T. Deformation and Fracturing Behavior of Discontinuous Rock Mass and Damage Mechanics Theory[J]. Int. J. Num. Analy. geo，1988，12(4)：321-327.

[54] Qian M G. A study of the behavior of overlying strata in longwall mining and its application to strata control[J]. Proceedings of the Symposium on Strata Mechanics，Elsevier Scientific Publishing Company，1981：13-17.

[55] 钱鸣高. 采场上覆岩层岩体结构模型及其应用[J]. 中国矿业学院学报，1982，(2)：1-11.

[56] 缪协兴，钱鸣高. 采场围岩整体结构与砌体梁力学模型[J]. 矿山压力与顶板管理，1995，4(3)：3-12.

[57] 钱鸣高，赵国景. 老顶断裂前后的矿山压力变化[J]. 中国矿业学院学报，1986，15(4)：11-19.

[58] 钱鸣高，李鸿昌. 采场上覆岩层活动规律及其对矿山压力的影响[J]. 煤炭学报，1982，(2)：1-12.

[59] 贾喜荣，杨永善，杨金梁. 老顶初次断裂后的矿压裂隙带[J]. 山西煤炭，1994，(4)：21-22.

[60] 贾喜荣，翟英达，杨双锁. 放顶煤工作面顶板岩层结构及顶板来压计算. 煤炭学报，1998，(4)：25-29.

[61] 贾喜荣，翟英达. 采场薄板矿压理论与实践综述[J]. 矿山压力与顶板管理，1999，3(4)：25-29.

[62] 刘广责,姬刘亭,王志强. 采场上覆关键层弹性薄板断裂条件判定[J]. 煤炭工程,2009,(7):83-86.

[63] 翟所业,张开智. 用弹性板理论分析采场覆岩中的关键层[J]. 岩石力学与工程学报,2004,23(11):1856-1860.

[64] 王红卫,陈忠辉,杜泽超,等. 弹性薄板理论在地下采场顶板变化规律研究中的应用[J]. 岩石力学与工程学报,2006,25(S2):3769-3774.

[65] 林海飞,李树刚,成连华,等. 基于薄板理论的采场覆岩关键层的判别方法[J]. 煤炭学报,2009,33(10):1081-1085.

[66] 华心祝. 倾斜长壁大采高综采工作面围岩控制机理研究[D]. 北京:中国矿业大学(北京),2006.

[67] 钱鸣高,缪协兴. 采场上覆岩层结构的形态与受力分析[J]. 岩石力学与工程学报. 1995,14(2):97-106.

[68] 钱鸣高,缪协兴. 采场矿山压力理论研究的新进展[J]. 矿山压力与顶板管理,1996,(2):17-20.

[69] 钱鸣高,缪协兴,许家林. 岩层控制中关键层的理论研究[J]. 煤炭学报,1996,(3):225-230.

[70] Qian M G,He F L,Miu X X. The system of stata control around longwall face in China,Proceedings,'96 International Symposium on Mining Science and Technology,15-18.

[71] 钱鸣高,茅献彪,缪协兴. 采场覆岩中关键层上覆载荷的变化规律[J]. 煤炭学报,1998,23(2):135-230.

[72] 茅献彪,缪协兴,钱鸣高. 采动覆岩中复合关键层的断裂垮距计算[J]. 岩土力学,1999,20(2):1-4.

[73] 许家林,钱鸣高. 覆岩关键层位置的判断方法[J]. 中国矿业大学学报,2000,29(5):463-467.

[74] 缪协兴,陈荣华,浦海,等. 采场覆岩厚关键层破断与冒落规律分析[J]. 岩石力学与工程学报. 2005,24(8):1289-1295.

[75] 缪协兴,钱鸣高. 超长综放工作面覆岩关键层破断特征及对采场矿压的影响[J]. 岩石力学与工程学报,2003,22(1):45-47.

[76] 钱鸣高,许家林. 覆岩采动裂隙分布的"O"形圈特征研究[J]. 煤炭学报,1998,23(5):466-469.

[77] 钱鸣高,缪协兴,许家林,等. 岩层控制的关键层理论[M]. 徐州:中国矿业大学出版社,2000.

[78] 姜福兴,杨淑华. 采场覆岩空间破裂与采动应力场的微震探测研究[J]. 岩土工程学报,2003,25(1):23-25.

[79] 姜福兴. 微震监测技术在矿井岩层破裂监测中的应用[J]. 岩土工程学报,2002,24(2):147-149.

[80] 康建荣,王金庄. 采动覆岩力学模型及断裂破坏条件分析[J]. 煤炭学报,2002,27(1):16-20.

[81] 王悦汉,邓喀中,吴侃,等. 采动岩体动态力学模型[J]. 岩石力学与工程学报,2003,22(3):352-357.

[82] 任奋华,蔡美峰,来兴平. 采空区覆岩破坏高度监测分析[J]. 北京科技大学学报,2004,26(2):115-117.

[83] 缪协兴,张吉雄. 井下煤矸分离与综合机械化固体充填采煤技术[J]. 煤炭学报,2014,39(8):1424-1433.

[84] 黄先伍. 巷道围岩应力场及变形时效性研究[D]. 徐州:中国矿业大学,2008.

[85] 黄靖龙. 新型机械式可回收端锚杆支护机理及应用研究[D]. 徐州:中国矿业大学,2009.

[86] 孔海陵. 煤层变形与瓦斯运移耦合系统动力学研究[D]. 徐州:中国矿业大学,2009.

[87] 卜万奎. 采场底板断层活化及突水力学机理研究[D]. 徐州:中国矿业大学,2009.

[88] 姚邦华. 破碎岩体变质量流固耦合动力学理论及应用研究[D]. 徐州:中国矿业大学,2012.

[89] 黄艳利. 固体密实充填采煤的矿压控制理论与应用研究[D]. 徐州:中国矿业大学,2012.

[90] 杜锋. 破碎岩体水沙两相渗透特性试验研究[D]. 徐州：中国矿业大学，2013.

[91] 李剑. 含水层下矸石充填采煤覆岩导水裂隙演化机理及控制研究[D]. 徐州：中国矿业大学，2013.

[92] 薛道成. 煤矿巷道锚杆无损检测技术及在西山矿区的应用研究[D]. 徐州：中国矿业大学，2013.

[93] 刘展. 煤矿矸石压实力学特性及其在充填采煤中的应用[D]. 徐州：中国矿业大学，2014.

[94] 李猛，张吉雄，缪协兴，等. 固体充填体压实特征下岩层移动规律研究[J]. 中国矿业大学学报，2014，43(6)：969-973，980.

[95] 刘书贤，魏晓刚，麻凤海，等. 深部采动覆岩移动变形致灾的试验分析[J]. 水文地质工程地质，2013，40(4)：88-92，105.

[96] 于学馥. 信息时代岩土力学与采矿计算初步[M]. 北京：科学出版社，1991.

[97] 刘书贤，魏晓刚，张弛，等. 煤矿多煤层重复采动所致地表移动与建筑损坏分析[J]. 中国安全科学学报，2014，24(3)：59-65.

[98] 段晓牧. 煤矸石集料混凝土的微观结构与物理力学性能研究[D]. 徐州：中国矿业大学，2014.

[99] 刘书贤，魏晓刚，王伟，等. 深部采动覆岩破断的力学模型及沉陷致灾分析[J]. 中国安全科学学报，2013，23(12)：71-77.

[100] 康立勋. 大同综采工作面端面漏冒及其控制[D]. 徐州：中国矿业大学，1994.

[101] 刘天泉. 矿山岩体采动影响与控制工程学及其应用[J]. 煤炭学报，1995，20(1)：1-5.

[102] 靳钟铭，徐林生. 煤矿坚硬顶板控制[M]. 北京：煤炭工业出版社，1994.

[103] Arutyunyan N, Metlov V V. Some problems in the theory of creep in bodies with variable boundaries[J]. Mechanics of Solids，1982，17(5)：92-103.

[104] Peng S S. Coal mine ground control[M]. New York：John Wiley&Sons，Inc，1978.

[105] S. S. 彭. 煤矿地层控制[M]. 高博彦，韩持，译. 北京：煤炭工业出版社，1984.

[106] 马行东. 地震动荷载作用下地下洞室响应的初步分析[D]. 武汉：中国科学院研究生院(武汉岩土力学研究所)，2005.

[107] 马行东，李海波，肖克强，等. 动荷载作用下地下岩体洞室应力特征的影响因素分析[J]. 防灾减灾工程学报，2006，26(2)：164-169，228.

[108] 李海波，马行东，邵蔚，等. 地震波参数对地下岩体洞室位移特性的影响分析[J]，岩石力学与工程学报，2005，24(A01)：4627-4634.

[109] 孙有为. 地下洞室的几何性质对松动圈的影响[D]. 哈尔滨：中国地震局工程力学研究所，2006.

[110] 孙有为. 地下硐室围岩松动圈的地震反应研究[D]. 哈尔滨：中国地震局工程力学研究所，2010.

[111] 刘向峰. 采动损伤地层结构地震响应研究[D]. 阜新：辽宁工程技术大学，2005.

[112] 刘刚. 条带开采煤柱静动态稳定性研究[D]. 西安：西安科技大学，2011.

[113] 唐礼忠，周建雄，张君，等. 动力扰动下深部采空区围岩力学响应及充填作用效果[J]. 成都理工大学学报：自然科学版，2012，39(6)：623-628.

[114] 吕涛. 地震作用下岩体地下洞室响应及安全评价方法研究[D]. 武汉：中国科学院研究生院(武汉岩土力学研究所)，2008.

[115] 张玉敏. 大型地下洞室群地震响应特征研究[D]. 武汉：中国科学院研究生院(武汉岩土力学研究所)，2010.

[116] 谷宁. 水电站地下洞室节理围岩的地震稳定性分析[D]. 大连：大连理工大学，2011.

[117] 汪海波. 煤矿爆破地震效应对巷道稳定性影响及控制研究[D]. 淮南：安徽理工大学，2013.

[118] 张彦宾. 条带开采工程非线性动力稳定性研究[D]. 焦作：河南理工大学，2012.

[119] 言志信，史盛，党冰，等. 水平地震力作用下岩体破坏机理探究[J]. 地震工程学报，2013，

　　　　35(2)：203-207.

[120] 崔臻，盛谦，冷先伦，等. 大型地下洞室群地震动力灾变研究综述[J]，防灾减灾工程学报，
　　　　2013，33(5)：606-616.

[121] 赵宝友. 大型岩体洞室地震响应及减震措施研究[D]. 大连：大连理工大学，2009.

[122] 佘诗刚，董陇军. 从文献统计分析看中国岩石力学进展[J]. 成都理工大学学报：自然科学版，
　　　　2013，32(3)：442-464.

[123] Xia X，Li J R，Li H B，et al. Study of damage characteristics of rock mass under blasting load in
　　　　Ling'ao nuclear power station，Guangdong Province[J]. Chinese Journal of Rock Mechanics and
　　　　Engineering，2007，26(12)：2510-2516.

[124] 王辉. 爆炸荷载下岩石爆破损伤断裂机理研究[D]. 西安：西安科技大学，2003.

[125] Wang M Y，Qian Q H. Attenuation law of explosive wave propagation in cracks[J]. Chinese
　　　　Journal of Geotechnical Engineering，1995，17(2)：42-46.

[126] 钱七虎，陈士海. 爆破地震效应[J]. 爆破，2004，21(2)：1-5.

[127] Ju Y，Li Y X，Xie H P，et al. Stress wave propagation and energy dissipation in jointed rocks[J].
　　　　Chinese Journal of Rock Mechanics and Engineering，2006，25(12)：2426-2434.

[128] 席道瑛，刘卫，易良坤，等. 在不同饱和流体条件下大理岩砂岩应力波的衰减[J]. 岩石力学与工
　　　　程学报，1996，15(S1)：456-459.

[129] Wang Z J，Li H L，Ge K，et al. Free-field stress wave propagation induced by underground chem-
　　　　ical explosion in granite[J]. Chinese Journal of Rock Mechanics and Engineering，2003，22(11)：
　　　　1827-1831.

[130] 李欢秋，卢芳云，吴祥云，等. 应力波在有地下复合结构的岩石介质中传播规律研究[J]. 岩石力
　　　　学与工程学报，2003，22(11)：1832-1836.

[131] Lu W B，Hustrulid W. An improvement to the equation for the attenuation of the peak particle
　　　　velocity[J]. Engineering Blasting，2002，8(3)：1-4.

[132] 杨军，高文学，金乾坤. 岩石动态损伤特性实验及爆破模型[J]. 岩石力学与工程学报，2001，
　　　　20(3)：320-323.

[133] Wang M Y，Fan P X，Li W P. Mechanism of splitting and unloading failure of rock[J]. Chinese
　　　　Journal of Rock Mechanics and Engineering，2010，29(2)：234-239.

[134] 王明洋，戚承志，钱七虎. 岩体中爆炸与冲击下的破坏研究[J]. 辽宁工程技术大学学报：自然科
　　　　学版，2001，20(4)：385-389.

[135] 单仁亮，薛友松，张倩. 岩石动态破坏的时效损伤本构模型[J]. 岩石力学与工程学报，2003，
　　　　22(11)：1771-1776.

[136] 魏晓刚. 考虑土-结构相互作用的采动区建筑物抗震抗变形双重保护装置减震分析[D]. 阜新：辽
　　　　宁工程技术大学，2011.

[137] 陈健云，胡志强，林皋. 超大型地下洞室群的三维地震响应分析[J]. 岩土工程学报，2001，
　　　　23(4)：494-498.

[138] 赵宝友，马震岳，丁秀丽. 不同地震动输入方向下的大型地下岩体洞室群地震反应分析[J]. 岩
　　　　石力学与工程学报，2010，29(S1)：3395-3402.

[139] 马行东. 用FLAC～(3D)模拟动荷载作用下地下洞室的力学效应[J]. 水电站设计，2010，
　　　　26(4)：20-22.

[140] 李海波，马行东，李俊如，等. 地震荷载作用下地下岩体洞室位移特征的影响因素分析[J]. 岩土
　　　　工程学报，2006，28(3)：358-362.

[141] 李海波，刘博，吕涛，等. 一种简单的岩体地下洞室地震安全评价方法[J]. 岩土力学，2009，30(7)：1873-1882.

[142] 王如宾，徐卫亚，石崇，等. 高地震烈度区岩体地下洞室动力响应分析[J]. 岩石力学与工程学报，2009，28(3)：568-575.

[143] 梁建文，巴振宁. 层状半空间中洞室对平面 SH 波的放大作用[J]. 地震工程与工程振动，2012，32(2)：14-24.

[144] 梁建文，李帆，刘中宪. 地铁隧道群对地震动的放大作用[J]. 地震工程与工程振动，2011，31(2)：31-39.

[145] 梁建文，张季，巴振宁. 层状半空间中洞室群对地震动的时域放大作用[J]. 地震工程与工程振动，2012，45(S1)：152-157.

[146] 李帆. 地铁隧道群对地震动的影响[D]. 天津：天津大学，2008.

[147] 冯领香. 断层场地对弹性波的散射[D]. 天津：天津大学，2008.

[148] 荣棉水，李小军. 局部地形对出平面运动谱特性的影响分析[J]. 中国地震，2007，23(2)：147-156.

[149] 刘必灯，周正华，刘培玄，等. SV 波入射情况下 V 型河谷地形对地震动的影响分析[J]. 地震工程与工程振动，2011，31(2)：17-24.

[150] 喻畑，李小军. 基于 NGA 模型的汶川地震区地震动衰减关系[J]. 岩土工程学报，2012，34(3)：552-558.

[151] 喻畑，李小军. 汶川地震余震震源参数及地震动衰减与场地影响参数反演分析[J]. 地震学报，2012，34(5)：621-632.

[152] 陈国兴，战吉艳，刘建达，等. 远场大地震作用下深软场地设计地震动参数研究[J]. 岩土工程学报，2013，35(9)：1591-1599.

[153] 刘天泉. 波兰城镇建筑物下采煤的建筑物加固、维修和迁建可行性技术经济分析方法[J]. 矿山测量，1986，(6)：50-54.

[154] 周国铨，崔继宪，刘广容. 建筑物下采煤[M]. 北京：煤炭工业出版社，1983.

[155] 英国煤炭局，地面沉陷工程师用手册[M]. 董其逊，译. 北京：煤炭工业出版社，1980.

[156] Peng S S. Surface Subsidence Engineering[M]. The Society for Mining, Metallurgy, and Exploration, Inc. 1992.

[157] H. 克拉茨. 采动损害及其防护[M]. 马伟民，王金庄，王绍林，译. 北京：煤炭工业出版社，1984.

[158] Tsai S, Chen W S, Chiang T C, et al. Component and shaking table tests for full-scale multiple friction pendulum system[J]. Earthquake Engineering and Structural Dynamics，2006，35(11)：1653-1675.

[159] Morishita M, Inoue K, Fujtatakafumi. Development of three-dimensional seismic isolation systems for fast reactor for earthquake[J]. Joural of Japan Association For Earthquake Engineering，2004，4(3)(Special Issue)：305-310.

[160] Malekzadeh M, Taghikhany T. Adaptive behavior of double concave friction pendulum bearing and its advantages over friction pendulum systems[J]. Scientia Iranica March, Transaction A：Civil Engineering，2010，17(2)：81-88.

[161] 牛宗涛. 采动区建筑物变形特性研究与工程应用[D]. 西安：西安科技大学，2008.

[162] 夏军武，袁迎曙，董正筑. 采动区地基、独立基础与框架结构共同作用的力学模型[J]. 中国矿业大学学报，2007，36(1)：33-37.

[163] 夏军武, 郭广礼, 王守祥, 等. 框架结构抗变形性能的研究现状和展望[J]. 东南大学学报: 自然科学版, 2002, 32(S): 348-351.

[164] 夏军武, 郭广礼, 王守祥, 等. 框架结构抗变形性能的研究综述[J]. 东南大学学报, 2002, 32: 348-351.

[165] 郑玉莹, 夏军武, 熊军辉, 等. 采动区框架结构主动抗变形支座及其力学性能研究[J]. 山东科技大学学报, 2012, 31(1): 62-66.

[166] 谭志祥. 采动区建筑物地基-基础和结构协同作用理论与应用研究[D]. 徐州: 中国矿业大学, 2004.

[167] 谭志祥, 邓喀中. 采动区建筑物地基、基础和结构协同作用力学模型[J]. 中国矿业大学学报, 2004, 33(3): 264-267.

[168] 查剑锋, 郭广礼, 狄丽娟, 等. 高压输电线路下采煤防护措施探讨[J]. 矿山压力与顶板管理, 2005, 22(1): 112-114.

[169] 苏仲杰, 刘文生. 减缓地表沉降的覆岩离层注浆新技术的研究[J]. 中国安全科学学报, 2001, 11(4): 21-24.

[170] 赵德深. 煤矿区采动覆岩离层分布规律与地表沉陷控制研究[D]. 阜新: 辽宁工程技术大学, 2000.

[171] 苏仲杰. 采动覆岩离层变形机理研究[D]. 阜新: 辽宁工程技术大学, 2001.

[172] 杨逾. 垮落带注充控制覆岩移动机理研究[D]. 阜新: 辽宁工程技术大学, 2007.

[173] 煤科总院唐山分院, 徐州矿务局等. 徐州庞庄矿大户群高潜水位就地重建村庄下采煤技术研究报告[R]. 煤科总院唐山分院, 徐州矿物局等, 1995.

[174] 段敬民. 矿山塌陷区房屋抗采动理论及加固技术研究[D]. 成都: 西南交通大学, 2005.

[175] 于广云, 夏军武, 王东权. 采动区铁路桥沉陷加固治理[J]. 中国矿业大学学报, 2004, 33(1): 59-61.

[176] 常虹. 采动区地基与水闸结构相互作用机理及加固技术研究[D]. 徐州: 中国矿业大学, 2013.

[177] 孙冬明. 采动区送电线路铁塔力学计算模型及塔—线体系共同作用机理研究[D]. 徐州: 中国矿业大学, 2010.

[178] 井征博, 路世豹, 蔡文进, 等. 采动引起的地表变形对框剪结构的影响[J]. 青岛理工大学学报, 2011, 32(2): 27-32.

[179] 井征博. 钢筋混凝土框剪结构在采动影响条件下的抗震性能分析研究[D]. 青岛: 青岛理工大学, 2010.

[180] 吴艳霞. 青岛地铁隧道施工引起地面沉降对建筑物影响规律与防治研究[D]. 青岛: 青岛理工大学, 2012.

[181] 周长海. 不均匀沉降对钢筋混凝土框架结构影响的研究[D]. 青岛: 青岛理工大学, 2010.

[182] 张春礼. 采动与地震共同作用下建筑物的破坏过程研究[D]. 青岛: 青岛理工大学, 2009.

[183] 杨鑫欣. 采动影响下钢筋混凝土框架结构的弹塑性动力分析和损伤评估[D]. 青岛: 青岛理工大学, 2011.

[184] 于广云. 采动区大变形扰动土物理力学性质演变及工程响应研究[D]. 徐州: 中国矿业大学, 2009.

[185] 段敬民. 采动区可升降点式基础房屋抗变形理论探讨[J]. 焦作工学院学报, 1998, 17(1): 44-49.

[186] 张永波. 老采空区建筑地基稳定性及其变形破坏规律的研究[D]. 太原: 太原理工大学, 2005.

[187] 刘书贤, 魏晓刚, 张弛, 等. 煤矿采动与地震耦合作用下建筑物灾变分析[J]. 中国矿业大学学

报，2013，42(4)：526-534.

[188] 刘书贤，郭涛，魏晓刚，等. 地震作用下煤矿开采损伤建筑的能量耗散演化致灾分析[J]. 地震研究，2014，37(3)：442-449.

[189] 吴启红. 矿山复杂多层采空区稳定性综合分析及安全治理研究[D]. 长沙：中南大学，2010.

[190] 罗一忠. 大面积采空区失稳的重大危险源辨识[D]. 长沙：中南大学，2005.

[191] 王金东. 采空沉陷区天然气管道的危险性评价[D]. 西安：西安科技大学，2013.

[192] 陈炎光，陈冀飞. 中国煤矿开拓系统[M]. 徐州：中国矿业大学出版社，1996.

[193] 魏晓刚，麻凤海，刘书贤. 煤矿采动建筑地震动力灾变与防控研究的现状与发展趋势[J]. 地震研究，2015，38(4)：674-688.

[194] 于媛媛. 山岭隧道衬砌结构震害机理研究[D]. 哈尔滨：中国地震局工程力学研究所，2013.

[195] 李鸿昌. 矿山压力的相似模拟试验[M]. 徐州：中国矿业大学出版社，1988.

[196] 姜福兴. 矿山压力与岩层控制[M]. 北京：煤炭工业出版社，2004.

[197] 窦林名，何学秋. 冲击矿压防治理论与技术[M]. 徐州：中国矿业大学出版社，2001.

[198] 刘土光，张涛. 弹塑性力学基础理论[M]. 武汉：华中科技大学出版社，2008.

[199] 王志国，周宏伟，谢和平，等. 深部开采对覆岩破坏移动规律的实验研究[J]. 实验力学，2008，23(6)：503-510.

[200] 史俊伟，魏中举，刘庆龙，等. 基于正交试验的煤矿安全开采充填材料配比优化研究[J]. 中国安全科学学报，2011，21(6)：111-115.

[201] 史红，姜福兴. 采场上覆大厚度坚硬岩层破断规律的力学分析[J]. 岩石力学与工程学报，2004，23(18)：3066-3069.

[202] 邓喀中，张冬至，张周权. 深部开采条件下地表沉陷预测及控制探讨[J]. 中国矿业大学学报，2000，29(1)：52-55.

[203] 王志国，周宏伟，谢和平. 深部开采上覆岩层采动裂隙网络演化的分形特征研究[J]. 岩土力学，2009，30(8)：2403-2408.

[204] 罗俊财. 深部开采引起的地表沉降规律研究[D]. 重庆：重庆大学，2009.

[205] 李铀，白世伟，杨春和，等. 矿山覆岩移动特征与安全开采深度[J]. 岩土力学，2005，26(1)：27-32.

[206] 于广明，董春胜，邹建喜，等. 资源枯竭矿区深井开采引起地层再破坏的复杂性研究[J]. 岩石力学与工程学报，2004，23(14)：2341-2345.

[207] 田家勇，张国宏，王恩福. 煤田采空区对地面地震动的影响[J]. 中国安全科学学报，2006，16(2)：5-11.

[208] 梁建文，巴振宁. 弹性层状半空间中沉积谷地对入射平面 SH 波的放大作用[J]. 地震工程与工程振动，2007，27(3)：1-9.

[209] 刘彪，陆菜平，窦林名，等. 震动波在煤岩介质中传播特性的模拟研究[J]. 煤炭学报，2011，36(S2)：247-253.

[210] 蔡美峰，李玉民，来兴平，等. 大柳塔煤矿采空区动力失稳机理[J]. 辽宁工程技术大学学报：自然科学版，2009，28(1)：1-4.

[211] 潘结南，孟召平，刘宝民. 煤系岩石的成分、结构与其冲击倾向性关系[J]. 岩石力学与工程学报，2005，24(24)：4422-4427.

[212] 梁建文，冯领香，巴振宁. 含断层破碎带场地对平面 SH 波的放大作用[J]. 地震学报，2010，32(3)：300-309.

[213] 孟召平，彭苏平，屈洪亮. 煤层顶底板岩石成分和结构与其力学性质的关系[J]. 岩石力学与工

程学报，2000，19(2)：136-130.

[214] 魏晓刚，麻凤海，刘书贤. 爆破开采对采穿区地面建筑抗震性能的影响分析[J]. 中国安全科学学报，2015，25(9)：102-108.

[215] Krauthammer T. Shallow buried RC box-type structures[J]. Journal of Structural Engineering，1984，110(3)：637-651.

[216] 夏致晰. 煤矿巷道受爆炸应力波作用效应及战时利用研究[D]. 徐州：中国矿业大学，2004.

[217] 戴俊. 岩石动力学特性与爆破理论[M]. 北京：冶金工业出版社，2002.

[218] 王礼立. 应力波基础[M]. 北京：国防工业大学出版社，1985.

[219] 宋守志. 固体介质中的应力波[M]. 北京：煤炭工业出版社，1989.

[220] Smith P D，Hetherington J G. Blast and ballistic loading of structu-res[M]. Oxford：Butter-worth-Heinemann Ltd，1994.

[221] 高层建筑混凝土结构技术规程(JGJ3—2010)[S]. 北京：中国建筑工业出版社，2010.

[222] 孙海峰. 地下结构地震破坏机理研究[D]. 哈尔滨：中国地震局工程力学研究所，2011.

[223] 俞茂宏，刘奉银，胡小荣. Mohr-Coulomb 强度理论与岩土力学基础理论研究[J]. 岩石力学与工程学报，2001，20(S1)：841-845.

[224] 王玉镯，傅传国. ABAQUS 结构工程分析及实例详解[M]. 北京：中国建筑工业出版社，2010.

[225] 王勖成. 有限单元法[M]. 北京：清华大学出版社，2003.

[226] 庄苗，由小川，等. 基于 ABAQUS 的有限元分析和应用[M]. 北京：清华大学出版社，2009.

[227] 陆新征，叶列平，廖志伟，等. 建筑抗震弹塑性分析-原理、模型与在 ABAQUS，MSC，MARC 和 SAP2000 上的实践[M]. 北京：中国建筑工业出版社，2009.

[228] 魏晓刚. 煤矿巷道与采穿区岩体结构地震动力灾变及地面建筑抗震性能劣化研究[D]. 阜新：辽宁工程技术大学，2015.

[229] 徐芝纶. 弹性力学[M]. 北京：高等教育出版社，2006.

[230] 廖振鹏. 工程结构波动理论[M]. 北京：科学出版社，2004.

[231] 李元鑫，朱哲明，刘凯，等. 裂纹方向对隧道稳定性影响规律的研究[J]. 岩土力学，2014，35(S1)：189-194.

[232] 李永乾，朱哲明，胡荣. 主应力方向对隧道稳定性影响规律的研究[J]. 四川大学学报：工程科学版，2012，44(S1)：93-98.

[233] 东南大学、天津大学、同济大学. 混凝土结构设计原理(第五版)[M]. 北京：中国建筑工业出版社，2012.

[234] 张晓春，卢爱红，王军强. 动力扰动导致巷道围岩层裂结构及冲击矿压的数值模拟[J]. 岩石力学与工程学报，2006，25(S1)：3110-3114.

[235] 姜耀东，赵毅鑫，宋彦琦，等. 放炮震动诱发煤矿巷道动力失稳机理分析[J]. 岩石力学与工程学报，2005，24(17)：3131-3136.

[236] 李占海，朱万成，冯夏庭，等. 侧压力系数对半圆拱形隧道损伤破坏的影响研究[J]. 岩土力学，2010，31(S)：434-441.

[237] Dalgc S. The influence of weak rocks on excavation and support of the Beykoz Tunnel，Turkey[J]. Engineering Geology，2000，58(2)：137-148.

[238] Choi S O，Shin H S. Stability analysis of a tunnel excavated in a weak rock mass and the optimal supporting system design[J]. International Journal of Rock Mechanics and Mining Sciences. 2004，41(S1)：876-881.

[239] Lee I M，Lee J S，Nam S W. Effect of seepage force on tunnel face stability reinforced with multi-

step pipe grouting[J]. Tunnelling and Underground Space Technology. 2004，19(6)：551-565.

[240] Charpentier D，Tessier D，Cathelineau M. Shale microstructure evolution due to tunnel excavation after 100 years and impact of tectonic paleo-fracturing case of Tournemire France[J]. Engineering Geology. 2003，70(12)：55-69.

[241] Pellet F，Roosefid M，Deleruyelie F. On the 3D numerical modelling of the time-dependent development of the damage zone around underground galleries during and after excavation[J]. Tunnelling and Underground Space Technology. 2009，24(6)：665-674.

[242]Lee C J，Wu B R，Chen H T，et al. Tunnel stability and arching effects during tunneling in soft clayey soil[J]. Tunnelling and Underground Space Technology. 2006，21(2)：119-132.

[243] 何满潮，谢和平，彭苏萍，等. 深部开采岩体力学研究[J]. 岩石力学与工程学报，2005，24(16)：2803-2813.

[244] Sharma S，Judd R J. Underground opening damage from earthquakes[J]. Engineering Geology. 1991，30(1)：263-276.

[245] 吕涛. 地下水与地震作用下节理岩体地下洞室围岩力学响应研究[D]. 北京：北京工业大学，2005.

[246] 王渭明，赵增辉，王磊. 考虑刚度和强度劣化时弱胶结软岩巷道围岩的弹塑性损伤分析[J]. 采矿与安全工程学报，2013，30(5)：679-685.

[247] 李兆霞. 损伤力学及其应用[M]. 北京：科学出版社，2002.

[248] 刘晶波，王文晖，赵冬冬. 地下结构横截面地震反应拟静力计算方法对比研究[J]. 工程力学，2013，30(1)：105-111.

[249] 李为腾，王琦，李术才，等. 深部顶板夹煤层巷道围岩变形破坏机制及控制[J]. 煤炭学报，2014，39(1)：47-56.

[250] 刘晶波，吕彦东. 结构-地基动力相互作用问题分析的一种直接方法[J]. 土木工程学报，1998，31(3)：55-64.

[251] 牛建春，刘波涛. 岩巷围岩介质中冲击震动波传播效应数值模拟及频谱特性分析[J]. 岩石力学与工程学报，2014，33(S1)：3256-3262.

[252] 黄磊. 公路隧道穿煤矿采空区段围岩稳定性分析[D]. 重庆：重庆大学，2013.

[253] 黄磊，卢义玉，夏彬伟，等. 深埋软弱岩层钻孔围岩应变软化弹塑性分析[J]. 岩土学报，2013，34(S1)：179-186.

[254] Haimson B C. Fracture-like borehole breakouts in high-porosity sandstone are they caused by compaction bands[J]. Physics and Chemistry of the Earth，Part A：Solid Earth and Geodesy，2001，26(1)：15-20.

[255] Papanastasiou P，Thiercelin M. Modeling borehole and perforation collapse with the capability of predicting the scale effect[J]. International Journal of Geomechanics，2011，11(4)：286-293.

[256] 王明年. 高地震区地下结构减震技术原理的研究[D]. 成都：西南交通大学，1999.

[257] 高明仕. 冲击矿压巷道围岩的强弱强结构控制原理[M]. 徐州：中国矿业大学出版社，2011.

[258] 吴向前. 保护层的降压减震吸能效应及其应用研究[D]. 徐州：中国矿业大学，2012.

[259] 石崇. 含弱面岩体的地震动力响应分析及工程应用[D]. 南京：河海大学，2008.

[260] 王学滨，潘一山，代树红. 考虑刚度劣化的剪切带-围岩系统稳定性分析防灾减灾工程学报 2009，29(2)：147-153.

[261] 曹安业. 采动煤岩冲击破裂的震动效应及其应用研究[D]. 徐州：中国矿业大学，2009.

[262] 王国波，于艳丽，何卫. 下穿隧道-土-地表邻近框架结构相互作用体系地震响应初步分析[J]. 岩

土工程学报，2014，36(2)：334-338.

[263] 吕祥锋. 考虑震源扰动作用的深埋隧洞开挖失稳研究[J]. 隧道建设，2014，34(2)：129-133.

[264] 赵同彬，张玉宝，谭云亮，等. 考虑损伤效应深部锚固巷道蠕变破坏模拟分析[J]. 采矿与安全工程学报，2014，34(5)：709-715.

[265] 王书文，毛德兵，杜涛涛，等. 基于地震 CT 技术的冲击地压危险性评价模型[J]. 煤炭学报，2012，37(S1)：1-6.

[266] 中国地震局工程力学研究所. 唐山地震震害调查初步总结[M]. 北京：地震出版社，1978.

[267] 张晓明，杨晓晨，卢刚，佐佐木九郎. 下伏采空区的煤矿地表地震动力响应模拟[J]. 辽宁工程技术大学学报：自然科学版，2013，32(6)：730-734.

[268] 崔臻，盛谦，冷先伦，等. 基于增量动力分析的大型地下洞室群性能化地震动力稳定性评估[J]. 岩石力学与工程学报，2012，31(4)：703-712.

[269] 黄胜. 高烈度地震下隧道破坏机制及抗震研究[D]. 武汉：中国科学院研究生院(武汉岩土力学研究所)，2010.

[270] 吕恒林，吴元周，周淑春. 煤矿地面工业环境中既有钢筋混凝土结构损伤劣化机理及防治技术研究[M]. 徐州：中国矿业大学出版社，2014.

[271] 吴元周，陈重，吕恒林，等. 卧牛山煤矿组合支撑体系可靠性评估与加固维护技术研究[J]. 工程抗震与加固改造，2010，32(3)：107-111.

[272] 吕恒林，宋雷，陈璟，等. 某煤矿选煤厂皮带走廊的可靠性评定与加固维护建议[J]. 江苏建筑，2008，(4)：23-25.

[273] 吕恒林，周淑春，吴元周，等. 煤矿地面工业环境中钢筋混凝土结构劣化机理和防治技术研究[C]//2007 年第一届海峡两岸三地混凝土技术研讨会论文集. 大连：大连理工大学出版社，2007，11-11.

[274] 王霖琳，胡振琪，赵艳玲，等. 中国煤矿区生态修复规划的方法与实例[J]. 金属矿山，2007，371(5)：17-20.

[275] 于猛. 中国 400 多万公顷土地因采矿遭破坏 70% 系耕地[N]，人民日报，2010，10-22.

[276] 吴侃，葛家新，徐长德，等. 重复采动条件下房屋裂缝规律的分析[J]. 重庆大学学报：自然科学版，2001，24(5)：75-77.

[277] 郭惟嘉，孙熙震，穆玉娥，等. 重复采动地表非连续变形规律与机理研究[J]. 煤炭科学技术，2013，41(2)：1-4.

[278] 王悦汉，邓喀中，张冬至，等. 重复采动条件下覆岩下沉特性的研究[J]. 煤炭学报，1998，23(5)：470-475.

[279] 刘振国，卞正富，吕福祥，等. 时序 DInSAR 在重复采动地表沉陷监测中的应用[J]. 采矿与安全工程学报，2013，30(3)：390-395.

[280] 国家煤炭工业局. 建筑物、水体、铁路及主要井巷煤柱留设与压煤开采规程[M]. 北京：煤炭工业出版社，2004：5-15.

[281] 刘松岸. 采空区残余曲率变形对多层建筑受力及变形影响研究[D]. 秦皇岛：燕山大学，2009.

[282] 刘书贤，魏晓刚等. 基于隔震技术的采动区半主动双重保护装置减震分析[J]. 土木工程与管理学报，2011，28(4)：1-5.

[283] 李菊芳. 建筑结构基于能量的地震反应分析及设计方法[D]. 西安：西安建筑科技大学，2004.

[284] 谢和平，彭润东，鞠杨. 岩石变形破坏过程中的能量耗散分析[J]. 岩石力学与工程学报，2004，23(21)：3565-3570.

[285] 马科. 基于管理熵和耗散结构理论的企业组织再造研究[D]. 哈尔滨：哈尔滨理工大学，2005.

［286］杨鑫. 基于耗散结构理论的建筑企业演化及其评价研究[D]. 西安：西安建筑科技大学，2012.

［287］朱建华，沈蒲生. 基于能量原理的钢筋混凝土框架结构倒塌分析[J]. 科学技术与工程，2006，8(6)：1146-1149.

［288］周小龙. 震损钢筋混凝土框架结构抗震性能评估方法研究[D]. 重庆：重庆大学，2014.

［289］Prasanth T, Ghosh S, Collins K R. Estimation of hysteretic energy demand using concepts of modal pushover analysis[J]. Earthquake Engineering & Structural Dynamics, 2008, 37(6)：975-990.

［290］Rojahn C, Poland C D, Scawthorn C. Rapid Visual Screening of Buildings for Potential Seismic Hazards：Supporting Documentation[M]. Washington D. C. Applied Technology Council, 2002.

［291］Moehle J P. Displacement—based design of RC structures subjected to earthquakes[J]. Earthquake spectra, 1992, 8(3)：403-428.

［292］Miranda E, Bertero V V. Evaluation of strength reduction factors for earthquake-resistant design [J]. Earthquake spectra, 1994, 10(2)：357-379.

［293］Sucuolu H, Gnay M S. Generalized force vectors for multi-mode pushover analysis [J]. Earthquake Engineering & Structural Dynamics, 2011, 40(1)：55-74.

［294］Poursha M, Khoshnoudian F, Moghadam A S. A consecutive modal pushover procedure for estimating the seismic demands of tall buildings[J]. Engineering Structures, 2009, 31(2)：591-599.

［295］Lignos D G, Krawinkler H. Deterioration modeling of steel components in support of collapse prediction of steel moment frames under earthquake loading[J]. Journal of Structural Engineering, 2010, 137(11)：1291-1302.

［296］Mitchell D, Tremblay R, Karacabeyli E, et al. Seismic force modification factors for the proposed 2005 edition of the National Building Code of Canada[J]. Canadian Journal of Civil Engineering, 2003, 30(2)：308-327.

［297］Bozorgnia Y, Hachem M M, Campbell K W. Ground motion prediction equation ("attenuation relationship") for inelastic response spectra[J]. Earthquake spectra, 2010, 26(1)：1-23.

［298］Aydinolu M N. An incremental response spectrum analysis procedure based on inelastic spectral displacements for multi-mode seismic performance evaluation[J]. Bulletin of Earthquake Engineering, 2003, 1(1)：3-36.

［299］Wan W D. Estimating inelastic response spectra from elastic spectra[J]. Earthquake Engineering & Structural Dynamics, 1980, 8(4)：375-388.

［300］Structural E I. Seismic Evaluation of Existing Buildings[M]. Reston：ASCE Publications, 2003.

［301］Battista R C, Rodrigues R S, Pfeil M S. Dynamic behavior and stability of transmission line towers under wind forces [J]. Journal of Wind Engineering and Industrial Aerod0amies, 2003, (91)：1051-1067.

［302］Yasui H, Marukawa H, MomomuraY. Analytieal study on wind-induced vibration of power transmission towers[J]. Journal of wind Engineering and Industrial Aerodynamies, 1999, 83(1/3)：431-441.